高等学校"十一五"规划教材

材料成形工艺

MATERIALS FORMING PROCESS

杜丽娟　主编
邢忠文　主审

哈爾濱工業大學出版社

内容提要

本书是依据教育部机械基础课程教学指导金工分委员会《重点高等工科院校金工系列课程改革指南》编写。全书共7章,主要内容有金属液态成形、金属塑性成形、连接成形、粉末冶金成形、高分子材料成形、陶瓷及复合材料成形、成形工艺的选择等。

本书根据机械工程类专业的实际需求,以原理、工艺、结构、新工艺及发展为一条主线,脉络清晰,并附有适当的案例分析及思考题,以培养学生分析问题及解决问题的能力。本书突出了"少而精",实用性强,方便教学。

本书可作为普通高等院校机械工程类专业的基本教材,也可供高等职业教育、高等专科教育及相关技术人员参考。

图书在版编目(CIP)数据

材料成形工艺/杜丽娟主编.—哈尔滨:哈尔滨工业大学出版社,2009.2(2017.8 重印)

ISBN 978-7-5603-2810-2

Ⅰ.材… Ⅱ.杜… Ⅲ.工程材料-成型-工艺 Ⅳ.TB3

中国版本图书馆 CIP 数据核字(2009)第 014749 号

责任编辑 孙 杰
出版发行 哈尔滨工业大学出版社
社 址 哈尔滨市南岗区复华四道街 10 号 邮编 150006
传 真 0451-86414749
网 址 http://hitpress.hit.edu.cn
印 刷 肇东粮食印刷厂
开 本 787mm×1092mm 1/16 印张 12.5 字数 304 千字
版 次 2009 年 2 月第 1 版 2017 年 8 月第 3 次印刷
书 号 ISBN 978-7-5603-2810-2
定 价 30.00 元

前　言

本书是为适应机械制造及其自动化专业基础课程教学，根据教育部机械基础课程教学指导金工分委员会《重点高等工科院校金工系列课程改革指南》编写的。在编写过程中，结合目前教学改革的基本指导思想和原则，根据机械工程类专业的实际需要，删除了陈旧的和现代制造中已较少使用的操作方法及工艺，做到了以基础工艺为主线，适当介绍学科前沿的新技术、新成果。本书突出了“少而精”，实用性更强，方便了教学。

本书主要包括金属液态成形、金属塑性成形、连接成形、粉末冶金成形、高分子材料成形、陶瓷及复合材料成形、成形工艺的选择等内容。各章内容相对独立，均以成形原理、成形工艺、结构及工艺设计、新工艺及其发展为一条主线，层次分明，并在每章后面备有思考题，以便于学生课后复习思考。

本书由杜丽娟主编，参加编写的人员有哈尔滨工业大学杜丽娟（内容提要、前言、绪论、第3章、第5章的5.1~5.3节）、黑龙江科技学院毛新宇（第1章）、哈尔滨工业大学包军（第2章）、哈尔滨工业大学胡秀丽（第4章、第7章）、黑龙江大学刘国华（第6章）、哈尔滨工业大学王少纯（第5章的5.4节），全书由邢忠文教授担任主审。

本书可作为普通高等院校机械工程类专业的基本教材，也可供高等职业教育、高等专科教育及相关技术人员参考。

由于作者水平有限，书中难免有疏漏和不当之处，敬请读者批评指正。

编　者

2008年12月于哈工大

目　录

绪 论

在机械制造业中，将工程材料制造成一台机器，需要经过很多的加工环节，如图所示。

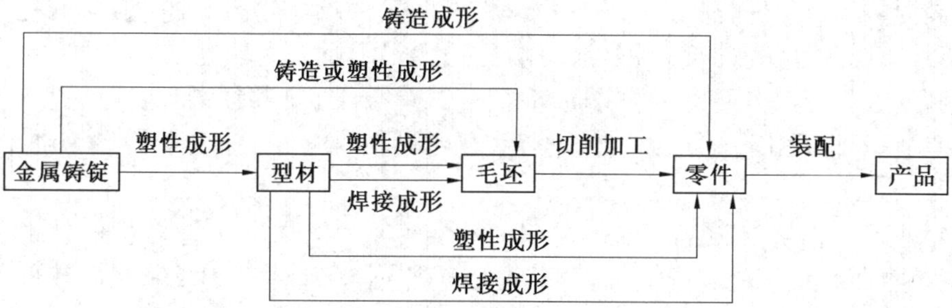

图 0.1

一个机械产品的制造过程是先将材料制成毛坯，再经过切削加工制成所需要的零件，最后将合格的零件组装成机器。因此，从材料到毛坯又由毛坯到零件的工艺过程是贯穿整个机械制造过程中的一条主线，其中，材料制成毛坯的过程称为材料成形。常用的材料成形方法很多，如铸造成形、塑性成形、连接成形、粉末冶金成形等。只有合理的成形工艺、先进的成形技术才能使材料成为所需的毛坯或制品。

随着人类社会的进步，生产力的发展，材料的成形技术也经历了从简单的手工操作到复杂化、大型化、智能化和机械化生产的发展过程。我国古代劳动人民对材料及其成形技术的研究远远超过同时代的欧洲。

1939 年，河南省安阳出土的司母戊大方鼎，是一个重达 875 kg 的青铜祭器，说明我国早在 3000 多年前就有了铸造技术；另外，陕西临潼秦始皇陵出土的大型彩绘铜马车，八匹马造型非常逼真，两辆马车装饰华丽，也充分反映出 2000 多年前古人铸造技术的成熟与精湛。

1977 年，北京平谷县出土的商朝铁刃铜钺，经化验，其刃部不是冶铸的铁，而是用陨铁锻造成薄刃后，与青铜柄部铸焊而成。1965 年，湖北荆州出土的越王勾践剑，出土时剑身丝毫不见锈斑，锋利如初。1950 年，河南辉县战国墓中出土的大量铜器，其本体、耳、足都是采用锡钎焊和银钎焊连接的。这些都说明我国的锻造和焊接技术的悠久历史。

我国还是最早使用胶黏剂的国家之一，在秦始皇陵出土的大型彩绘铜马车，其材料以青铜为主，并配以金银饰品，而金银饰品之间的连接采用的是无机胶黏剂胶接技术，说明了早在 2000 多年前，我们的祖先已掌握了无机胶接技术。

在非金属材料方面，大量出土文物反映了我国古代的染料、油漆、陶瓷、丝绸等技术同样具有较高的水平。

北宋沈括的《梦溪笔谈》和明朝宋应星的《天工开物》一书，详细记载着冶铁、铸钟、锻铁、淬火等各种金属成形及加工的方法，是世界上有关金属工艺最早的科学著作之一。

随着科学技术的日新月异，金属和非金属的新材料不断涌现，材料成形技术也得到长足的发展。目前，现代精密铸造、精密锻造和粉末冶金技术等先进成形技术，使零件的加工可以实现无切削或少切削，毛坯生产向着优质、精化、高效、低耗、无害等技术方向发展。另外，奥运会“鸟巢”的建设，大量焊接新技术，如厚板焊接、仰焊技术、低温焊接技术等在建筑钢结构焊接工程中得到推广。

近年来，有机高分子材料和陶瓷材料的发展速度已经超过金属材料，新近研制的高强度陶瓷、高温陶瓷、高韧陶瓷、光学陶瓷等高性能陶瓷，可制作切削工具、高温陶瓷发动机、航天飞机外壁瓦片、陶瓷热交换器等，使陶瓷的应用领域大大拓宽。复合材料由于在强度、韧性和耐蚀性能等方面比单一的金属、陶瓷或高分子材料都优越，也已成为当今材料发展的趋势。可以看出，高分子材料、陶瓷和复合材料的成形工艺也将会越来越受到人们的关注。

“材料成形工艺基础”是高等院校机械工程类专业必修的一门综合性的技术基础课。其要求学生在工程训练的基础上，通过课程的学习，能够掌握毛坯或制品的成形原理、成形工艺及特点，具有综合运用工艺知识进行零件结构设计的初步能力，并能了解有关新材料、新工艺、新技术及其发展趋势，为今后从事机械设计与制造方面的工作，以及其他相关课程的学习奠定必要的基础。

第1章　金属液态成形

金属液态成形主要是指铸造成形，是将液态金属在重力或外力作用下充填到型腔中，待其凝固冷却后获得所需形状和尺寸的毛坯或零件的方法。液态成形是成形毛坯或机器零件的重要方法之一。

液态成形适应性强，工艺灵活性大。工业上常用的金属材料如铸铁、碳素钢、合金钢、非铁合金等，均可在液态下成形，特别是对不宜塑性成形或焊接成形的材料，该生产方法具有特殊的优势。并且铸件的大小、形状几乎不受限制，质量从零点几克到数百吨，壁厚从1 mm到1 000 mm均可。适合形状复杂，特别是具有复杂内腔的毛坯或零件的成形，如复杂箱体、机架、阀门、泵体、缸体等。因铸造用原料来源广泛，价格低廉，铸件与最终零件的形状相似、尺寸相近，节省材料，故成本较低。

但液态成形也存在某些问题，如铸造组织疏松，晶粒粗大，铸件内部常有缩孔、缩松、气孔等缺陷产生，导致铸件力学性能，特别是冲击性能较低。另外，大多数铸件只是毛坯件，需经过切削加工才能成为零件。

铸造在工业生产中应用广泛，而且，随着特种铸造方法的发展，更可以生产出少或无切削加工的、力学性能更高的铸件。

铸造可分为砂型铸造和特种铸造两大类。砂型铸造是最基本的工艺方法，在生产中占的比例很大，占铸件总产量的90%以上。特种铸造方法种类较多，有熔模铸造、金属型铸造、压力铸造、离心铸造、陶瓷型铸造、实型铸造、磁型铸造等。

1.1　液态成形理论基础

1.1.1　熔融合金的流动性及充型

液态合金充满型腔是获得形状完整、轮廓清晰合格铸件的保证，铸件的很多缺陷都是在此阶段形成的。因此，必须研究液态合金充满型腔的规律，以便掌握和控制这个过程。

1.熔融合金的流动性

(1) 流动性

液态合金充满型腔，形成轮廓清晰、形状和尺寸符合要求的优质铸件的能力，称为液态合金的流动性。

当合金流动性差时，铸件易产生浇不足、冷隔、气孔和夹杂等缺陷。流动性好的合金，易于充满型腔，有利于液态金属中的气体和非金属夹杂物上浮，也有利于对铸件进行补缩。

在常用铸造合金中，灰铸铁、硅黄铜的流动性最好，铸钢的流动性最差。常用合金的流动性数值见表1.1。合金流动性的差异,通常用螺旋形流动性试样来衡量,如图1.1所示。在相同的浇注条件下,浇出的试样越长,合金的流动性越好。

表1.1 常用合金的流动性(砂型,试样截面8 mm×8 mm)

合金种类	铸型材料	浇注温度/℃	螺旋线长度/mm
铸铁 $w_{C+Si}=6.2\%$	砂型	1 300	1 800
铸铁 $w_{C+Si}=5.9\%$	砂型	1 300	1 300
铸铁 $w_{C+Si}=5.2\%$	砂型	1 300	1 000
铸铁 $w_{C+Si}=4.2\%$	砂型	1 300	600
铸钢 $w_C=0.4\%$	砂型	1 600	100
铸钢 $w_C=0.4\%$	砂型	1 640	200
铝硅合金(硅铝明)	金属型(300℃)	680～720	700～800
镁合金(含Al和Zn)	砂型	700	400～600
锡青铜($w_{Sn}\approx10\%$,$w_{Zn}\approx2\%$)	砂型	1 040	420
硅黄铜($w_{Si}=1.5\%\sim4.5\%$)	砂型	1 100	1 000

(2) 影响合金流动性及充型的因素

①化学成分 其对合金流动性的影响最为显著。纯金属和共晶成分的合金,由于是在恒温下进行结晶,液态合金从表层逐渐向中心凝固,固、液界面比较光滑,对液态合金的流动阻力较小。同时,共晶成分合金的凝固温度最低,可获得较大的过热度,故流动性最好。其他成分的合金是在一定温度范围内结晶的,由于初生树枝状晶体与液体金属两相共存,粗糙的固、液界面使合金的流动阻力加大,合金的流动性大大下降。合金的结晶温度区间越宽,流动性越差。

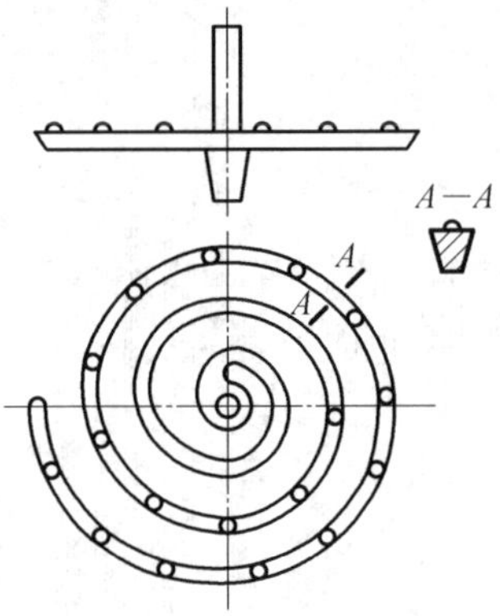

图1.1 螺旋形试样

Fe－C合金的流动性与含碳量之间的关系如图1.2所示。由图可见,亚共晶铸铁随含碳量增加,结晶温度区间减小,流动性逐渐提高,越接近共晶成分,合金的流动性越好。

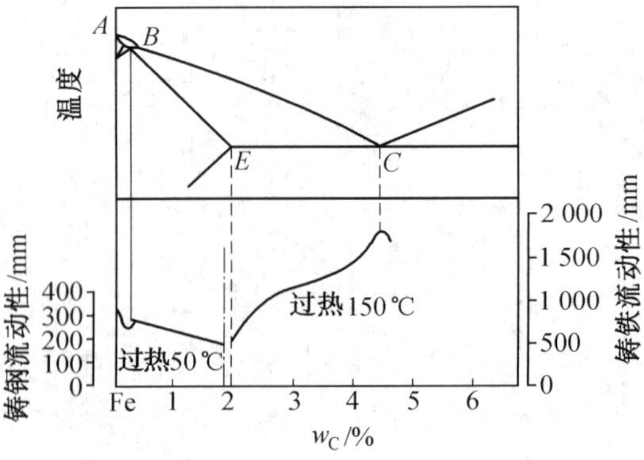

图1.2 Fe－C合金的流动性与含碳量的关系

②浇注条件 提高合金的浇注温度和浇注速度,以及增大直浇口的高度会使合金的充型能力提高。但浇注温度太高,将使合金的收缩量增加,吸气增多,氧化严重,铸件有时会产生严重的粘砂和胀砂缺陷。因此每种合金都有一定的浇注温度范围。一般铸钢为

1 520～1 620℃；铸铁为 1 230～1 450℃；铝合金为 680～780℃。

③铸型　铸型的温度低，热容量大，表示铸型从合金中吸收并储存热量的能力越强，铸型的导热性越好，表示传导热量的能力越强，这会使合金保持在液态的时间缩短，充型能力下降；当铸型的发气量大、排气能力较低时，合金的流动受到阻碍，会使合金的充型能力下降；浇注系统和铸型的结构越复杂，合金在充型时的阻力越大，充型能力也就会下降。

2. 铸件的凝固方式

铸件在凝固过程中，其断面上一般存在三个区域，即固相区、凝固区和液相区，其中对铸件质量影响较大的主要是液相和固相并存的凝固区的宽窄。

铸件的凝固方式就是依据凝固区的宽窄来划分的，如图 1.3 所示。

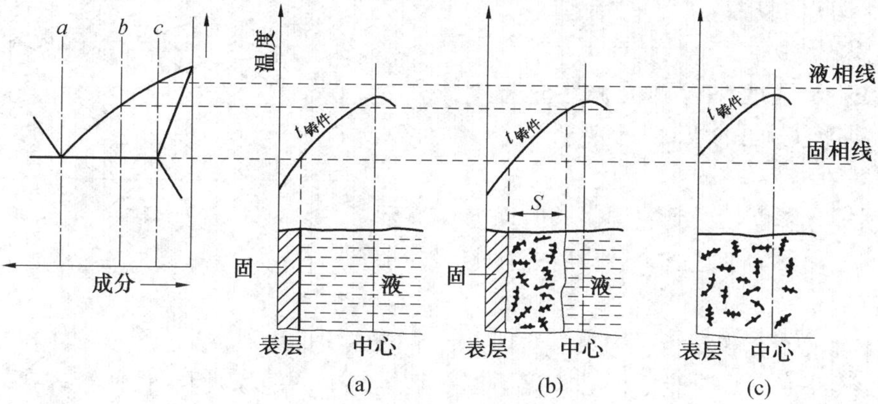

图 1.3　铸件的凝固方式

(1)逐层凝固

纯金属或共晶成分合金在凝固过程中不存在液、固并存的凝固区，如图 1.3(a)所示，断面上外层的固体和内层的液体有一条界限(凝固前沿)清楚地分开。随着温度的下降，固体层不断加厚，液体层不断减少，直达铸件的中心，这种凝固方式称为逐层凝固。

(2)糊状凝固

如果合金的结晶温度范围很宽，且铸件的温度分布较为平坦，则在凝固的某段时间内，铸件的表面并不存在固体层，而液固并存的凝固区贯穿整个断面，如图 1.3(c)所示。这种凝固方式与水泥类似，即先糊状而后固化，称为糊状凝固。

(3)中间凝固

大多数合金的凝固介于逐层凝固和糊状凝固之间，如图 1.3(b)所示，称为中间凝固方式。

铸件质量与其凝固方式密切相关。一般而言，逐层凝固时，合金的充型能力强，便于防止缩孔和缩松；糊状凝固时，难以获得组织致密的铸件。在常用合金中，灰铸铁、铝硅合金等倾向于逐层凝固，易于获得致密铸件；球墨铸铁、锡青铜、铝铜合金等倾向于糊状凝固，为获得紧实的铸件常需采取适当的工艺措施，以便补缩或减小其凝固区域，提高铸件的致密程度。

1.1.2　铸造合金的收缩

1.收缩的概念

液态合金在凝固和冷却过程中,体积和尺寸减小的现象称为合金的收缩。收缩是绝大多数合金的物理特性之一。收缩能使铸件产生缩孔、缩松、裂纹、变形和内应力等缺陷,影响铸件质量,为了获得形状尺寸符合技术要求、组织致密的合格铸件,必须研究合金收缩的规律。合金的收缩经历如下三个阶段,如图 1.4 所示。

(1)液态收缩

从浇注温度($T_浇$)到凝固开始温度(即液相线温度 T_1)间的收缩。

(2)凝固收缩

从凝固开始温度(T_1)到凝固终止温度(即固相线温度 T_s)间的收缩

(3)固态收缩

从凝固终止温度(T_s)到室温间的收缩。

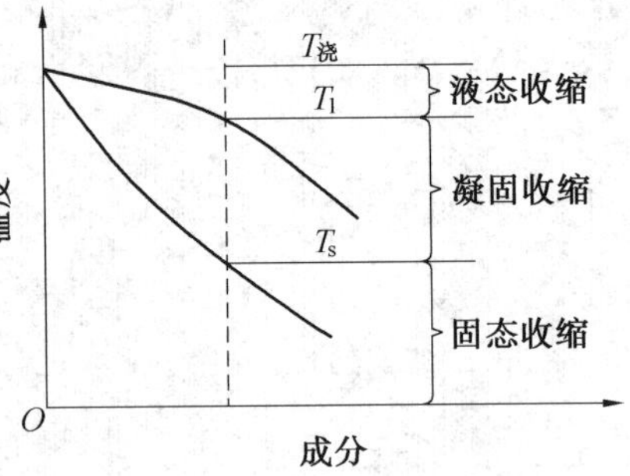

图 1.4　合金收缩的三个阶段

合金的收缩率为上述三个阶段收缩率的总和。

因为合金的液态收缩和凝固收缩表现为合金的体积的缩减,故常用单位体积收缩量(即体收缩率)来表示。合金的固态收缩不仅引起体积上的缩减,同时还使铸件在尺寸上减小,因此常用单位长度上的收缩量(即线收缩率)来表示。

不同合金的收缩率不同。常用合金中,铸钢的收缩率最大,灰铸铁最小。几种铁碳合金的体积收缩率见表 1.2。常用铸造合金的线收缩率见表 1.3。

表 1.2　几种铁碳合金的体积收缩率

合金种类	碳的质量分数 w_C/%	浇注温度/℃	液态收缩率/%	凝固收缩率/%	固态收缩率/%	总体积收缩率/%
碳素铸钢	0.35	1610	1.6	3.0	7.86	12.46
白口铸铁	3.0	1400	2.4	4.2	5.4 ~6.3	12~12.9
灰铸铁	3.5	1400	3.5	0.1	3.3~4.2	6.9~7.8

表 1.3　常用铸造合金的线收缩率　　%

合金种类	灰铸铁	可锻铸铁	球墨铸铁	碳素铸钢	铝合金	铜合金
线收缩率	0.8~1.0	1.2~2.0	0.8~1.3	1.38~2.0	0.8~1.6	1.2~1.4

对于同一种合金来说,化学成分不同,其收缩率也略有差别。例如,碳素铸钢随含碳量的增加,其结晶温度范围变宽,凝固收缩率增大。几种铸造碳钢的凝固时体积收缩率见表 1.4。

表 **1.4　铸造碳钢凝固时体积收缩率**　　%

碳的质量分数 w_C	0.10	0.25	0.35	0.45	0.70
凝固时体积收缩率	2.0	2.5	3.0	4.3	5.3

灰铸铁在凝固时有石墨化膨胀，故随碳含量增加，凝固时体积收缩减小，如图 1.5 所示。

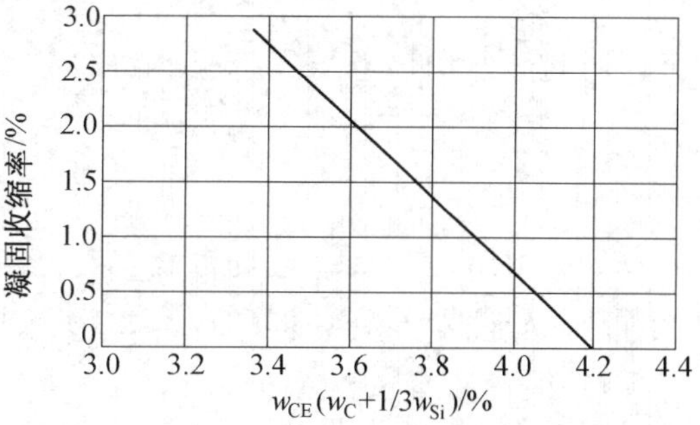

图 1.5　灰铸铁的凝固收缩率与碳含量的关系

2. 铸件的缩孔和缩松

(1)缩孔和缩松的形成

液态合金充满型腔后，在冷却凝固过程中，若液态收缩和凝固收缩所缩减的体积得不到补足，则在铸件的最后凝固部位会形成一些孔洞。按照孔洞的大小和分布，可将其分为缩孔和缩松两类。

缩孔是指集中在铸件上部或最后凝固部位、容积较大的孔洞。缩孔多呈倒圆锥形，内表面粗糙。

缩松是指分散在铸件某些区域内的细小孔洞。当缩松和缩孔的容积相同时，缩松的分布面积要比缩孔大得多。

① 缩孔的形成　缩孔主要出现在金属在恒温或很窄温度范围内结晶、铸件壁呈逐层凝固方式的条件下，如图 1.6 所示。液态合金充满型腔(见图 1.6(a))后，由于铸型的吸热，靠近型腔表面的金属很快凝固成一层外壳，而内部仍然是高于凝固温度的液体(见图 1.6(b))。温度继续下降，外壳加厚，内部液体因液态收缩和补充凝固层的凝固收缩，体积缩减，液面下降，使铸件内部出现了空隙(见图 1.6(c))。至内部完全凝固，在铸件上部形成缩孔(见图 1.6(d))。继续冷却至室温，整个铸件产生固态收缩，缩孔的绝对体积略有减小(见图 1.6(e))。

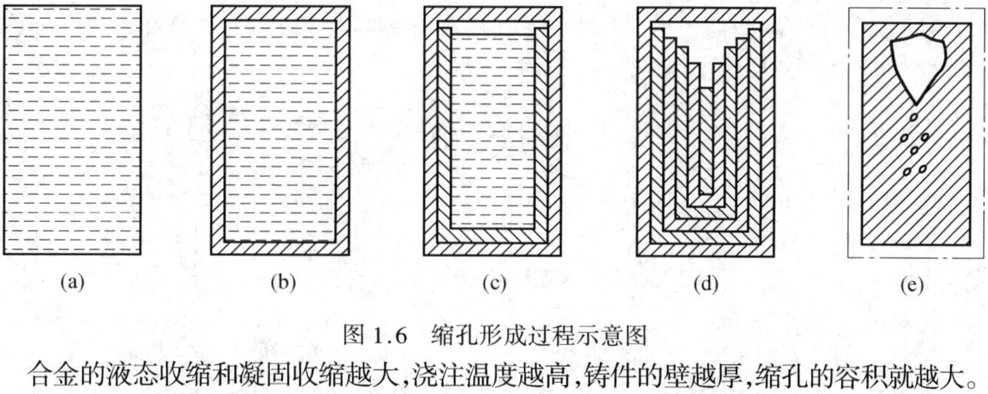

图 1.6　缩孔形成过程示意图

合金的液态收缩和凝固收缩越大，浇注温度越高，铸件的壁越厚，缩孔的容积就越大。

② 缩松的形成　缩松主要出现在呈糊状凝固方式的合金中或断面较大的铸件壁中，是被树枝状晶体分隔开的液体区难以得到补缩所致。缩松大多分布在铸件中心轴线处、

热节处、冒口根部、内浇道附近或缩孔下方，如图 1.7 所示。对气密性、力学性能、物理性能或化学性能要求很高的铸件，必须设法减少缩松。

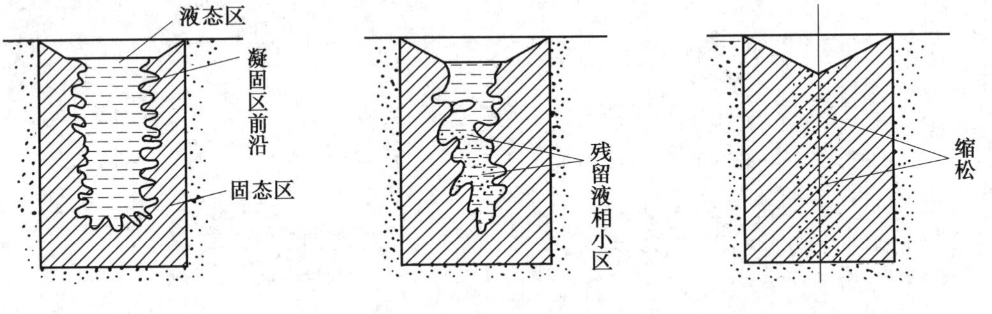

图 1.7　缩松形成示意图

生产中可采用一些工艺措施(如控制冷却速度)来控制铸件的凝固方式，使产生缩孔和缩松的倾向在一定条件下、一定范围内相互转化。

(2)缩孔和缩松的预防

缩孔和缩松都会使铸件的力学性能下降，缩松还可使铸件因渗漏而报废。因此，必须采取适当的工艺措施，防止缩孔和缩松的产生。

防止产生缩孔的有效措施，是使铸件实现“定向凝固”。所谓定向凝固，是在铸件可能出现缩孔的厚大部位，通过安放冒口等工艺措施，使铸件上远离冒口的部位最先凝固，如图 1.8 Ⅰ区，然后是靠近冒口的部位凝固，如图 1.8 Ⅱ、Ⅲ区，冒口本身最后凝固。按照这样的凝固顺序，先凝固部位的收缩，由后凝固部位的金属液来补充；后凝固部位的收缩，由冒口中的金属液来补充，从而使铸件各个部位的收缩均能得到补充，而将缩孔转移到冒口之中。冒口为铸件的多余部分，在铸件清理时去除。

为了实现定向凝固，在安放冒口的同时，还可在铸件上某些厚大部位增设冷铁。如图 1.9 所示，铸件的厚大部位不止一个，仅靠顶部冒口，难以向底部的凸台补缩，因此，在该凸台的型壁上安放了两块冷铁。冷铁加快了铸件在该处的冷却速度，使厚度较大的凸台反而最先凝固，从而实现了自下而上的定向凝固，防止了凸台处缩孔、缩松的产生。可以看出，冷铁仅是加快某些部位的冷却速度，以控制铸件的凝固顺序，本身并不起补缩作用。冷铁通常用铸钢或铸铁加工制成。

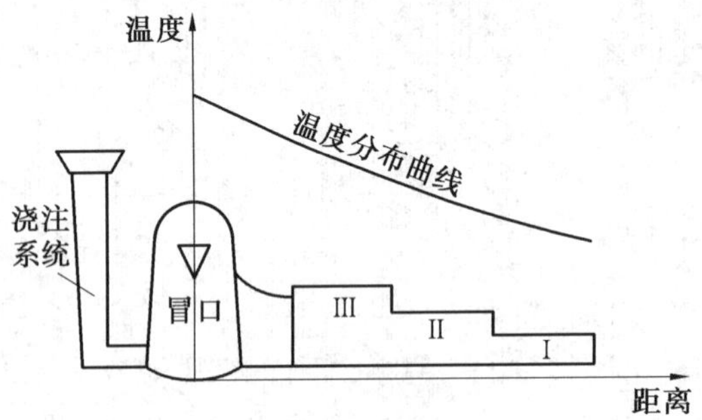

图 1.8　定向凝固示意图

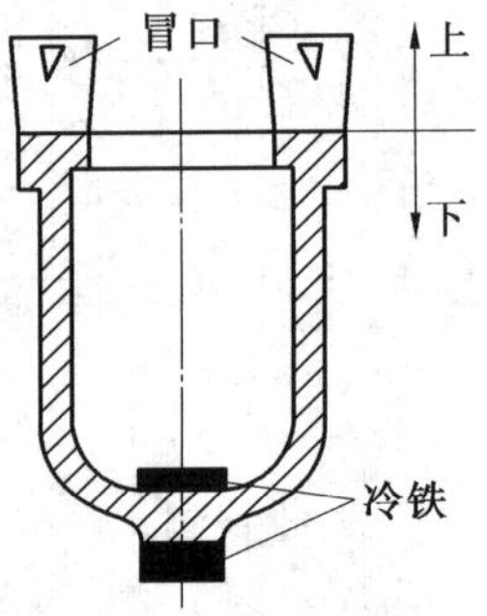

图 1.9　冷铁的应用

正确判断铸件上缩孔或缩松可能产生的部位，是合理设置冒口和冷铁的重要依据。在实际生产中，常以“凝固等温线法”和“内切圆法”近似找出缩孔的部位，如图 1.10 所示，图中等温线未曾通过的铸件中心部位和内切圆直径最大处，即为容易产生缩孔的热节。近年来，日趋成熟的计算机凝固数值模拟技术，可以帮助预测缩孔或缩松产生的位置。

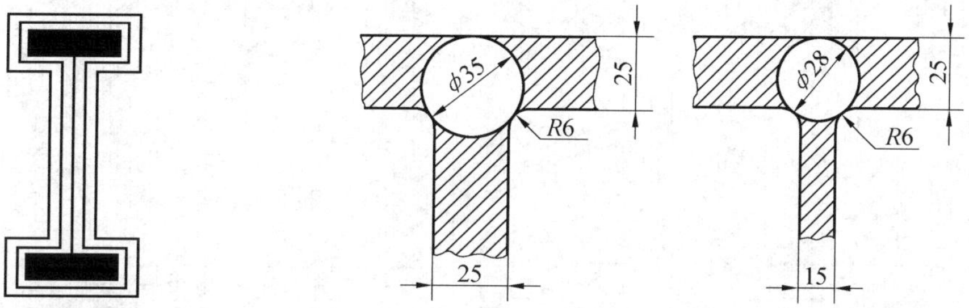

(a) 凝固等温线法　　(b) 内切圆法

图 1.10　缩孔位置的确定

采用定向凝固，虽然可以有效防止铸件产生缩孔，但却耗费许多金属和工时，增加铸件成本。同时，定向凝固加大了铸件各部分之间的温度梯度，使铸件的变形和裂纹倾向加大。因此，定向凝固主要用于体收缩大的合金，如铝青铜、硅合金和铸钢等。

对于结晶温度范围很宽的合金，由于倾向于糊状凝固，结晶开始之后，发达的树枝状骨架布满了整个截面，使冒口的补缩通道严重受阻，因而难以避免缩松的产生。因此，选用近共晶部分或结晶温度范围较窄的合金，是防止缩松产生的有效措施。此外，加大铸件的冷却速度，或加大结晶压力，可达到部分防止缩松的效果。

3. 铸造应力

铸件在凝固之后的继续冷却过程中，若固态收缩受到阻碍，将会在铸件内部产生内应力。这些内应力有的是在冷却过程中暂存的，有的则一直保留到室温，称为残余内应力。铸造内应力有热应力和机械应力两类，它们是铸件产生变形和裂纹的基本原因。

(1) 热应力的形成

由于铸件壁厚不均匀，各部分冷却速度不同，以致在同一时期铸件各部分收缩不一致而引起。

为了分析热应力的形成，首先必须了解金属自高温冷却到室温时应力状态的变化。固态金属在弹 - 塑临界温度以上的较高温度时，处于塑性状态，在应力作用下会产生塑性变形，变形之后，应力可自行消除。而在弹 - 塑临界温度以下，金属呈弹性状态，在应力作用下发生弹性变形，变形之后，应力仍然存在。

如图 1.11(a)所示，该铸件中的杆Ⅰ较粗，杆Ⅱ较细。当铸件处于高温阶段(图中 $t_0 \sim t_1$ 间)，两杆均处于塑性状态，尽管两杆的冷却速度不同，收缩不一致，但瞬时的应力均可通过塑性变形而自行消失。继续冷却后，冷却较快的杆Ⅱ已进入弹性状态，而粗杆Ⅰ仍处于塑性状态(图中 $t_1 \sim t_2$ 间)。由于细杆Ⅱ冷却快，收缩大于粗杆Ⅰ，所以细杆Ⅱ受拉伸，粗杆Ⅰ受压缩(见图 1.11(b))，形成了暂时内应力，但这个内应力随粗杆Ⅰ的微量塑性变形(压短)而消失(见图 1.11(c))。当进一步冷却到更低温度时(图中 $t_2 \sim t_3$)，已被塑性压短的粗杆Ⅰ处于弹性状态，此时，尽管两杆长度相同，但所处的温度不同。粗杆Ⅰ的温度较高，还会进行较大的收缩,细杆Ⅱ的温度较低,收缩已趋停止。因此,粗杆Ⅰ的收缩必然受到细杆Ⅱ的强烈阻碍,于是,细杆Ⅱ受压缩,粗杆Ⅰ受拉伸,直到室温,形成残余内应力(图 1.11(d))。

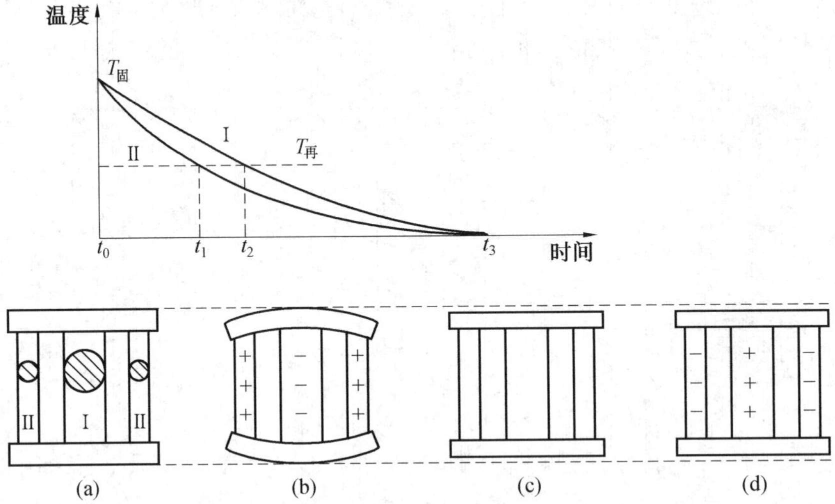

图 1.11　热应力的形成

+ 表示拉应力　– 表示压应力

由此可见,不均匀冷却使铸件的厚壁或心部受拉应力,薄壁或表层受压应力。铸件的壁厚差别越大,合金的线收缩率越高,弹性模量越大,热应力也越大。

(2) 机械应力的形成

机械应力是合金的线收缩受到铸型或型芯的机械阻碍而形成的内应力,如图 1.12 所示。机械应力使铸件产生拉伸或切应力是暂时存在的,在铸件落砂之后,这种内应力便可自行消除。但机械应力在铸型中可与热应力共同起作用,增大了某些部位的拉应力,增加了铸件产生裂纹的倾向。

(3) 减小应力的措施

在铸造工艺上采用"同时凝固原则",尽量减小铸件各部位间的温度差,使铸件各部位同时冷却凝固,可有效地减小热应力。如在铸件的厚壁处加冷铁,并将内浇道设在薄壁处,如图 1.13 所示。

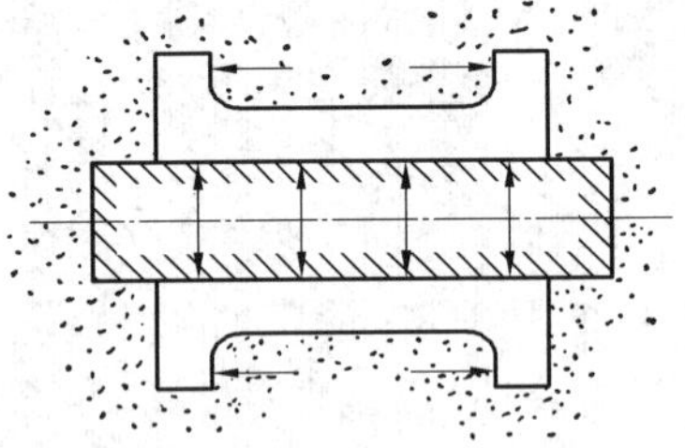

图 1.12　机械应力

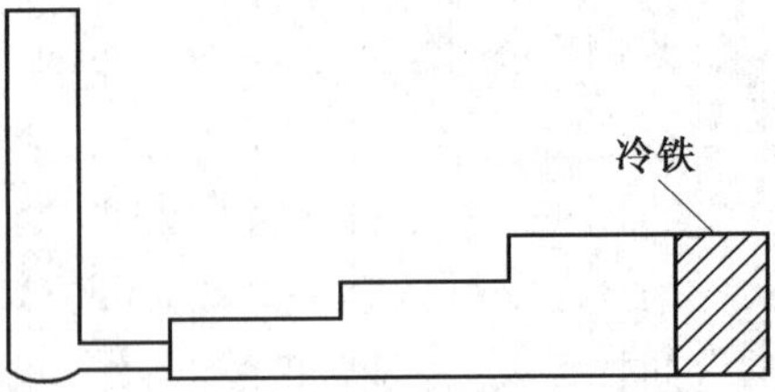

图 1.13　铸件的同时凝固原则

采用该原则容易在铸件中心区域产生缩松,组织不致密,所以该原则主要用于凝固收缩小的合金(如灰铸铁),以及壁厚均匀、结晶温度范围宽、但对致密性要求不高的铸件等。

改善铸型和型芯的退让性，以及浇注后早开型，可以有效减小机械应力。另外，将铸件加热到 550～650℃之间，进行去应力退火可消除残余内应力。

4.**铸件的变形**

对于厚薄不均匀、截面不对称，以及细长的杆类、板类及轮类铸件，当铸造应力超过铸件材料的屈服点时，往往产生翘曲变形。如图 1.14 所示的框架型铸件，粗杆Ⅰ受拉伸，细杆Ⅱ受压缩，但两杆都有恢复自由状态的趋势，即杆Ⅰ总是力图缩短，杆Ⅱ总是力图伸长，如果连接两杆的横梁刚度不够，便会出现翘曲变形。变形使铸造应力重新分布，残留应力会减小一些，但不可能完全消除。

如图 1.15 所示的 T 形梁铸钢件，当板Ⅰ厚、板Ⅱ薄时，浇注后板Ⅰ受拉伸、板Ⅱ受压缩。各自都有力图恢复原状的趋势，板Ⅰ力图缩短，板Ⅱ力图伸长，若铸钢件刚度不够，将发生板Ⅰ内凹、板Ⅱ外凸的变形(见图 1.15(a))。反之，当板Ⅰ薄、板Ⅱ厚时，将发生反向翘曲(见图 1.15(b))。

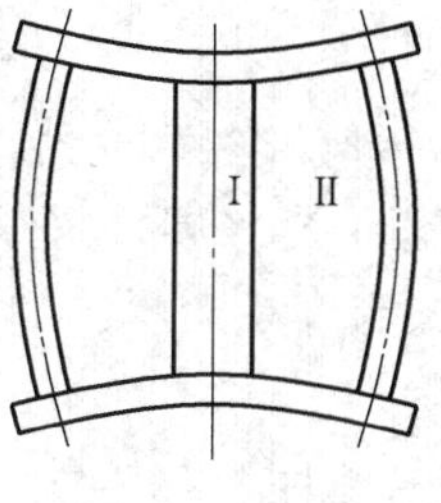

图 1.14　框架铸件的变形

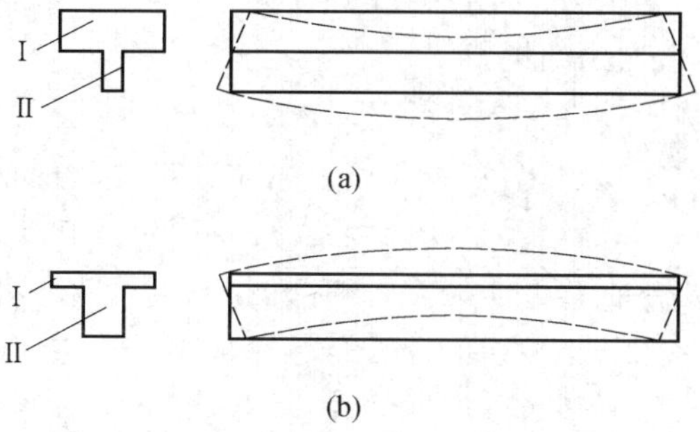

图 1.15　T 形梁铸钢件的变形示意图

为了防止铸件翘曲变形，在制造模样时，按铸件可能产生变形的反方向做出模样，使铸件变形后的结果正好将模样的变形量抵消，得到符合设计要求的铸件。这种在模样上做出的预变形量称为反变形量。

如图 1.16 所示的箱体，壁厚虽均匀，但内部冷却较慢，外部冷却较快，因此箱体壁将发生向外突出变形，模样反变形量 f 应向内侧凸起。

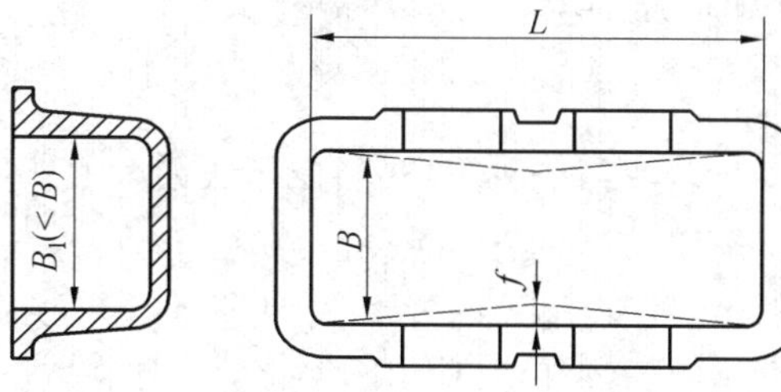

图 1.16　箱体件反变形量方向

铸后去应力退火可以有效防止铸件在随后的机加工过程中产生变形。

5.**铸件的裂纹**

当铸造内应力超过金属材料的抗拉强度时，铸件便产生裂纹，裂纹是严重的铸件缺陷，必须设法防止。根据产生裂纹温度的不同，裂纹可分为热裂和冷裂两种。

(1)热裂

凝固后期，高温下的金属强度很低，如果金属较大的线收缩受到铸型或型芯的阻碍，机械应力超过该温度下金属的强度，便产生热裂。热裂纹尺寸较短，缝隙较宽，形状曲折，缝内呈严重的氧化色。

影响热裂形成的主要因素：

①合金性质　铸造合金的结晶特点和化学成分对热裂的产生均有明显的影响。合金的结晶温度范围越宽，凝固收缩量越大，合金的热裂倾向也越大。灰铸铁和球墨铸铁由于凝固收缩甚小，故热裂倾向也较小。铸钢、某些铸铝合金、白口铸铁的热裂倾向较大。

②铸型阻力　铸型、型芯的退让性对热裂的形成有着重要影响。退让性越好，机械应力越小，形成热裂的可能性也越小。

防止热裂的方法主要有：设计合理的铸件结构；改善型砂和芯砂的退让性；严格限制钢和铸铁中硫的含量等。特别是后者，因为硫能增加钢和铸铁的热脆性，使合金的高温强度降低。

此外，砂箱的箱带与铸件过近，型芯骨的尺寸过大，浇注系统位置不合理等，均可增大铸型阻力，促进热裂的形成。

(2)冷裂

铸件冷却至低温形成的裂纹为冷裂。与热裂纹不同，冷裂纹表面光滑，具有金属光泽或呈微氧化色，贯穿整个晶粒，常呈圆滑曲线或直线状。脆性大、塑性差的合金，如白口铸铁、高碳钢及某些合金钢，最易产生冷裂纹，大型复杂铸铁件也易产生冷裂纹。冷裂往往出现在铸件受拉应力的部位，特别是应力集中的部位。

防止冷裂的方法是尽量减小铸造内应力和降低合金的脆性。如铸件壁厚要均匀；增加型砂和芯砂的退让性；降低钢和铸铁中的含磷量，因为磷能显著降低合金的冲击韧度，使钢产生冷脆。如铸钢的 w_P 大于0.1%、铸铁的 w_P 大于0.5%时，因冲击韧度急剧下降，冷裂倾向明显增加。

1.1.3　铸件的常见缺陷

在砂型铸造中经常产生的铸件缺陷除缩孔、缩松、变形、裂纹外还有：冷隔、浇不足、气孔、粘砂、夹砂、砂眼、胀砂等。为提高铸件的质量，应采取有效措施预防缺陷的产生。

1.冷隔和浇不足

若液态金属充型能力不足，或充型条件较差，在型腔被填满之前，金属液便停止流动，将使铸件产生浇不足或冷隔缺陷。浇不足时，会使铸件不能获得完整的形状；冷隔时，铸件虽可获得完整的外形，但因存在未完全融合的接缝，铸件的力学性能严重受损。

提高浇注温度与浇注速度可有效防止浇不足和冷隔缺陷的产生。

2.气孔

气孔是气体在金属液结晶之前未及时逸出，在铸件内生成的孔洞类缺陷。气孔的内壁光滑、明亮或带有轻微的氧化色。铸件中的气孔将会减小其有效承载面积，且在气孔周围会引起应力集中而降低铸件的抗冲击性和抗疲劳性。气孔还会降低铸件的致密性，致使某些要求承受水压测试的铸件报废。另外，气孔对铸件的耐腐蚀性和耐热性也有不良的影响。

降低金属液中的含气量，增大砂型的透气性，以及在型腔的最高处增设出气冒口等工艺措施，均可以有效地防止铸件内气孔的产生。

3.粘砂

铸件表面黏附有一层难以清除的砂粒称为粘砂。粘砂不仅影响铸件外观，而且增加铸件清理和切削加工的工作量，甚至会影响机器的寿命。例如铸齿表面有粘砂时容易损坏，泵和发动机等机器零件中若有粘砂，则将影响燃料油、气体、润滑油和冷却水等流体的流动，并会沾污和磨损整个机器。因此，在铸造中应当积极预防和消除粘砂缺陷。

在实际生产中，可以通过在型砂中加入煤粉，以及在铸型表面涂刷防粘砂涂料等方法来防止铸件粘砂的发生。

4.夹砂

夹砂是在铸件表面形成的沟槽和疤痕缺陷，在用湿型铸造厚大平板类铸件时极易产生。夹砂常见形式如图1.17所示。

铸件中产生夹砂的部位大多是与砂型上表面接触的地方，型腔上表面受金属液辐射热的作用，容易拱起和翘曲，当翘起的砂层受金属液流不断冲刷时就有可能断裂破碎，留在原处或被带入其他部位，夹砂的形成过程如图1.18所示。铸件的上表面越大，型砂体积膨胀越大，形成夹砂的倾向性也越大。

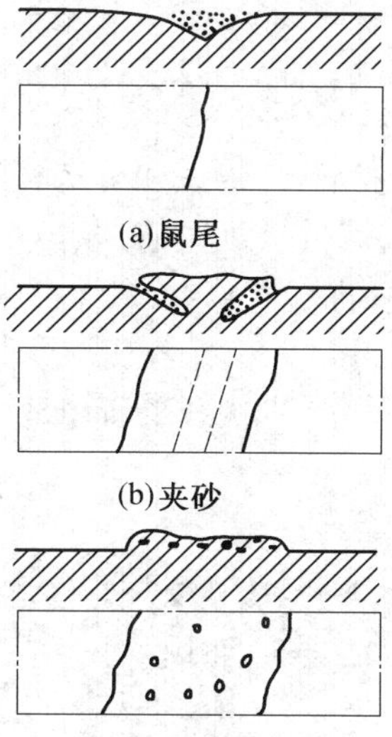

图1.17　夹砂的形式

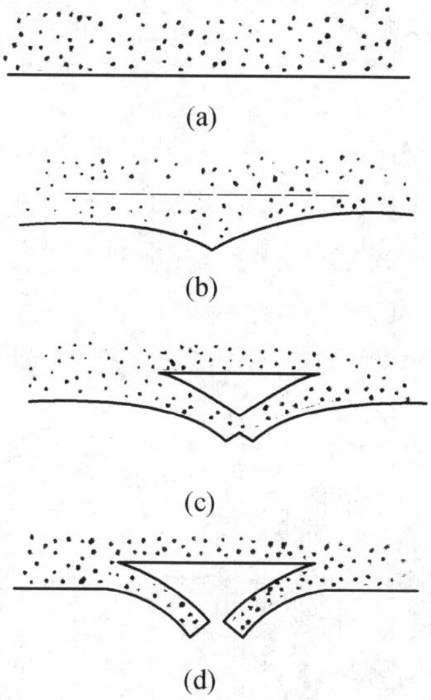

图1.18　夹砂的形成

5.砂眼

砂眼是在铸件内部或表面充塞着型砂的孔洞类缺陷。它会影响铸件的工作性能与机器的寿命。砂眼主要是在造型、合型和浇注过程中，砂粒、砂块剥落或冲落滞留在铸件内造成的。为预防砂眼缺陷，应保证砂型的强度，特别是砂型的表面强度；在造型工艺上要保证模样的起模斜度，必要时对铸型中细薄的突出部分进行加固；浇注系统的开设应避免冲毁铸型；合型操作时注意防止砂粒掉入型腔等。

6. 胀砂

胀砂是浇注时在金属液的压力作用下，铸型型壁移动，铸件局部胀大形成的缺陷。对于黏土砂，胀砂主要发生在水分过高和湿态强度不足的铸型上。胀砂会影响铸件的尺寸和形状精度，增加金属的消耗和切削加工量。在铸造球墨铸铁件时，由于析出石墨时会引起体积膨胀，也会促使胀砂产生，此时还常伴随缩孔缺陷出现。

为了防止胀砂，应提高砂型强度、砂箱刚度、加大合型时的压箱力或紧固力，并适当降低浇注温度，使金属液的表面尽快结壳，以降低金属液对铸型的压力。

1.1.4 常用铸造合金

常用铸造合金主要指铸铁、铸钢和非铁合金中的铝、铜合金，这里主要介绍这几种合金的成分、性能、生产特点以及应用等。

1. 铸铁

铸铁是 w_C 大于 2.11% 的铁碳合金，在各类铸造合金中应用最为广泛。在实际应用中，铸铁是以铁、碳和硅为主要元素的多元合金。铸铁的常用成分范围见表 1.5。

表 1.5 铸铁的常用成分范围

组元	C	Si	Mn	P	S	Fe
质量分数/%	2.4～4.0	0.6～3.0	0.4～1.2	≤0.3	≤0.15	其余

根据碳在铁中存在形式的不同，铸铁可分为白口铸铁、灰口铸铁和麻口铸铁；根据灰口铸铁中石墨形态的不同，又可分为普通灰铸铁（简称灰铸铁）、可锻铸铁、球墨铸铁和蠕墨铸铁；根据铸铁化学成分的不同，还可将铸铁分为普通铸铁和合金铸铁。

(1)灰铸铁

灰铸铁由金属基体（铁素体、铁素体＋珠光体、珠光体）与片状石墨所组成，如图 1.19 所示。

(a) 铁素体灰铸铁　(b) 铁素体＋珠光体灰铸铁　(c) 珠光体灰铸铁

图 1.19 灰铸铁的显微组织

灰铸铁相当于在钢的基体上嵌入了大量的石墨片，因此灰铸铁具有如下性能特点：灰铸铁的抗拉强度和弹性模量均比钢低得多，通常抗拉强度约为 120～250 MPa，但灰铸铁的抗压强度与钢接近，一般可达 600～800 MPa，塑性和韧度近于零，属于脆性材料，不能锻造和冲压；焊接时产生裂纹的倾向性大，焊接区常出现白口组织，焊后难以切削加工，焊接性差;灰铸铁的铸造性能优良,铸件产生缺陷的倾向性小;由于石墨的存在切削加工性能好,切削加工时呈崩碎切屑,通常不需加切削液;灰铸铁的减振能力为钢的5~10倍,是制造机床床身、机座的主要材料;灰铸铁的耐磨性好,适于制造导轨、衬套和活塞环等。

灰铸铁的性能取决于基体组织和石墨的分布,根据基体组织的石墨化程度不同,有珠光体灰铸铁、珠光体-铁素体灰铸铁和铁素体灰铸铁。灰铸铁中的珠光体越多,石墨分布越细小、均匀,强度、硬度也越高,耐磨性越好。要想控制铸铁的组织和性能,必须控制铸铁的石墨化程度。

影响铸铁石墨化程度的主要因素是化学成分和冷却速度。

①化学成分　灰铸铁除含碳元素外,还有硅、锰、硫和磷等元素。碳和硅是铸铁中除铁外最主要的元素,对铸铁的组织和性能起着决定性影响。

碳是形成石墨的元素,也是促进石墨化的元素。硅除能促进石墨化外,还可改善铸造性能,如提高铸铁的流动性,降低铸铁的收缩率等。锰和硫在铸铁中是紧密相关的。硫来自铁料和焦炭,是严重阻碍石墨化的元素。含硫量高时,铸铁有形成白口的倾向。硫在铸铁中可形成FeS,而FeS与Fe又可在晶界上形成低熔点(985℃)的共晶体(FeS+Fe),使铸铁具有热脆性。此外,硫还可以使铸铁铸造性变坏,如降低铁液流动性,增大铸件收缩率等。锰能抵消硫的有害作用,故属于有益元素。因锰与硫的亲和力较大,在铁液中会有如下反应:

$$Mn + S = MnS$$

$$Mn + FeS = Fe + MnS$$

MnS的熔点高于铁液温度,因为它的密度较小,故上浮进入熔渣而被排出炉外。铸铁中的锰除与硫发生作用外,其余还可溶入铁素体和渗碳体中,提高了基体的强度和硬度。磷对石墨化铸铁的影响不显著,但可降低铁液的黏度而提高铁液的流动性。当铁液中的磷的质量分数超过0.3%时,则形成以Fe_3P为主的共晶体,这种共晶体的熔点较低,硬度高(390~520 HBW),形成了分布在晶界处的硬质点,因而提高了铸铁的耐磨性。因磷共晶体成网状分布,故含磷过高会增加铸铁的冷脆倾向。因此,对一般灰铸铁件来说,磷属于有害物质,其质量分数一般应限制在0.5%以下。

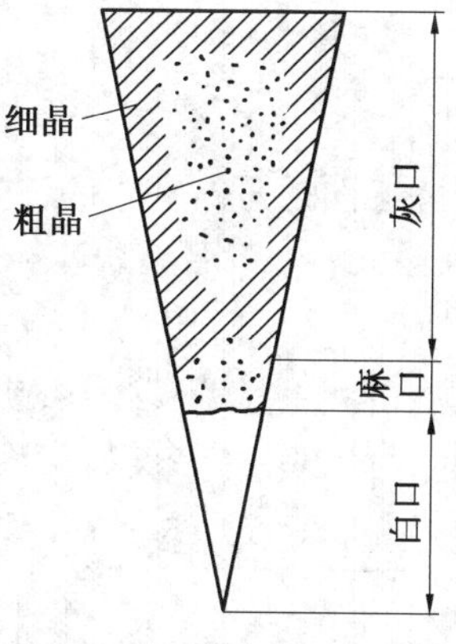

图1.20　冷却速度对灰铸铁组织的影响

②冷却速度　相同化学成分的铸铁,若冷却速度不同,其组织和性能也不同。从图1.20所示的三角形试样的断口处可以看出,冷却速度很快的下部尖端处呈银白色,属于白口组织;其心部晶粒较为粗大,属于灰口组织;在灰口和白口交界处属麻口组织。为了确保铸件的组织和性能,必须考虑冷却速度对铸铁组织和性能影响。铸件的冷却速度主要取决于铸型材料的导热性和铸件的壁厚。如金属型比砂型导热快,铸件容易产生白口组织;而砂型冷速度缓慢,容易获得灰口组织,这也是砂型铸造广泛应用于铸铁件生产的原因之一。但实际生产中,有时在同一铸件的不同部位采用不同的铸型材料,使铸件各部

分的组织和性能不同。如铸造冷硬轧辊、车轮时，就是采用局部金属型(其余用砂型)，以激冷铸件上的耐磨表面，使其产生耐磨的白口组织。

灰铸铁的铸造性能优良，铸造工艺简单，便于制造出薄而复杂的铸件，生产中多采用同时凝固原则，铸型不需要加补缩冒口和冷铁，灰铸铁件一般不需要热处理，或仅需时效处理即可。

灰铸铁可用来制作的零部件有：低负荷和不重要的零件，如防护罩、小手柄、盖板和重锤等；承受中等负荷的零件，如机座、支架、箱体、带轮、轴承座、法兰、阀体、管路、飞轮和电机座等；承受较大负荷的重要零件，如机座、床身、齿轮、汽缸、飞轮、齿轮箱、中等压力阀体、汽缸体、汽缸套等；承受高负荷、要求耐磨和高气密性的重要零件，如重型机床床身、压力机床身、高压液压件、活塞环、齿轮和凸轮等。

(2)球墨铸铁

随着化学成分、冷却速度和热处理方法的不同，球墨铸铁可得到不同的基体组织(F、F+P、P)。最常用的是珠光体基体和铁素体基体的球墨铸铁，如图1.21所示。

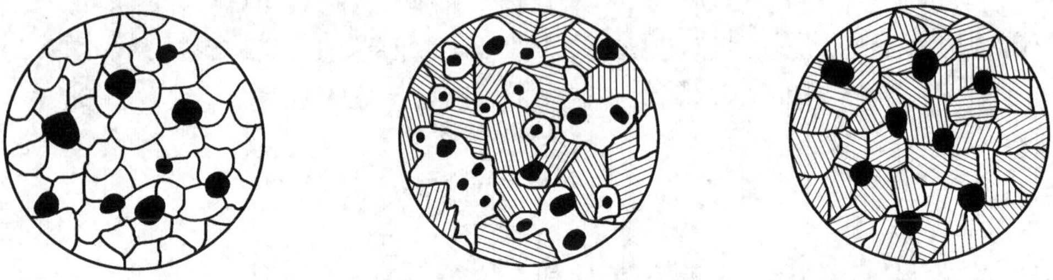

(a)铁素体球墨铸铁　(b)铁素体+珠光体球墨铸铁　(c)珠光体球墨铸铁

图1.21　球墨铸铁的显微组织

球墨铸铁的石墨呈球状，它对基体的割裂作用减至最低限度，基体强度的利用率可达70%~90%，因此球墨铸铁具有比灰铸铁高得多的力学性能，抗拉强度可以和钢媲美，塑性和韧度大大提高。通常 $\sigma_b=(400\sim900)$ MPa，$\delta=2\%\sim18\%$，同时仍保持灰铸铁某些优良性能，如良好的耐磨性和减振性，缺口敏感小，切削加工性能好等。此外，球墨铸铁的焊接性能和热处理性能都优于灰铸铁。珠光体球墨铸铁与45号锻钢的力学性能比较见表1.6。

表1.6　珠光体球墨铸铁和45号锻钢的力学性能比较

性能	45号锻钢（正火）	珠光体球墨铸铁（正火）
抗拉强度	690	815
屈服强度	410	640
屈强比	0.59	0.785
伸长率	26	3
疲劳强度(有缺口试样)	150	155
硬度/HBS	<229	229~321

球墨铸铁较灰铸铁容易产生缩孔、缩松、皮下气孔、夹渣等缺陷，因而在工艺上要求较为严格。

球墨铸铁含碳量高，近共晶成分，凝固收缩率低，但缩孔、缩松倾向较大，这是其凝固特性决定的。球墨铸铁在浇注后的一个时期内，凝固的外壳强度较低，而球状石墨析出时的膨胀力却很大，若铸型的刚度不够，铸件的外壳将向外胀大，造成铸件内部金属液的不足，于是在铸件最后凝固的部位产生缩孔和缩松。为防止上述缺陷，可采取如下措施：在热节处设置冒口和冷铁，对铸件收缩进行补偿；增加铸型刚度，防止铸件外形扩大。如增加型砂紧实度，采用干砂型或水玻璃快干砂型，保证砂型有足够的刚度，并使上下型牢固夹紧。

球墨铸铁件较易出现皮下气孔，一般位于皮下(0.5～2)mm处，直径(1～2)mm，它的产生是因铁液中过量的Mg或MgS与砂型表面水分发生如下化学反应生成气体而形成的。

$$Mg + H_2O = MgO + H_2\uparrow$$

$$MgS + H_2O = MgO + H_2S\uparrow$$

为防止皮下气孔的产生，除应降低铁液中含硫量和残余镁量外，还应降低型砂水量或采用干砂型。

此外，浇注系统应使铁液平稳地导入型腔，并有良好的挡渣效果，以防铸件内夹渣的产生。

由于球墨铸铁具有较高的强度和塑性，尤其是屈强比优于锻钢，其用途非常广泛，如汽车、拖拉机底盘零件、阀体和阀盖、机油泵齿轮、柴油机和汽油机曲轴、缸体和缸套、汽车拖拉机传动齿轮等。

(3)可锻铸铁

可锻铸铁是由白口铸铁通过石墨化退火处理得到的一种高强韧铸铁，可以部分代替碳钢。可锻铸铁分为铁素体基体(黑心)可锻铸铁和珠光体基体可锻铸铁。

可锻铸铁适用于制造形状复杂、承受冲击载荷的薄壁小件，铸件壁厚一般不超过25 mm，否则，铸件难以得到白口组织，或造成退火时间过长，无法保证铸件质量。

可锻铸铁可用来制作低动载荷及静载荷、要求气密性好的零件，如管道配件、中低压阀门、弯头、三通等；农机犁刀、车轮壳和机床用扳手等；用于制作承受较高的冲击、振动载荷下工作的零件，如汽车、拖拉机上的前后轮壳、制动器、减速器壳、船用电动机壳和机车附件等；用于制作承受较高载荷、耐磨和要求有一定韧性的零件，如曲轴、凸轮轴、连杆、齿轮、摇臂、活塞环、犁刀、耙片、闸、万向接头、棘轮扳手、传动链条和矿车轮等。

(4) 蠕墨铸铁

蠕墨铸铁是在一定成分的铁液中加入适量的蠕化剂进行蠕化处理而形成的。蠕墨铸铁中的石墨片比灰铸铁中的石墨片的长厚比要小，端部较钝、较圆，是介于片状和球状之间的一种中间形态的石墨。

由于石墨形态的变化提高了铸铁的力学性能，使得蠕墨铸铁的强度接近于球墨铸铁，具有一定的韧性，较高的耐磨性，同时又兼有灰铸铁良好的铸铁性能和导热性。

蠕墨铸铁已在生产中大量应用，较成功地用于生产汽缸盖、汽缸套、钢锭模、轧辊模、玻璃瓶模和液压阀等铸件。

2. **铸钢**

铸钢的应用仅次于铸铁，铸钢件的产量约占铸件总量的15%左右。铸钢的主要优点是力学性能高，特别是塑性和韧性比铸铁高得多；焊接性能优良，适用于采用铸－焊联合工艺制造重型机械。但铸造性能、减振性和缺口敏感性都比铸铁差。铸钢主要用于制造承受重载荷和冲击载荷的零件，如铁路车辆上的摇枕、侧架、车轮及车钩，重型水压机横梁，大型轧钢机机架、齿轮等。

常用铸钢有碳素铸钢、低合金铸钢和高合金铸钢等。

钢的铸造性能差；熔点高，钢液易氧化；流动性差；收缩较大，体收缩约为灰铸铁的三倍，线收缩约为灰铸铁的两倍。因此铸钢较铸铁难铸造，为保证铸件质量，避免出现缩孔、缩松、裂纹、气孔和夹渣等缺陷，必须采取更为复杂的工艺措施。

铸钢的铸造工艺特点如下。

①对型砂性能如强度、耐火度和透气性能要求更高。原砂要求采用耐火度很高的人造石英砂。中、大件的铸型一般都采用强度较高的 CO_2 硬化水玻璃砂型和黏土干砂型。为防止粘砂，铸型表面应涂刷一层耐火涂料。

②工艺上大多采用定向凝固原则，需使用补缩冒口和冷铁。铸钢件常须采用较多的补缩冒口，从而消耗了大量的钢液，一般为铸件质量的25%～50%，增大了造型和切割冒口的工作量。如图1.22所示为ZG230－450齿圈的铸造工艺方案。该齿圈尽管壁厚均匀，但因壁厚较大(80 mm)，心部的热节处极易形成缩孔和缩松，铸造时必须保证对心部的充分补缩。由于冒口的补缩能力有限，为此，除采用三个冒口外，在各个冒口间还须安装冷铁，使齿圈形成三个独立的补缩区。浇入的钢液首先在冷铁处凝固，形成朝着冒口方向的定向凝固，使齿圈上各部分的收缩都能得到金属液的补充。

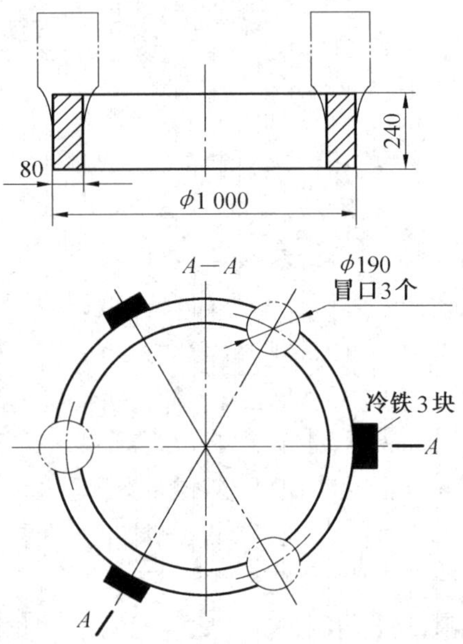

图1.22 铸钢齿圈铸造工艺方案

③必须严格掌握浇注温度，防止过高或过低。具体浇注温度应根据钢号和铸件的结构来定，一般在1 500～1 650℃。对低碳钢(流动性较差)、薄壁小件或结构复杂不容易浇满的铸件，应取较高的浇注温度；对高碳钢(流动性较好)、大铸件、厚壁铸件及容易产生热裂的铸件，应取较低的浇注温度。

由于铸钢件的内部存在许多缺陷(如缩孔、缩松、裂纹、气孔等)，以及金相组织缺陷(如晶粒粗大和魏氏组织)，使塑性大大降低。此外铸钢件内存在较大的铸造应力。

为了细化晶粒，消除魏氏组织，消除铸造应力，提高力学性能，铸钢件必须进行退火和正火处理。退火适于 $w_C \geqslant 0.35\%$ 或结构特别复杂的铸钢件。因为这类铸件塑性较差，残留铸造应力较大，铸件容易开裂；正火适用于 $w_C < 0.35\%$ 的铸钢件，因这类铸件塑性较好，冷却时不易开裂。为进一步提高铸钢件的力学性能，还采用正火加高温回火，铸钢件

不宜淬火,淬火时铸件容易开裂。

3.非铁合金

(1)铸造铜合金

铜可分为紫铜、黄铜和青铜。紫铜就是纯铜,熔点在1083℃,其导电性、导热性、耐腐性及塑性良好,但强度、硬度低且价格较贵,因此极少用它来制造零件,广泛使用的是铜合金。

黄铜是铜和锌的合金,锌在铜中有较高的溶解度,随着含锌量的增加,合金的强度、硬度显著提高,但 w_{Zn}超过47%后黄铜的力学性能将显著下降。铸造黄铜除含锌外,还常含有硅、锰、铝等合金元素。铸造黄铜有相当高的力学性能,如 $\sigma_b = 250 \sim 450$ MPa, $\delta = 7\% \sim 30\%$,硬度为60~120 HBS,而价格却较青铜低。铸造黄铜的熔点低,结晶温度范围窄,流动性好,铸造性能较好,常用于制作轴承、衬套、齿轮等耐磨件和阀门等耐蚀件。

青铜是铜与锌以外的元素构成的合金。其中,铜和锡构成的合金是最普通的青铜,称锡青铜。锡青铜的力学性能虽较黄铜差,而且因结晶温度范围宽,容易产生缩松缺陷;但线收缩率较低,不易产生缩孔,其耐磨、耐蚀性优于黄铜,故适用于致密性要求不高的耐磨、耐蚀件。除锡青铜外,还有铝青铜、铅青铜等,其中,铝青铜具有优良的力学性能和耐磨、耐蚀性,但铸造性能较差,故仅用于重要用途的耐磨、耐蚀件。

(2)铸造铝合金

铝合金密度低,熔点低,导电性和耐蚀性优良,因此也常用来制造铸件。

铸造铝合金可以分为铝硅合金、铝铜合金、铝镁合金和铝锌合金四类。共晶铝硅合金又称硅铝明,其流动性好,线收缩率低,热裂倾向小,气密性好,又有足够的强度,所以应用最广,约占铸造铝合金产量的50%以上。铝硅合金适用于形状复杂的薄壁件或气密性要求较高的零件,如内燃机气缸体、化油器、仪表外壳等。铝铜合金的铸造性能较差,热裂倾向大,气密性和耐蚀性较差,但耐热性较好,主要用于制造活塞、气缸头等部件。

1.2 液态成形工艺

1.2.1 砂型铸造

砂型铸造是传统的铸造方法,它适用于各种形状、大小及各种常用合金铸件的生产。砂型铸造工艺流程如图1.23所示。

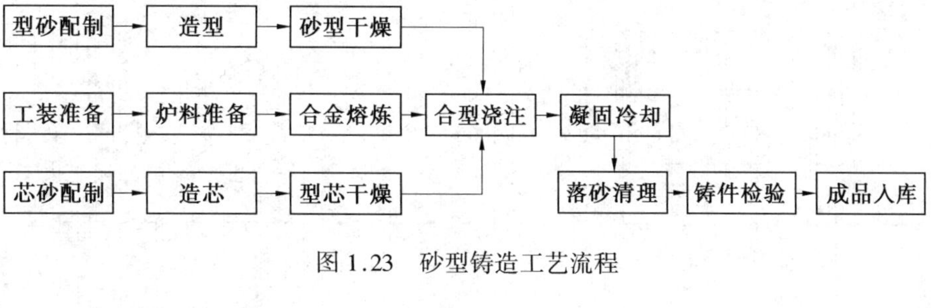

图1.23 砂型铸造工艺流程

制造砂型的工艺过程称为造型。造型是砂型铸造最基本的工序，通常分为手工造型和机器造型两大类。

1．手工造型

手工造型时，填砂、紧实和起模都用手工来完成。手工造型的优点是操作方便灵活，适应性强，模样生产准备时间短，但生产率低，劳动强度大，铸件质量不易保证。故手工造型只适用于单件小批量生产。

实际生产中，由于铸件的尺寸、形状、生产批量、适用要求以及生产条件的不同，可以采用不同的造型方法。各种常用的手工造型方法的特点及其适用范围见表 1.7。

表 1.7　常用手工造型方法的特点和应用范围

造型方法		主要特点	适用范围
按砂箱特征区分	双箱造型 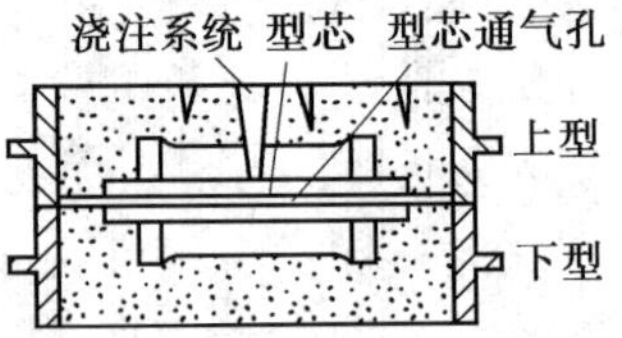	铸型由上型和下型组成，造型、起模、修型等操作简便	适用于各种生产批量、各种大、中、小型铸件
	三箱造型 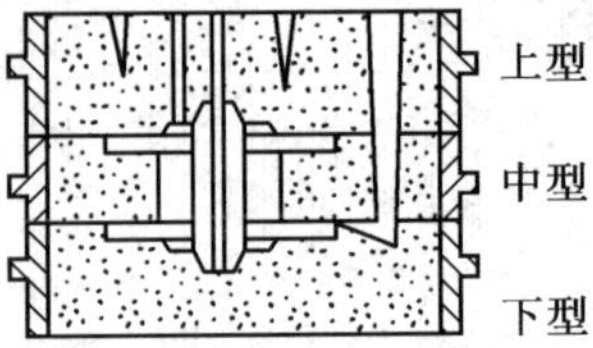	铸型由上、中、下三部分组成，中型的高度须与铸件两个分型面的间距相适应。三箱造型费工，应尽量避免使用	主要用于单件、小批量生产具有两个分型面的铸件
	地坑造型 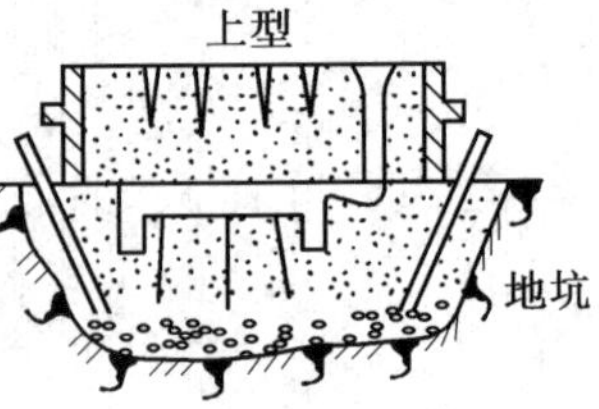	在车间地坑内造型，用地坑代替下砂箱，只要一个上砂箱，可减少砂箱的投资。但造型费工，而且要求操作者的技术水平较高	常用于砂箱数量不足，制造批量不大的大、中型铸件
	脱箱造型 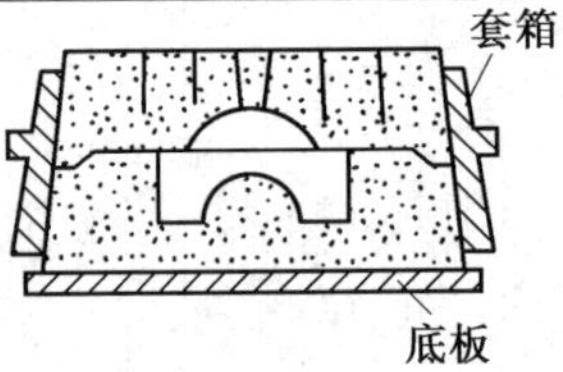	铸型合型后，将砂箱脱出，重新用于造型。浇注前，须用型砂将脱砂后的砂型周围填紧，也可在砂型上加套箱	主要用于生产小铸件，砂箱尺寸较小
按模样特征区分	整模造型 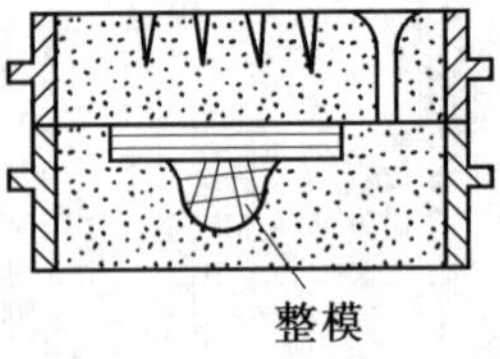	模样是整体的，多数情况下，型腔全部在下半型内，上半型无型腔。造型简单，铸件不会产生错型缺陷	适用于一端为最大截面，且为平面的铸件

续表 1.7

造型方法		主要特点	适用范围
按模样特征区分	挖砂造型 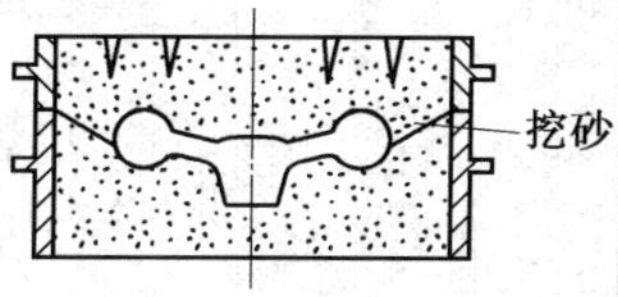	模样是整体的,但铸件的分型面是曲面。为了起模方便,造型时用手工挖取阻碍起模的型砂。每造一件,就挖砂一次,费工、生产率低	用于单件或小批量生产分型面不是平面的铸件
	假箱造型 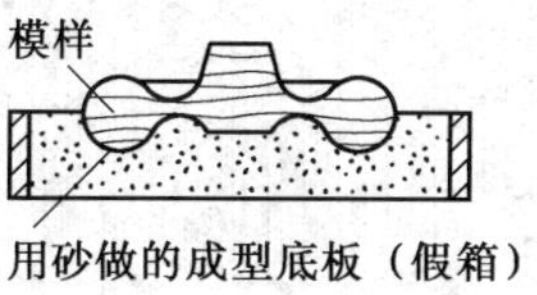	为了克服挖砂造型的缺点,先将模样放在一个预先做好的假箱上,然后放在假箱上造下型,省去挖砂操作。操作简便,分型面整齐	用于成批生产分型面不是平面的铸件
	分模造型 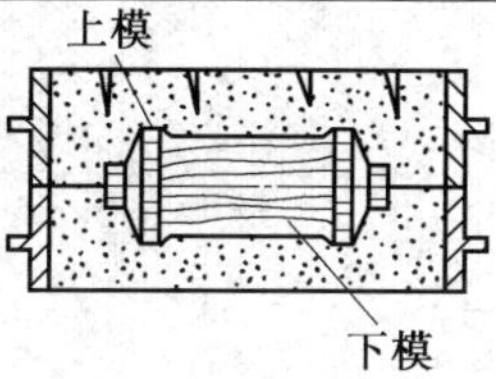	将模样沿最大截面处分为两半,型腔分别位于上、下两个半型内。造型简单,节省工时	常用于最大截面在中部的铸件
	活块造型 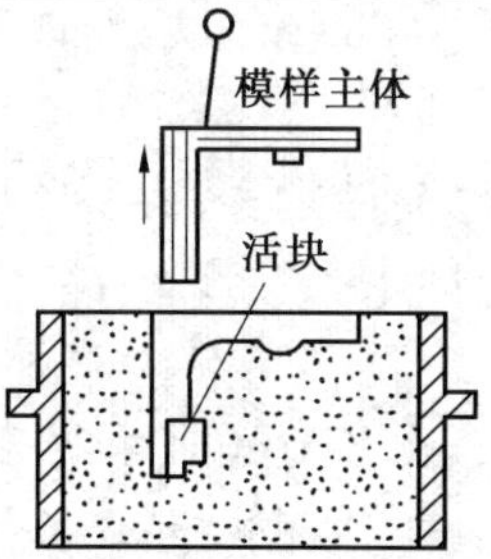	铸件上有妨碍起模的小凸台、肋条等。制模时将此部分作成活块,在主体模样起出后,从侧面取出活块。造型费工,要求操作者技术水平较高	主要用于单件、小批量生产带有突出部分,及难以起模的部分
	刮板造型 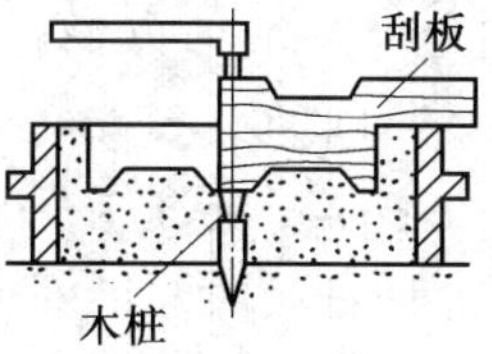	用刮板代替模样造型,可大大降低模样成本,节约木材,缩短生产周期。但生产率低,要求操作者的技术水平高	主要用于有等截面的或回转体的大、中型铸件的单件或小批量生产

2. **机器造型**

机器造型是将填砂、紧砂和起模等工序用造型机来完成的造型方法,是大批量生产砂型的主要方法。如果配以机械化的型砂处理、浇注、落砂等工序,可以组成现代化的生产线。机器造型能够显著提高劳动生产率,改善生产条件,并提高铸件的尺寸精度、表面质量,使加工余量减小。

常用紧实型砂的方法有震击紧实、压实紧实、射砂紧实、气流紧实等。而现代造型装备为获得最佳的型砂紧实效果，往往将几种紧实方法结合起来，因此根据其紧实原理，造型机可分为震压造型机、高压造型机、射压造型机、静压造型机、气冲造型机等。

(1)震击紧实

震击紧实的工作原理如图 1.24 所示。工作台、砂箱、连同型砂被举升到一定高度，然后下落与机体发生撞击，撞击时，型砂的下落速度变成很大的冲击力作用在下面的型砂上，使型砂层层得到紧实。

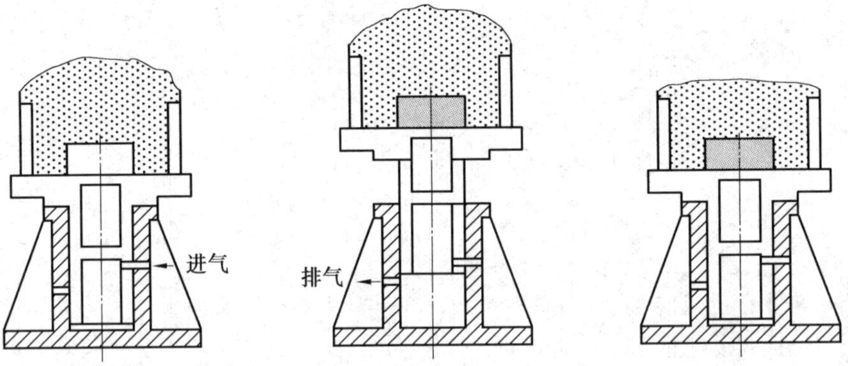

图 1.24　震击紧实工作原理

震压造型机的最大缺点是振动和噪声。为减轻振动和噪声，且实现造型的高速化，人们研发了多种形式的震压造型机，其核心就是采用空气垫或弹簧减震，以及增加震击速度和震击频率。

震击紧实时，越是下面的型砂，受到的冲击力越大，越易被紧实；而型砂顶部所受的力很小，仍是疏松状态，因此震击紧实通常与压实紧实联合使用。

(2)压实紧实

用直接加压的方法紧实型砂称为压实，如图 1.25 所示。压实时，靠近压板处的型砂紧实度较高，而砂箱下部的紧实度很低，型砂的平均紧实度与砂型单位面积上的压实力或压实比压有关。

当砂箱比较高或模样比较复杂时，采用平板压实，砂型内的紧实度分布很不均匀，尤其是靠近箱壁或砂箱角处，由于摩擦阻力较大，型砂难以得到紧实。为获得紧实度均匀的砂型，实际应用中常采用成形压板或多触头压头。所谓成形压板就是压板的形状与模样相似，压实时可保证紧实度基本均匀，但生产中需经常更换模板，因此也要同时更换与模样相对应的压头。这样不仅增加装备费用，而且也降低机器的生产效率。目前应用较多的是将整块的平压板分割成许多小压板，称为多触头压头，如图 1.26 所示。每个小压头的后面是一个液压缸，各个液压缸的油路是连通的。压实时，每个小压头的压力大致相等，各个触头能随模样的高低压入不同的深度，使型砂的紧实度均匀化。

震压造型机是黏土砂造型机械化的初期产品，其原理为震击紧实和压实紧实，在我国中小型铸造企业有广泛应用。

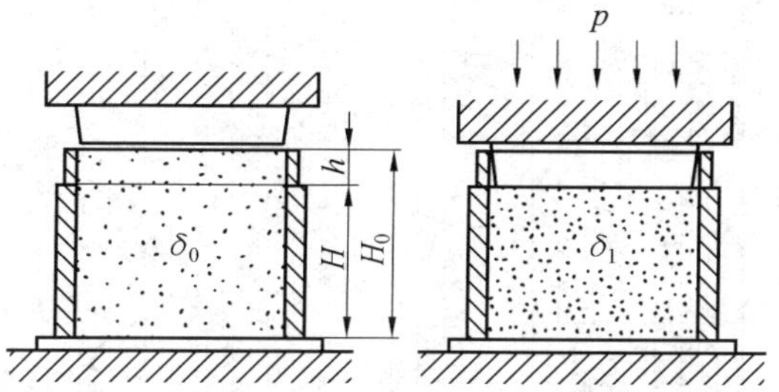

(a) 压实前　　(b) 压实后

图 1.25　压实紧实

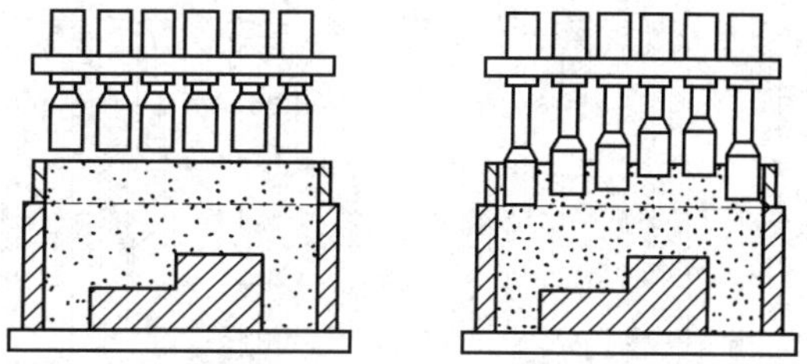

(a) 压实前　　(b) 压实后

图 1.26　多触头压头

(3)射砂紧实及射压造型机

射砂紧实是利用压缩空气将型(芯)砂以很高的速度射入型腔(或芯盒)而得到紧实。射砂机构如图 1.27 所示。射砂紧实过程包括加砂、射砂、排气紧实三道工序。

①加砂　打开加砂闸板,砂斗中的砂子加入射砂筒中,然后关闭加砂闸板。

②射砂　打开射砂阀,贮气包中的压缩空气从射砂筒的顶横缝和周竖缝进入筒内形成射砂流射入砂箱(或芯盒)中。

③排气紧实　型腔中的空气通过排气孔排出,高速气砂流由于型腔壁的阻挡而被滞止,气砂流的动能转变成型(芯)砂的紧实力,使型(芯)砂得到紧实。

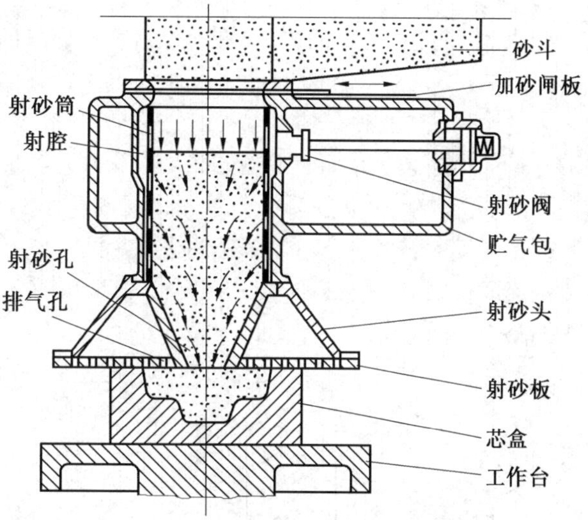

图 1.27　射砂机构示意图

射砂紧实时,主流方向上以冲击紧实为主,在非主流方向上或拐角处(此处常开设排气孔),型砂靠压力差下的滤流作用得到紧实。

如果将射砂和压实紧实结合起来,便成为射压造型机。射压造型机先用射砂方法填砂并使型砂预紧实,然后再加压紧实,可以得到紧实度高且比较均匀的砂型。如果射压造型时不用砂箱(无箱)或在造型后将砂箱脱去(脱箱),使砂箱不进入浇注、落砂、回送的循环,就能减少造型生产的工序,节省许多砂箱,而且可以使造型生产线所需的辅机减少,容易实现自动化。

(4)气流紧实及静压造型机

静压造型机是利用压缩空气气流渗透预紧实并辅以加压压实型砂的一种造型机。所谓气流渗透紧实方法,是利用快开阀将贮气罐中的压缩空气引致砂箱的砂粒上面,使气流在较短时间内透过型砂,经模板上的排气孔排出。气流在穿过砂层时受到砂粒的阻碍而产生压缩力即渗透压力使型砂受到紧实。该方法具有机器结构简单、紧砂时间短、噪声和振动小等优点,故而称为静压造型法。其工作过程如图 1.28 所示。

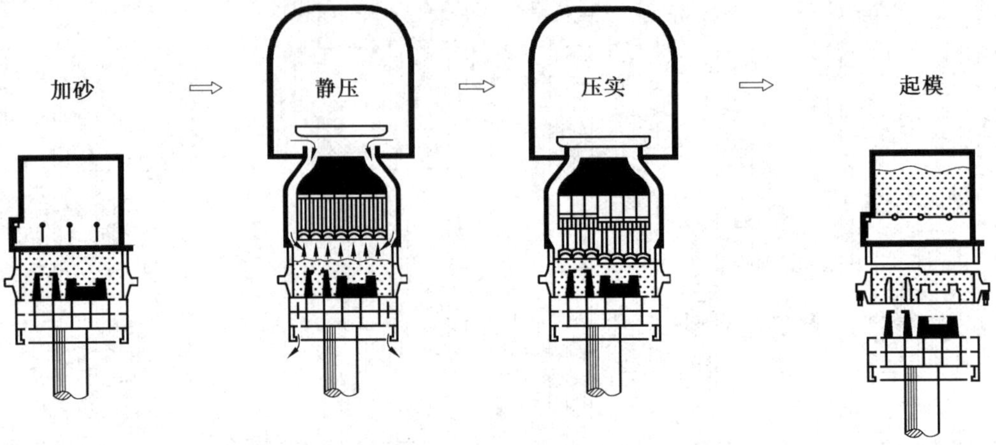

图 1.28　静压造型机工作过程

(5)气冲紧实及气冲造型机

20 世纪 80 年代欧洲和我国都开发成功了利用气流冲击紧实型砂的气冲造型机。气流冲击紧实是先将型砂填入砂箱内,然后压缩空气在很短的时间内(10 ~ 20 ms)以很高的升压速度($dp/dt = 4.5 \sim 22.5$ MPa)作用于顶部,利用高速气流冲击将型砂紧实,其工作原理如图 1.29 所示。

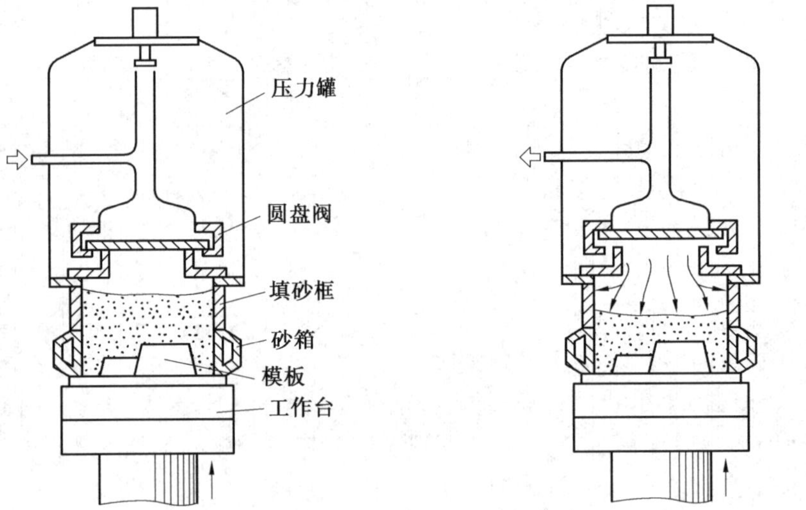

(a)加砂后的砂箱,填砂框升至阀口处　　(b)打开阀门,气流冲击紧实

图 1.29　气冲紧实工作原理

高速气流作用于砂箱散砂(见图 1.30(a))的顶部形成一预紧砂层(见图 1.30(b))。预紧砂层快速向下运动且越来越厚,直至与模板发生接触(见图 1.30(c)),加速向下移动的预紧实砂体受到模板的滞止作用,而产生对模板的冲击,最底下的砂层先得到冲击紧实

(见图 1.30(d))随后上层砂逐层冲击紧实,一直到砂型顶部(见图 1.30(e))。

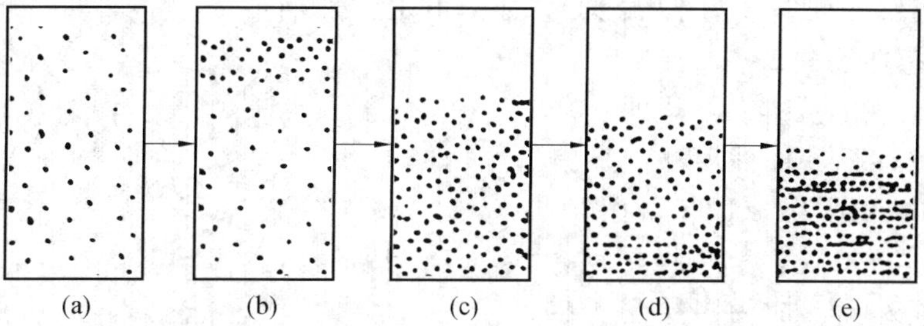

图 1.30　气流冲击紧实过程示意图

与手工造型相比,机器造型可大大提高劳动生产率,机器造型制出的铸件尺寸精确,表面光洁,加工余量小,同时,还可改善工人劳动条件。但机器造型对厂房结构要求高,机器设备、模具、砂箱的一次性投资大,生产准备周期长,同时,还必须使其他工序(如配砂、运输、浇注、落砂等)全面实现机械化才便于生产协调,因此,只有在大批量生产时才经济。

另外,由于机器造型不能紧实型腔穿通的中箱(模样与砂箱等高),故不能进行三箱造型。机器造型工艺通常是采用模底板进行的两箱造型,同时,机器造型也应尽力避免活块,因取出活块费时,使造型机的生产率大为降低。

在大量生产时,可采用造型生产线来组织生产。将造型机和其他辅助工序(如翻箱、下芯、合型、加压铁、浇注、落砂和铸件清理等),按照铸造工艺流程用运输设备(如铸型输送机、辊道等)联系起来,组成一套机械化、自动化铸造生产系统,这样也能更好发挥出造型机的效率。

1.2.2　特种铸造

砂型铸造具有适应性广、生产准备简单等优点,应用最为普遍。但其生产过程复杂,生产效率往往较低,且铸件精度不高,表面粗糙度大,质量较差。对一些有特殊要求的零件,如薄壁件、精密铸件、管状铸件和高熔点合金铸件等,用砂型铸造方法往往难以制造或生产成本很高。随着生产和科学技术的发展,逐渐出现了各种少用砂或不用砂的铸型,以及采用特殊工艺装备进行铸造的方法,这些方法统称为“特种铸造”,如熔模铸造、金属型铸造、压力铸造、低压铸造、离心铸造、陶瓷型铸造和实型铸造等。与砂型铸造相比,特种铸造具有铸件密度和表面质量高、铸件内在性能好、原材料消耗低、工作环境好等优点。但铸件的结构、形状、尺寸、质量、材料种类等往往会受到一定限制。

1.熔模铸造

熔模铸造又称失蜡铸造,它是先制作蜡模,然后在蜡模上涂敷一定厚度的耐火材料,待耐火材料层固化后,将蜡模融化去除而制成型壳,型壳经高温焙烧后浇入金属液体,凝固冷却后获得铸件的铸造方法。

熔模铸造工艺过程如下。

(1)制造蜡模

蜡模材料常用 50%石蜡和 50%硬脂酸配制而成。首先将 45 ~ 48℃的糊状蜡料压入压型(压制熔模用的模具),冷凝后取出即为蜡模,如图 1.31(a)所示。为提高生产率,常把数个蜡模熔焊在蜡棒上,成为蜡模组,如图 1.31(b)所示。

(2)制造型壳

在蜡模组表面浸挂一层以水玻璃和石英粉配制的涂料,然后在上面撒一层较细的硅砂,并放入固化剂(如氯化氨水溶液等)中硬化。如此反复多次,使蜡模组外面形成由多层耐火材料组成的坚硬型壳(一般 4~10 层),型壳的总厚度为 5~7 mm,如图 1.31(c)所示。

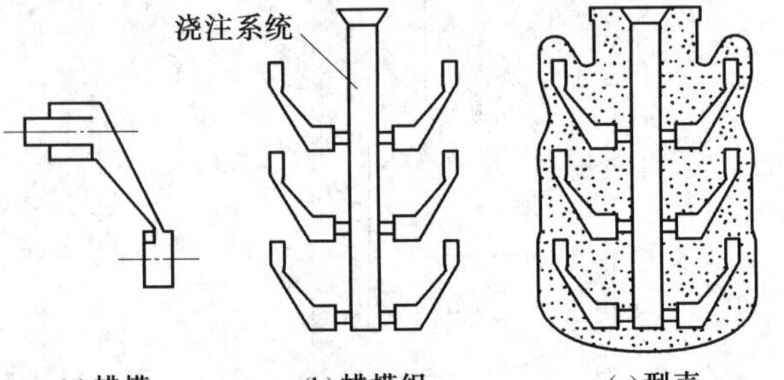

图 1.31　熔模铸造工艺过程

(3)熔化蜡模(脱蜡)

通常将带有蜡模组的型壳放在 80~90℃的热水中,使蜡模熔化后从浇注系统中流出。

(4)型壳的焙烧

把脱蜡后的型壳放入加热炉中,加热到 800~950℃,保温 0.5~2 h,烧去型壳内的残蜡和水分,并使型壳强度进一步提高。

(5)浇注

将型壳从焙烧炉中取出后,周围堆放干砂,加固型壳,然后趁热(600~700℃)浇入合金液,并凝固冷却。

(6)脱壳和清理

用人工或机械方法去掉型壳,切除浇冒口,清理后即得铸件。

熔模铸造件精度高、表面质量好,是少、无切削加工工艺的重要方法之一,其尺寸精度可达 IT11~IT14,表面粗糙度 Ra 值为 12.5~1.6。如熔模铸造的涡轮发动机叶片,铸件精度已达到无加工余量的要求。熔模铸造可制造形状复杂铸件,其最小壁厚可达 0.3 mm,最小铸出孔径为 0.5 mm。对由几个零件组合成的复杂部件,可用熔模铸造一次铸出。铸造合金种类不受限制,用于高熔点和难切削合金,更具显著的优越性。生产批量基本不受限制,既可大批量生产,又可单件、小批量生产。

但熔模铸造工序繁杂,生产周期长,原材料及辅助材料费用比砂型铸造高,生产成本较高。另外,受蜡模与型壳强度、刚度的限制,铸件不宜太大,一般限于 25 kg 以下。

熔模铸造主要用于生产汽轮机及燃气轮机的叶片、泵的叶轮、切削刀具,以及飞机、汽车、拖拉机、风动工具和机床上的小型零件。

2.金属型铸造

金属型铸造是将液体金属在重力作用下浇入金属铸型,以获得铸件的一种方法。铸型用金属制成,可以反复使用几百次到几千次。

根据金属型分型面位置的不同,金属型可分为垂直分型式、水平分型式和复合分型式三种结构,其中垂直分型式金属型开设浇注系统和取出铸件比较方便,易实现机械化,应用较广,如图 1.32 所示。

制造金属型的材料熔点一般应高于浇注合金的熔点。如浇注锡、锌、镁等低熔点合金,可用灰铸铁制造铸型;浇注铝、铜等合金,则要用合金铸铁或钢制金属型。金属型用的型芯有砂芯和金属芯两种。

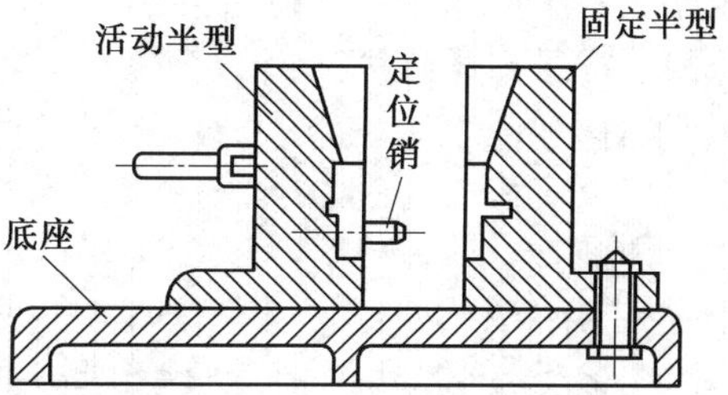

图 1.32 垂直分型式金属型

由于金属型导热速度快,没有退让性和透气性,为了确保获得优质铸件和延长金属型的使用寿命,必须采取下列工艺措施。

(1) 加强金属型的排气

如在金属型腔上部设排气孔,通气塞(气体能通过,金属液不能通过),在分型面上开通气槽等。

(2)表面喷刷涂料

金属型与高温金属液接触的工作表面上应喷刷耐火涂料,以保护金属型,并可调节铸件各部分冷却速度,提高铸件质量。涂料一般由耐火材料(石墨粉、氧气锌、石英粉等)、水玻璃黏结剂和水组成,涂料层厚度约为 0.1 ~ 0.5 mm。

(3)预热金属型

金属型浇注前需预热,预热温度一般为 200 ~ 350℃,目的是防止金属液冷却过快而造成浇不足、冷隔和气孔等缺陷。

(4)控制开型

因金属型无退让性,除在浇注时正确选定浇注温度和浇注速度外,浇注后,如果铸件在铸型中停留时间过长,易引起过大的铸造应力而导致铸件开裂。因此,铸件冷凝后,应及时从铸型中取出。通常铸铁件出型温度为 780 ~ 950℃左右,开型时间为 10 ~ 60 s。

金属型铸造具有较高的尺寸精度(IT12 ~ IT16)和较小的表面粗糙度(Ra 值为 12.5 ~ 6.3),机械加工余量小。由于金属型的导热性较好,冷却速度快,铸件的晶粒较细,力学性能好。可以实现一型多铸,提高了劳动生产率。能节约造型材料,减轻环境污染,改善劳动条件。

但金属型的制造成本较高,不宜生产大型、形状复杂和薄壁铸件;由于冷却速度快,铸铁件表面易产生白口,切削加工困难;受金属型材料熔点的限制,熔点高的合金不适宜采用金属型铸造。

金属型铸造主要用于铜合金、铝合金等非铁金属铸件的大批量生产,如活塞、连杆、气缸盖等;铸铁件的金属型铸造目前也有所发展,但其尺寸限制在 300 mm 以内,质量不超过 8 kg,如电熨斗底板等。

3.压力铸造

压力铸造(简称压铸)是将熔融合金在高压、高速条件下充型,并在高压下冷却凝固成型的精密铸造方法。压力铸造需要用压铸机和金属铸型。压铸时所用的压射比压为 30 ~ 70 MPa,金属液充满铸型时间为 0.01 ~ 0.2 s,所以高压和高速是压力铸造的重要特点。

压铸机是压铸生产的基本设备,根据压室工作条件不同,可分为冷压室压铸机和热压室压铸机两类。热压室压铸机的压室与坩埚连成一体,而冷压室压铸机的压室是与坩埚分开的。冷压室压铸机又可分为立式和卧式两种,目前以卧式冷压室压铸机应用较多。其工作原理如图 1.33 所示。

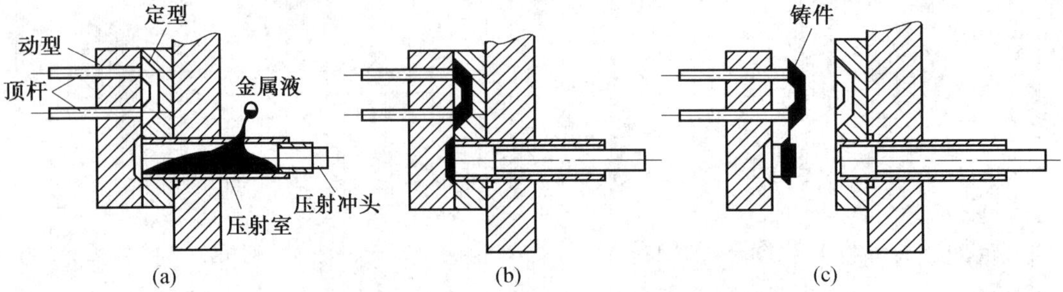

图 1.33　卧式冷压室压铸机工作原理

压铸所用的铸型由定型和动型两部分组成,分别固定在压铸机的定模板和动模板上,动模板可作水平移动。动型与定型合型后,将定量金属液浇入压室,压射冲头向前推进,金属液经浇道压入铸模型腔中,经冷凝后开型,由顶杆将铸件推出。

压铸件尺寸精度高,表面质量好,尺寸公差等级为 IT11 ~ IT13,表面粗糙度 Ra 值为 6.3 ~ 1.6 μm,可不经机械加工直接使用,而且互换性好。可以压铸壁薄、形状复杂以及具有很小孔和螺纹的铸件,如锌合金的压铸件最小壁厚可达 0.8 mm,最小铸出孔径可达 0.8 mm,最小可铸螺距达 0.75 mm,还能压铸镶嵌件。压铸件的强度和表面硬度较高。压力下结晶,加上冷却速度快,铸件表层晶粒细密,其抗拉强度比砂型铸件高 25% ~ 40%。生产率高,可实现半自动化及自动化生产。

但压铸也存在一些不足。由于充型速度快,型腔中的气体难以排出,在压铸件皮下易产生气孔,故压铸件不能进行热处理,也不宜在高温下工作,否则气孔中空气产生热膨胀,可能使铸件开裂;另外,金属液凝固快,厚壁处来不及补缩,易产生缩孔和缩松;压铸设备投资大,铸型制造周期长,造价高,不宜小批量生产。

压力铸造可用于生产锌合金、铝合金、镁合金和铜合金等铸件。其中,占比重最大的是铝合金压铸件,约为 30% ~ 50%,其次为锌合金压铸件,铜合金和镁合金的压铸件产量很小。压铸件多用于汽车、拖拉机制造业,以及仪表和电子仪器工业。

4.低压铸造

低压铸造是液体在压力作用下在自下而上充填型腔形成铸件的一种方法。由于所用的压力较低(0.02 ~ 0.06 MPa),所以称低压铸造。

低压铸造装置如图 1.34(a)所示。其下部是一个密闭的保温坩埚炉,用于储存熔炼好的金属液。坩埚炉的顶部紧固着铸型(通常为金属型,亦可为砂型),垂直升液管使金属液与朝下的浇注系统相通。

铸型在浇注前必须预热到工作温度,并在型腔内喷刷涂料。压铸时,先缓慢地向坩埚炉内通入干燥的压缩空气,金属液受气体压力的作用,由下而上沿着升液管和浇注系统充满型腔,如图 1.34(b)所示。这时将气压升到规定的工作压力,使金属液在压力下结晶。当铸件凝固后,使坩埚与大气相通,金属液的压力恢复到大气压,于是升液管及浇注系统中尚未凝固的金属液因重力作用而回到坩埚中。然后,开起铸型,取出铸件,如图1.34(c)所示。

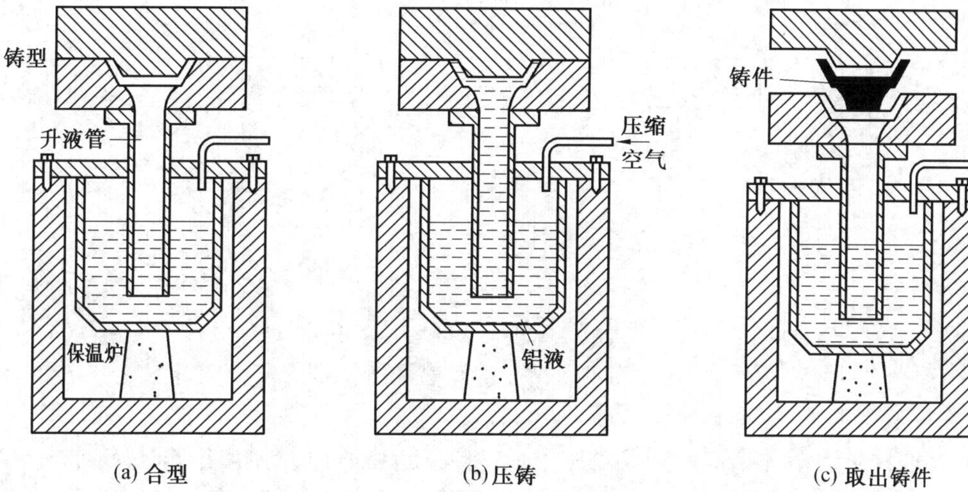

图1.34　低压铸造工艺过程

低压铸造浇注时的压力和速度可以调节,故可适用于不同铸型(如金属型、砂型等)、铸造合金及尺寸的铸件。采用底注式充型,金属液充型平稳,无飞溅现象,可避免卷入气体及对型壁和型芯的冲刷,提高了铸件的合格率。铸件在压力下结晶,组织致密,轮廓清晰,表面光洁,力学性能较高,对于大薄壁件的铸造尤为有利。省去补缩冒口,金属利用率高达90%~98%。劳动强度低,劳动条件好,设备简易,易实现机械化和自动化。

低压铸造目前广泛应用于铝合金铸件的生产,如汽车发动机缸体、缸盖、活塞、叶轮等。还可用于铸造各种铜合金铸件(如螺旋桨等)以及球墨铸铁曲轴等。

5.离心铸造

离心铸造是指将熔融金属浇入旋转的铸型中,使液体金属在离心力作用下充填铸型并凝固成型的一种铸造方法。

离心铸造的铸型可以是金属型,也可以是砂型。为使铸型旋转,离心铸造必须在离心铸造机上进行。根据铸型旋转轴空间位置的不同,离心铸造机可分为立式和卧式两大类,如图1.35所示。

在立式离心铸造机上,铸型是绕垂直轴旋转的,如图1.35(a)所示。由于离心力和液态金属本身重力共同作用,使铸件的自由表面(内表面)呈抛物面形状,造成铸件上薄下厚。显然,在其他条件不变的前提下,铸件的高度越大,壁厚的差别也越大,因此,立式离心铸造主要用于高度小于直径的圆环类铸件。

在卧式离心铸造机上,铸型是绕水平轴旋转的,如图1.35(b)所示,由于铸件各部分的冷却条件相近,故铸出的圆筒形铸件壁厚均匀,因此卧式离心铸造适于生产长度较大的套筒、管类铸件。

离心力的大小对铸件质量有着十分重要的影响。没有足够大的离心力,就不能获得形状正确和性能良好的铸件。但是,离心力过大又会使铸件产生裂纹,用砂套铸造时还可

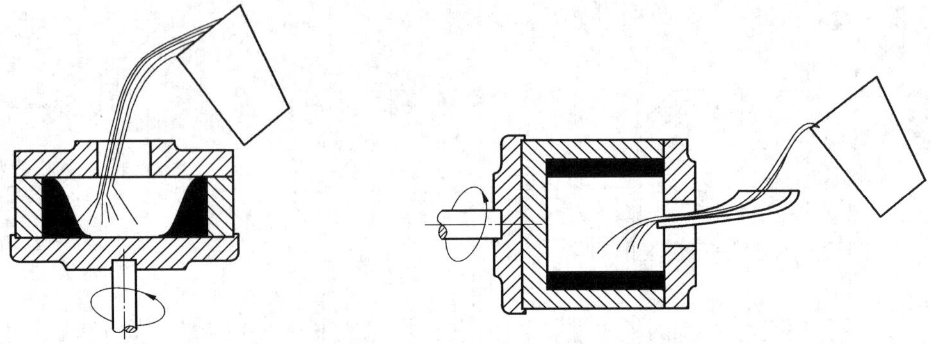

(a) 立式离心铸造　　(b) 卧式离心铸造

图 1.35　离心铸造机原理图

能引起胀砂和粘砂。因此，在实际生产中，通常根据铸件的大小来确定离心铸造的铸型转速，在一般情况下，铸型转速在 250 ~ 1 500 r/min 范围内。

离心铸造时液体金属能在铸型中形成中空的自由表面，不用型芯即可铸出中空铸件，大大简化了套筒、管类铸件的生产过程。由于旋转时液体金属所产生的离心力作用，可提高金属充填铸型的能力，因此一些流动性较差的合金和薄壁铸件都可用离心铸造法生产。离心力的作用，改善了补缩条件，气体和非金属夹杂物也易于自金属中排出，产生缩孔、缩松、气孔和夹杂物等缺陷的几率较小。离心铸造无浇注系统和冒口，可节约金属。

离心铸造也存在不足。由于离心力的作用，金属中的气体、熔渣等夹杂物，因密度较轻而集中在铸件的内表面上，所以内孔的尺寸不精确，质量也较差，必须增加机械加工余量；铸件易产生成分偏析。

目前，离心铸造已广泛用于制造铸铁管、汽缸套、钢套、双金属轴承、特殊钢的无缝管坯、造纸机滚筒等铸件的生产。

6.陶瓷型铸造

陶瓷型铸造是在砂型铸造和熔模铸造的基础上发展起来的一种精密铸造方法。

陶瓷型铸造的工艺过程，如图 1.36 所示。

(1)砂套造型

为了节约昂贵的陶瓷材料和提高铸型的透气性，通常先用水玻璃砂制出砂套。制造砂套的模样 B 比铸件模样 A 应大一个陶瓷料厚度，如图 1.36(a)所示。砂套的制造方法与砂型铸造相同，如图 1.36(b)所示。

(2)灌浆与胶结

即制造陶瓷面层。其过程是将铸件模样 A 固定于底板上，刷上分型剂，扣上砂套，将配制好的陶瓷浆料从浇注口注满砂套，如图 1.36(c)所示，经数分钟后，陶瓷浆料便开始结胶。陶瓷浆料由耐火材料(如刚玉粉，铝矾土等)、黏结剂(如硅酸乙酯水解液)等组成。

(3)起模与喷烧

将浆液浇注 5 ~ 15 min 后，趁浆料还有一定弹性便可起出模样。为加速固化过程提高铸型强度，必须用明火喷烧整个型腔，如图 1.36(d)所示。

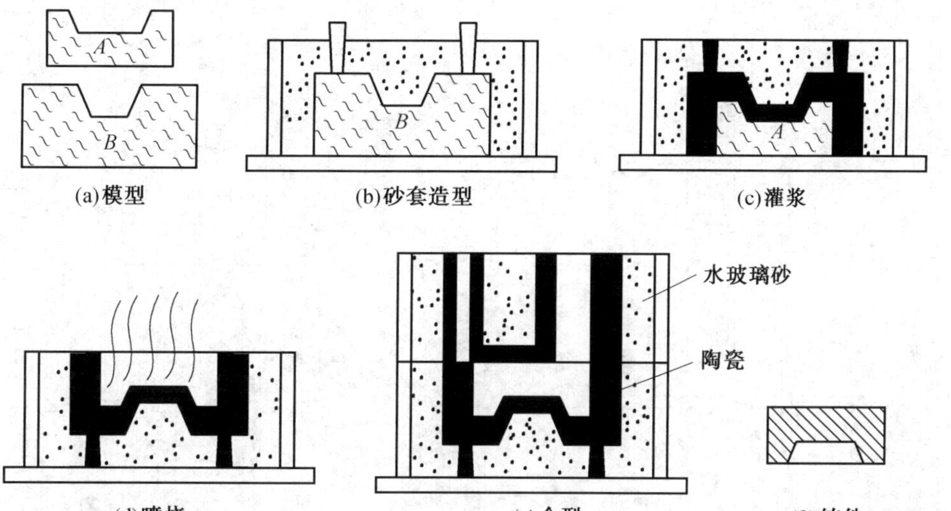

(a)模型　(b)砂套造型　(c)灌浆　(d)喷烧　(e)合型　(f)铸件

图 1.36　陶瓷型铸造工艺过程

(4)焙烧与合型

陶瓷型在浇注前要加热到 350～550℃焙烧 2～5 h,以烧去残存的水分,并使铸型的强度进一步提高。

(5)浇注

浇注温度可略高,以便获得轮廓清晰的铸件。

陶瓷型铸造由于是在陶瓷面层具有弹性的状态下起模,同时陶瓷面层耐高温且变形小,故铸件的尺寸精度和表面粗糙度等与熔模铸造相近。陶瓷型铸件的大小几乎不受限制,可从几公斤到数吨。在单件、小批量生产条件下,投资少,生产周期短,在一般铸造车间即可生产。

但陶瓷型铸造不适于生产批量大,重量轻或形状复杂的铸件,生产过程难以实现机械化和自动化。

目前陶瓷型铸造主要用于生产厚大的精密铸件,广泛用于生产冲模、锻模、玻璃器皿模、压铸型和模板等,也可用于生产中型铸钢件。

7.实型铸造

实型铸造是采用聚苯乙烯发泡塑料模样代替普通模样,造好型后不取出模样就浇入金属液,在金属液的作用下,塑料模样燃烧、气化、消失,金属液取代原来塑料模所占有的空间位置,冷却凝固后获得所需铸件的铸造方法。其工艺过程如图 1.37 所示。

实型铸造采用了遇金属液即气化的泡沫塑料模样,无需起模,无分型面,无型芯,因而无飞边毛刺,铸件的尺寸精度和表面粗糙度接近熔模铸造,但尺寸却可大于熔模铸造。由于各种形状复杂铸件的模样均可采用泡沫塑料模黏合,形成整体,减少了加工装配时间,可降低铸件成本 10%～30%,也为铸件结构设计提供充分的自由度。实型铸造简化了铸件生产工序,缩短生产周期,使造型效率比砂型铸造提高了 2～5 倍。

但实型铸造的模样只能使用一次,且泡沫塑料的密度小,强度低,模样易变形,影响铸

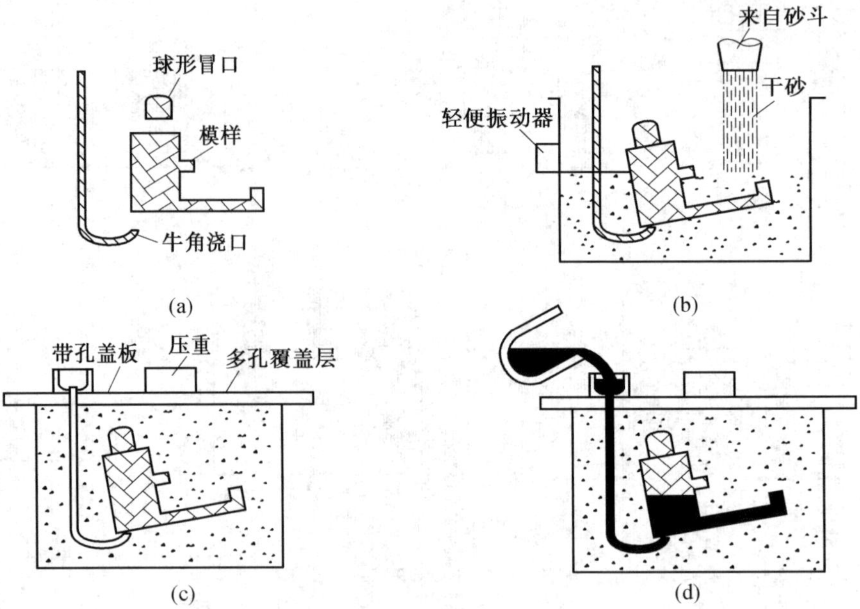

图 1.37　实型铸造示意图

件尺寸精度。另外,实型铸造浇注时,模样产生的气体污染环境。

实型铸造主要用于不易起模的复杂铸件的批量及单件生产。近年来在大型模具制造中有广泛应用。

8.磁型铸造

磁型铸造是用聚苯乙烯塑料制成气化模,在其表面刷涂料,放进特制的砂箱内,填入磁丸(又称铁丸)并微振紧实,再将砂箱放在磁型机里,磁化后的磁丸相互吸引,形成强度高、透气性好的铸型。浇注时,气化模在液体金属液的作用下气化消失,金属液代替了气化模的位置,待冷却凝固后,解除磁场,磁丸恢复原来的松散状,便能方便地取出铸件。磁型铸造原理如图 1.38 所示。

磁型铸造因为无分型面,不起模,不用型芯,造型材料不含黏结剂,流动性和透气性好,可以避免气孔、夹砂、错型和偏芯等缺陷。所用工装设备少,通用性大,易实现机械化和自动化生产。节约了金属及其他辅助材料,改善了劳动条件,降低了铸件成本。

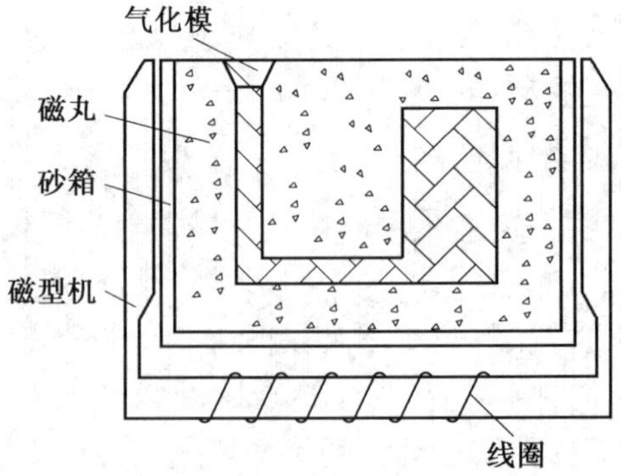

图 1.38　磁型铸造原理图

磁型铸造已在机车车辆、拖拉机、兵器、农业机械化和化工机械等制造业得到了应用。主要适用于形状不十分复杂的中、小型铸件的生产,以浇注黑色金属为主。其铸件质量为 0.25～150 kg,铸件的最大壁厚可达 80 mm。

特种铸造的发展很快,除以上常用的几种外,还有许多方法,如连续铸造、壳型铸造、真空吸铸和冷冻铸造等。

1.3 液态成形件工艺及结构设计

1.3.1 砂型铸造工艺设计

为了获得合格铸件,减小铸型制造的工作量,降低铸件成本,在砂型铸造的生产准备过程中,必须合理地制订出铸造工艺方案,并绘制出铸造工艺图。

铸造工艺图是在零件图中用各种工艺符号表示出铸造工艺方案的图形,其中包括:铸件的浇注位置;铸型分型面;型芯的数量、形状、固定方法及下芯次序;加工余量、起模斜度、收缩率、浇注系统、冒口、冷铁的尺寸和布置等。铸造工艺图是指导模样(芯盒)设计、生产准备、铸型制造和铸件检验的基本工艺文件。依据铸造工艺图,结合所选造型方法,便可绘制出模样图和合型图。图 1.39 为支座的图样。

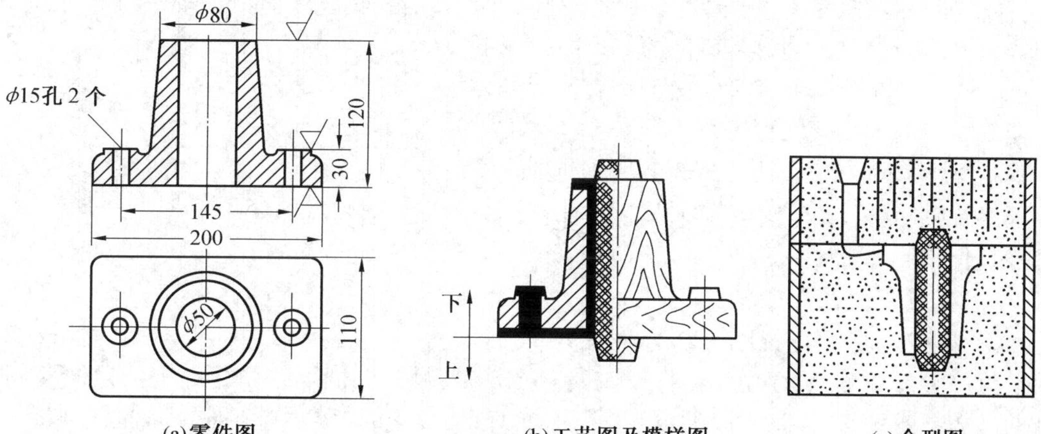

(a)零件图 (b)工艺图及模样图 (c)合型图

图 1.39 支座的图样

1.浇注位置的选择

浇注位置是指浇注时铸件在铸型中所处的位置。铸件浇注位置正确与否,对铸件的质量影响很大,选择浇注位置时一般应遵循如下原则。

(1)铸件的重要加工面应朝下或位于侧面

因为铸件的上表面容易产生砂眼、气孔、夹渣等缺陷,组织也没有下表面致密。如果这些加工面难以做到朝下,则应尽量使其位于侧面。当铸件的重要加工面有数个时,则应将较大的平面朝下。

图 1.40 所示为车床床身铸件的浇注位置方案。由于床身导轨面是重要表面,不允许有明显的表面缺陷,而且要求组织致密,因此应将导轨面朝下浇注。

图 1.41 为起重机卷扬筒的浇注位置方案。卷扬筒的圆周表面质量要求高,不允许有明显的铸造缺陷。若采用水平浇注,圆周朝上表面的质量难以保证;反之,若采用立式浇注,由于全部圆周表面均处于侧立位置,其质量均匀一致,较易获得合格铸件。

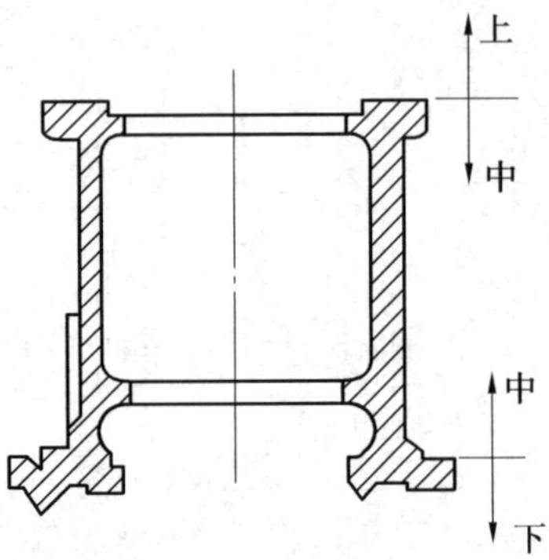

图 1.40　车床床身的浇注位置

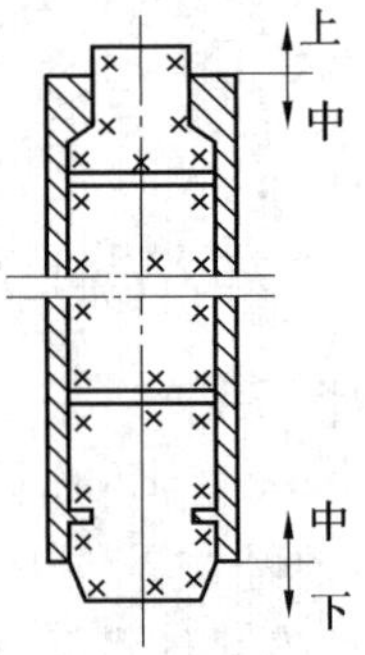

图 1.41　卷扬筒的浇注位置

(2)铸件的大平面应朝下

型腔的上表面除了容易产生砂眼、气孔、夹渣等缺陷外，大平面还经常容易产生夹砂缺陷。因此，对平板、圆盘类铸件的大平面应朝下。

(3)面积较大的薄壁部分置于铸型下部或使其处于垂直或倾斜位置

这样可以有效防止铸件产生浇注不足或冷隔等缺陷。图 1.42 为油盘薄壁铸件的合理浇注位置。

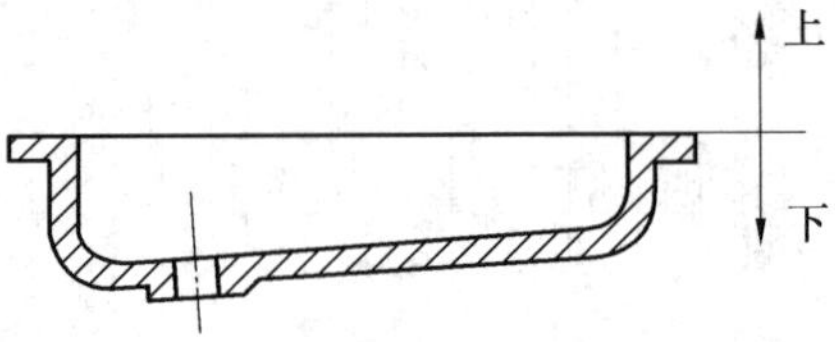

图 1.42　薄壁件的浇注位置

(4)容易产生缩孔的铸件

对于这种铸件，应将厚大部分放在分型面附近的上部或侧面，以便在铸件厚壁处直接安置冒口，使之实现自下而上的定向凝固。如前述铸钢卷扬筒，浇注时厚端放在上部是合理的；反之，若厚端在下部，则难以补缩。

2.铸型分型面的选择

铸型分型面的选择正确与否是铸造工艺合理与否的关键。如果选择不当，不仅影响铸件质量，而且还会使制模、造型、造芯、合型或清理等工序复杂化，甚至还可增大切削加工的工作量。因此，分型面的选择应能在保证铸件质量的前提下，尽量简化工艺。

分型面的选择应考虑如下原则。

(1)便于起模，使造型工艺简化

尽量使分型面平直、数量少、避免不必要的活块和型芯。

图 1.43 为一起重臂铸件的分型面，按图中所示的分型面为一平面，故可采用较简便的分模造型；如果选用弯曲分型面，则需采用挖砂或假箱造型，大量生产会使制造费用增加。

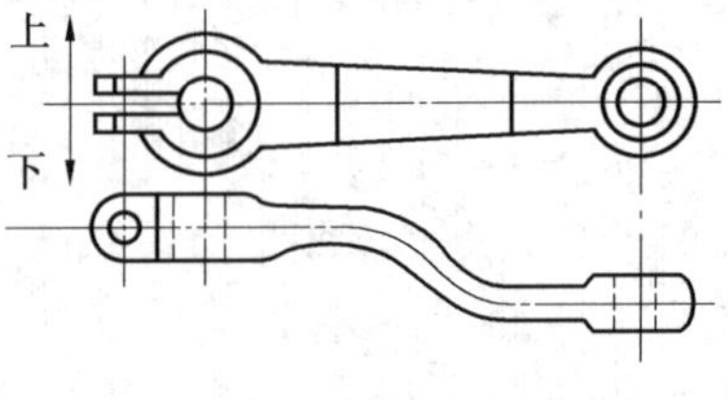

图 1.43　起重臂的分型面

应尽量使铸型只有一个分型面，以便采用工艺简便的两箱造型。多一个分型面，铸型就会增加一些误差,使铸件的精度降低。如图 1.44(a)所示的三通铸件,其内腔必须采用一个 T 字型芯来形成,但不同的分型方案,其分型面数量不同。当中心线 *ab* 呈垂直时(见图 1.44(b)),铸型必须有三个分型面才能取出模样,即用四箱造型。当中心线 *cd* 呈垂直时(见图 1.44(c)),因铸件有两个分型面,必须采用三箱造型。当中心线 *ab* 和 *cd* 都呈水平位置时,(见图 1.44(d)),因铸件只有一个分型面,采用两箱造型即可。显然,图 1.44(d)是合理的分型方案。

图 1.45 所示支架分型方案是避免用活块的例子。按图中方案Ⅰ时,凸台必须采用四个活块制出,而下部两个活块的部位较深,取出困难。当改用方案Ⅱ时,可省去活块,仅在 *A* 处稍加挖砂即可。

型芯一般是形成铸件内腔的,但有时也可用来简化模样的外形,制出妨碍起模的凸台、侧凹等。但制造型芯需要专门的工艺装备,并增加下芯工序,会增加铸件成本。故选择分型面时应尽量避免不必要的型芯。

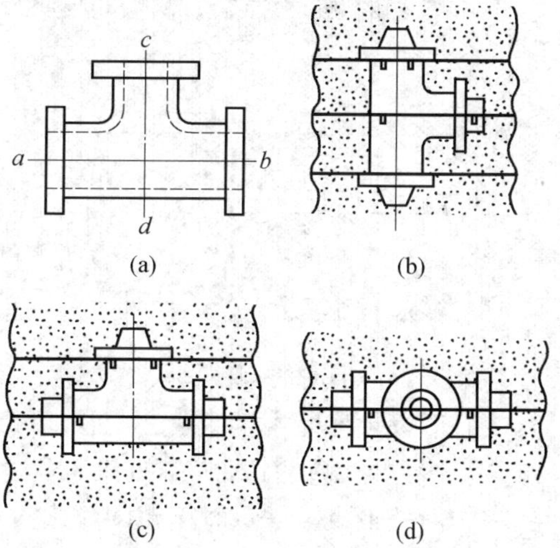

图 1.44 三通的分型方案

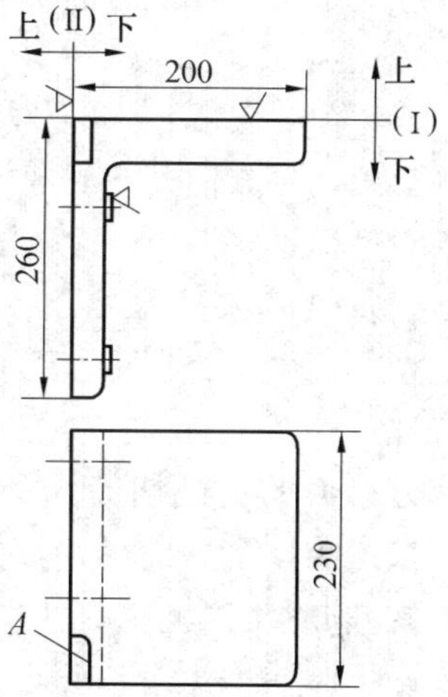

图 1.45 支架的分型方案

必须指出,并非型芯越少,铸件成本越低。如图 1.46 所示的轮形铸件,由于轮的圆周面外侧内凹,在批量不大的生产条件下,多采用三箱造型。但在大批量生产条件下,采用机器造型,需要采用环状型芯使铸型简化成只有一个分型面,这种方法尽管增加了型芯的费用,但可通过机器造型所取得的经济效益得到补偿。

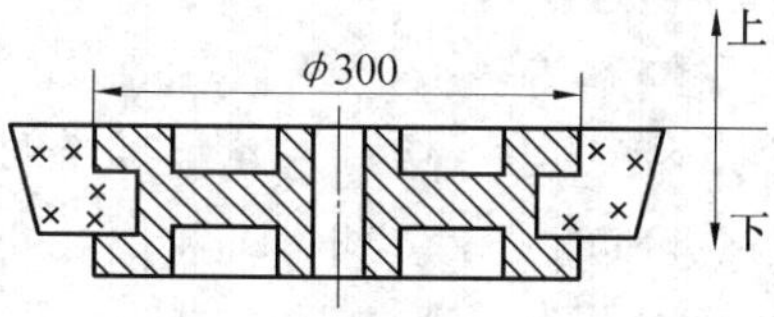

图 1.46 使用型芯减少分型面

(2)尽量使铸件全部或大部置于同一砂箱,以保证铸件精度

图 1.47 所示为一床身铸件,其顶部平面为加工基准面。

图 1.47(a)方案在妨碍起模的凸台处增加了外部型芯,采用整模造型使加工面和基准面在同一砂箱内,能够保证铸件精度,是大批量生产中的合理方案。图 1.47(b)方案,

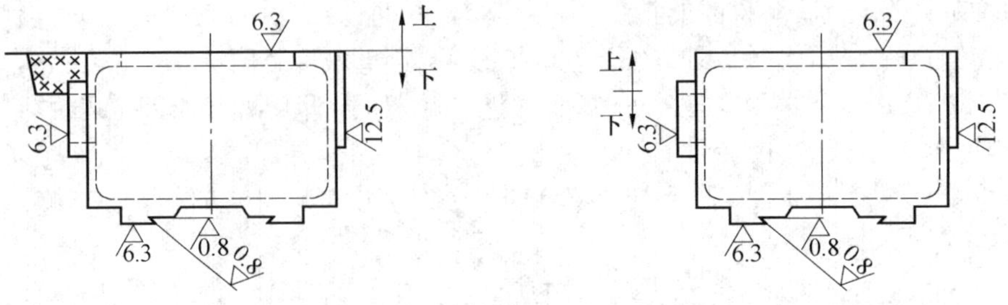

(a) (b)

图 1.47　车床床身铸件

易产生错型,影响铸件精度。如在单件、小批量生产条件下,铸件的尺寸偏差在一定范围内可用画线来纠正,故相应条件下也可采用。

(3)尽量使型腔及主要型芯位于下型

这样便于造型、下芯、合型和检验铸件壁厚。但下型型腔也不易过深,并尽量避免使用吊芯。

图 1.48 为一机床支架的两种分型方案。可以看出,方案Ⅰ和方案Ⅱ同样便于下芯时检查铸件壁厚,防止产生偏芯缺陷,但方案Ⅱ的型腔及型芯大部分位于下型,这样便可减小上型的高度,有利于起模及翻箱操作,故较为合理。

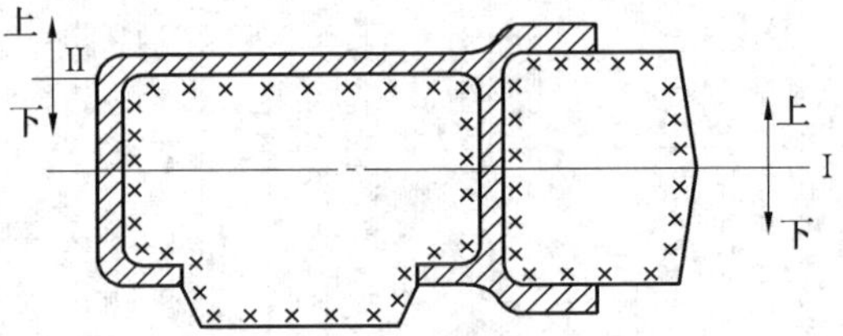

图 1.48　机床支架

选择分型面的上述诸原则,对于某个具体的铸件来说难以全面满足,有时甚至互相矛盾。因此,必须抓住主要矛盾、全面考虑,至于次要矛盾,则应从工艺措施上设法解决。例如,质量要求很高的铸件(如机床床身、立柱、刀架、钳工画线平板等),应在满足浇注位置要求的前提下再考虑造型工艺的简化。对于没有特殊质量要求的一般铸件,则以简化铸件工艺、提高经济效益为主要依据,不必过多的考虑铸件的浇注位置,仅对朝上的加工表面采用稍大的加工余量即可。

3.工艺参数的确定

为了绘制铸造工艺图,在铸造工艺方案初步确定之后,还必须选定铸件的机械加工余量、起模斜度、收缩率、型芯头尺寸等具体参数。

(1)机械加工余量和最小铸出孔

在铸件上为切削加工而加大的尺寸称为机械加工余量。余量过大,切削加工费高,且浪费金属材料;余量过小,因铸件表层过硬会加速刀具的磨损甚至会因残留黑皮而报废。

机械加工余量的具体数值取决于铸件生产批量、合金的种类、铸件的大小、加工面与基准面之间的距离及加工面在浇注时的位置等。采用机器造型,铸件精度高,余量可减小;手工造型误差大,余量应加大。铸钢件因表面粗糙,余量应加大;非铁合金铸件价格昂贵,且表面光洁,余量应比铸铁小。铸件的尺寸越大或加工面与基准面之间的距离越大,尺寸误差也越大,故余量也应随之加大。浇注时铸件朝上的表面因产生缺陷的几率较大,其余量应比底面和侧面大。

铸件的孔、槽是否铸出，不仅取决于工艺上的可能性，还必须考虑其必要性。一般来说，较大的孔、槽应当铸出，以减少切削加工工时，节约金属材料，并可减小铸件上的热节；较小的孔则不必铸出，用机加工较经济。最小铸出孔的参考数值见表 1.8。对于零件图上不要求加工的孔、槽以及弯曲孔等，一般均应铸出。

表 1.8 铸件毛坯的最小铸出孔

生产批量	最小铸出孔的直径 d/mm	
	灰铸铁件	铸钢件
大量生产	12 ~ 15	—
成批生产	15 ~ 30	30 ~ 50
单件、小批量生产	30 ~ 50	50

(2)起模斜度

为了使模样(或型芯)易于从砂型(或芯盒)中取出，凡垂直于分型面的立壁，制造模样时必须留出一定的倾斜度，此倾斜度称为起模斜度，如图 1.49 所示。

起模斜度的大小取决于立壁的高度、造型方法、模样材料等因素，通常为 15′ ~ 3°，立壁越高，斜度越小($\beta_1 < \beta_2$)，机器造型应比手工造型斜度小，而木质模样斜度应比金属模样斜度大。

为使型砂便于从模样内腔中脱出，铸孔内壁起模斜度应比外壁起模斜度大($\beta_1 > \beta$)，通常为 3° ~ 10°。

在铸造工艺图上，加工表面上的起模斜度应结合加工余量直接表示出，而不加工表面上的斜度(结构斜度)仅需用文字注明即可。

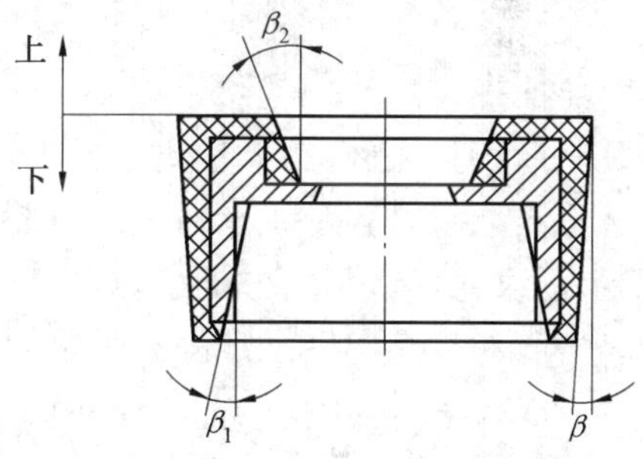

图 1.49 起模斜度

(3)收缩率

铸件冷却后的尺寸比型腔尺寸略微缩小，为保证铸件的应有尺寸，模样尺寸必须比铸件放大一个该合金的收缩率。铸造线收缩率 K 表达式为

$$K = \frac{L_{模} - L_{件}}{L_{件}} \times 100\%$$

式中，$L_{模}$——模样或芯盒工作面的尺寸，mm；

$L_{件}$——铸件的尺寸，mm。

在铸件的冷却过程中，其线收缩不仅受到铸型和型芯的机械阻碍，同时还因为铸件壁厚的差异而导致冷速不均引起铸件各部分之间的相互制约。因此，铸件的线收缩率除因合金种类而异外，还随铸件的形状、尺寸而定。因此要十分准确地给出铸造收缩率是很困难的，通常，灰铸铁的铸造收缩率为 0.7% ~ 1.0%，铸造碳钢为 1.3% ~ 2.0%，铸造锡青铜为 1.2% ~ 1.4%。

(4)型芯头

型芯头的形状和尺寸对于型芯的装配工艺性和稳定性有很大的影响。型芯头可分为垂直型芯头和水平型芯头两大类,如图 1.50 所示。

垂直型芯头一般都有上、下芯头,如图 1.50(a)所示,但短而粗的型芯也可省去上芯头。垂直芯头必须留有一定的斜度,其高度主要取决于型芯头直径。下芯头的斜度应小些(5°~10°),高度应大些,以便增强型芯在铸型中的稳定性;上芯头的斜度应大些(6°~15°),高度应小些,以便于合型。

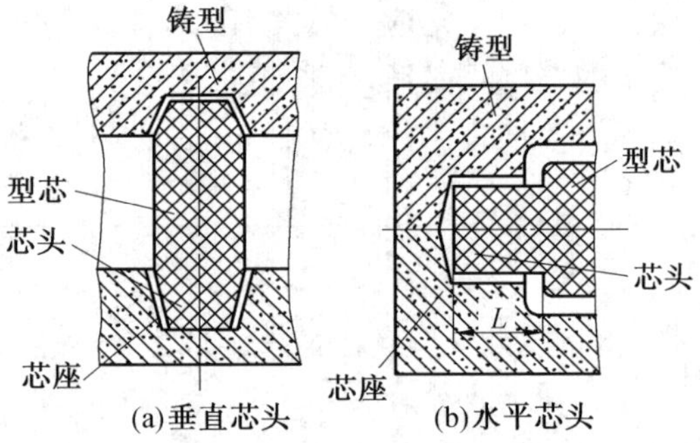

图 1.50　型芯头的结构

水平型芯头的长度 L 主要取决于芯头直径和型芯长度,如图 1.50(b)所示。为便于下芯及合型,铸型上的型芯座端部应留出一定斜度。悬臂型芯头必须长而大,以平衡支持型芯,防止合型时型芯下垂或被金属液抬起。

型芯头与铸型型芯座之间应留有 1~4 mm 的间隙,以便于下芯及铸型的装配。

4.铸造工艺设计的一般程序

在生产铸件之前,首先应编制出控制该铸件生产工艺的技术文件,称为铸造工艺设计。铸造工艺设计包括绘制铸造工艺图、铸件毛坯图、铸型装配图和编写工艺卡片等。铸造工艺设计的好坏,对铸件的质量、生产率及成本起着决定性的作用。

一般大量生产的定型产品和特殊重要的单件生产的铸件,铸造工艺设计必须细致,内容涉及较多。单件、小批生产的一般性产品,铸造工艺设计内容可以简化。在最简单的情况下,只需绘制一张铸造工艺图即可。

铸造工艺设计的内容和一般程序见表 1.9。

表 1.9　铸造工艺设计的内容和一般程序

项目	内容	用途及应用范围	设计程序
铸造工艺图	在零件图上用规定的红、蓝各色符号表示出:浇注位置和分型面,加工余量,收缩率,起模斜度,反变形量,浇、冒口系统,内外冷铁,铸肋,砂芯形状、数量及芯头大小等	是制造模样、模底板、芯盒等工装以及进行生产装备和验收的依据 适用于各种批量的生产	1.产品零件的技术条件和结构工艺性分析 2.选择铸造及造型方法 3.确定浇注位置和分型面 4.选用工艺参数 5.设计浇冒口、冷铁和铸肋 6.型芯设计
铸件图	把经过铸造工艺设计后,改变了零件形状、尺寸的地方都反映在铸件图上	是铸件验收和机加工夹具设计的依据 适用于成批、大量生产或重要铸件的生产	7.在完成铸造工艺图的基础上,画出铸件图

续表 1.9

项目	内容	用途及应用范围	设计程序
铸型装配图	表示出浇注位置，型芯数量、固定和下芯顺序，浇、冒口和冷铁布置，砂箱结构和尺寸大小等	是生产装备、合型、检验、工艺调整的依据 适用于成批、大量生产的重要件，单件生产的重型铸件	8.通常在完成砂箱设计后画出
铸造工艺卡片	说明造型、造芯、浇注、开型、清理等工艺操作过程及要求	是生产管理的重要依据 根据批量大小填写必要条件	9.综合整个设计内容

5.实例分析

以 C6140 车床进给箱体为例分析其铸造工艺方案。

C6140 车床进给箱体，该件质量约 35 kg，零件图如图 1.51 所示，该零件没有特殊质量要求，仅要求尽量保证基准面 *D*(见图 1.52)不得有明显铸造缺陷，以便进行定位。它

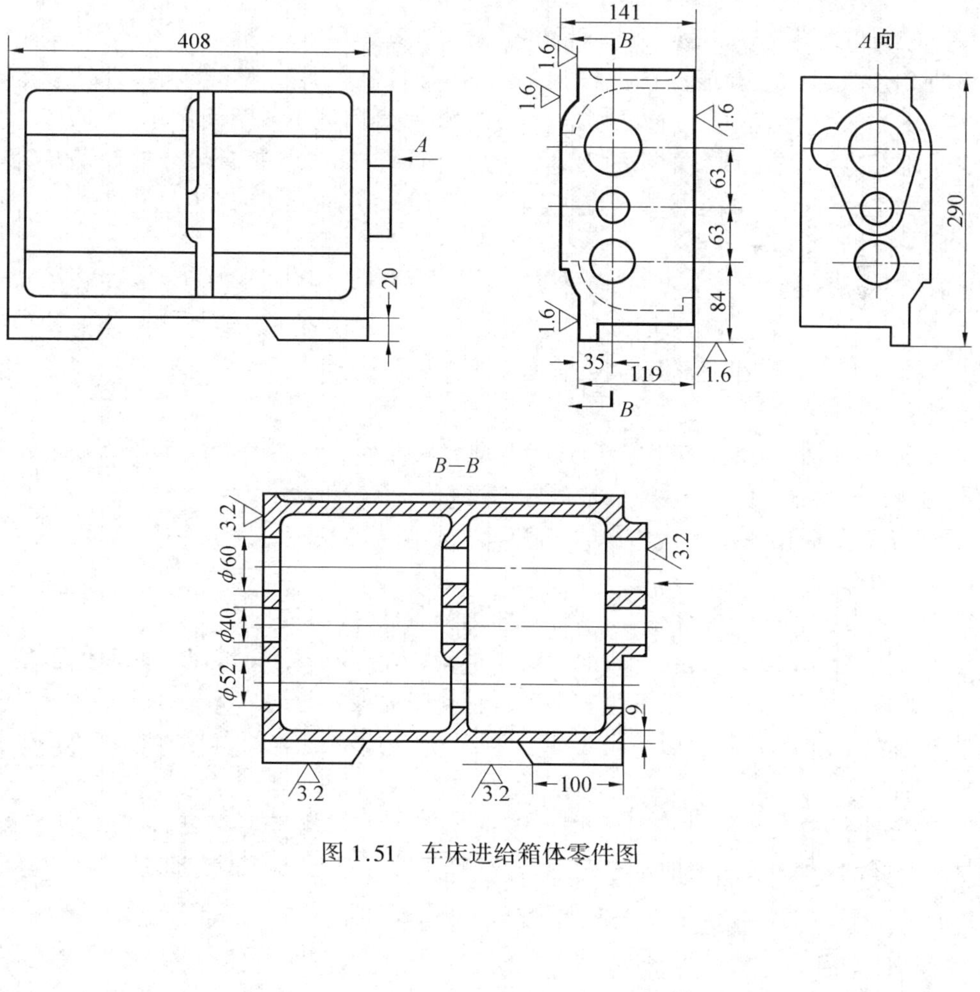

图 1.51　车床进给箱体零件图

的材料为铸造性能优良的灰铸铁(HT150),无须考虑补缩。在制订铸造工艺方案时,主要应着眼于工艺上的简化。

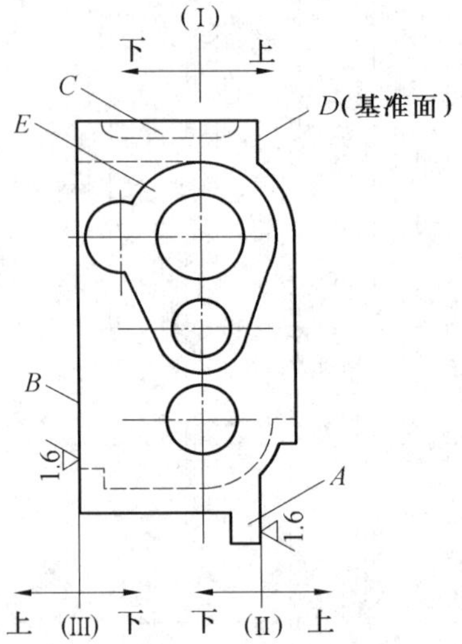

图 1.52　车床进给箱体分型面选择方案

(1)分型面

进给箱体的分型面如图 1.52 所示的方案供选择。

方案Ⅰ,分型面在轴孔的中心线上。此时,凸台 *A* 因距分型面较近,又处于上型,若采用活块,型砂易脱落,故只能用型芯来形成,槽 *C* 可用型芯或活块制出。本方案的主要优点是适于铸出轴孔,铸后轴孔的飞边少,便于清理。同时下芯头尺寸较大,型芯稳定性好,不容易产生偏芯。其主要缺点是基准面 *D* 朝上,使该面较易产生气孔和夹渣等缺陷,且型芯的数量较多。

方案Ⅱ,从基准面 *D* 分型,铸件绝大部分位于下型。此时,凸台 *A* 不妨碍起模,但凸台 *E* 和槽 *C* 妨碍起模,也需采用活块或型芯来克服。它的缺点除基准面朝上外,其轴孔难以直接铸出。轴孔若拟铸出,因无法制出型芯头,必须加大型芯与型壁的间隙,致使飞边清理困难。

方案Ⅲ,从 *B* 面分型,铸件全部置于下型。其优点是铸件不会产生错型缺陷;基准面朝下,其质量容易保证;同时,铸件最薄处在铸型下部,金属液易于充满铸型。缺点是凸台 *E*、*A* 和槽 *C* 都需采用活块或型芯,而内腔型芯上大下小稳定性差;若拟铸出轴孔,其缺点与方案Ⅱ相同。

上述诸方案各有其优缺点,需结合具体生产条件,找出最佳方案。

大批量生产条件下,为减少切削加工工作量,九个轴孔需要铸出。此时为了使下芯、合箱及铸件的清理简便,只能按照方案Ⅰ从轴孔中心线处分型。为了便于采用机器造型、尽量避免活块,故凸台和凹槽均应用型芯来形成。为了克服基准面朝上的缺点,必须加大 D 面的加工余量。

单件、小批量生产条件下,采用手工造型,使用活块造型较型芯更为方便。同时,铸件的尺寸允许偏差较大,九个轴孔不必铸出,留待直接切削加工而成。此外,应尽量降低上型高度,以便利用现有砂箱。显然,在单件生产条件下,宜采用方案Ⅱ或方案Ⅲ。

(2)铸造工艺图

分型面确定后,便可绘制出铸造工艺简图,采用分型方案Ⅰ时的铸造工艺图如图1.53所示。

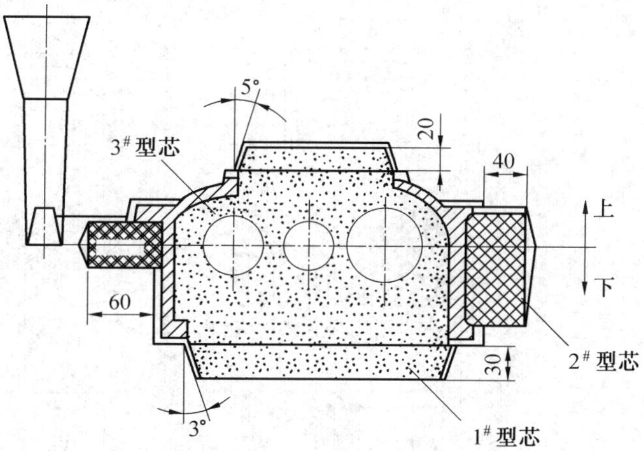

图 1.53　车床进给箱体铸造工艺图

1.3.2　液态成形件的结构设计

进行液态成形件(铸件)结构设计时,不仅要保证其工作性能和力学性能要求,还必须考虑铸造工艺和合金铸造性能对铸件结构的要求,即铸件的结构工艺性要求。铸件结构设计合理与否,对铸件的质量、生产率及其成本有很大影响。大批量生产时,铸件的结构应便于采用机器造型;单件、小批量生产时,则应使所设计的铸件尽可能适应所有生产条件。

1.砂型铸造工艺对铸件结构设计的要求

铸件结构应尽可能使制模、造型、造芯、合型和清理等过程简化,避免不必要的人力、物力的浪费,防止废品的产生,并为实现机械化、自动化生产创造条件,因此,进行铸件结构设计时,必须考虑有关造型工艺对铸件结构设计的要求,见表 1.10。

表 1.10　造型工艺对铸件结构设计的要求

对铸件结构的要求	不好的铸件结构	较好的铸件结构
Ⅰ.铸件的外形力求简单、方便造型		
铸件应具有最少的分型面,从而避免多箱造型和不必要的型芯	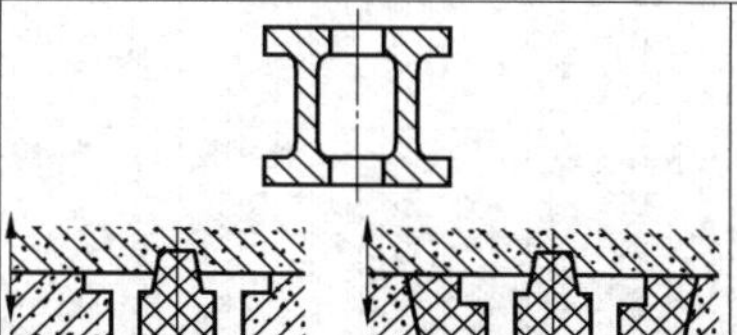	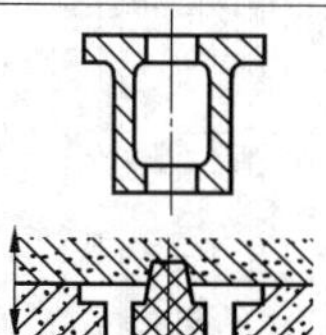

续表 1.10

对铸件结构的要求	不好的铸件结构	较好的铸件结构
铸件加强肋的布置应有利于取模	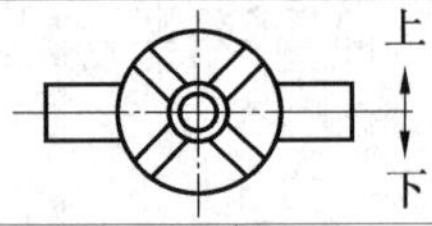	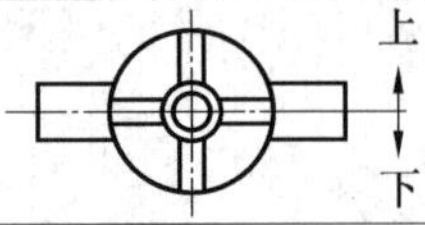
铸件侧面的凹槽、凸台的设计应有利于取模，尽量避免不必要的型芯和活块	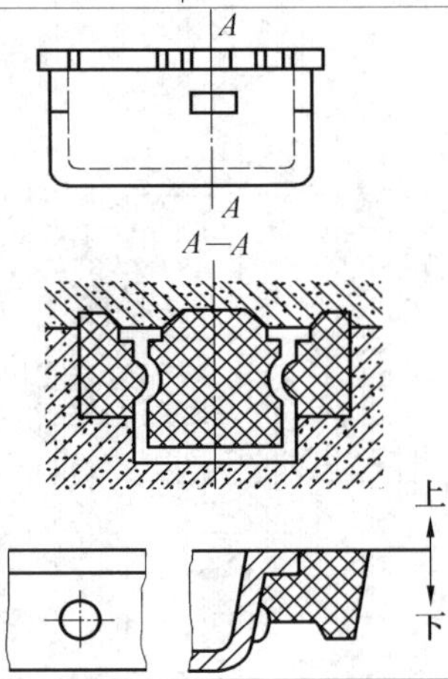	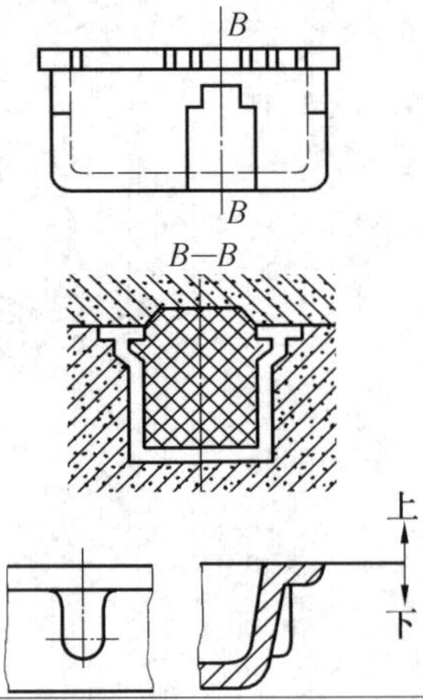
铸件设计应注意避免不必要的曲线和圆角结构，否则会使制模、造型等工序复杂化	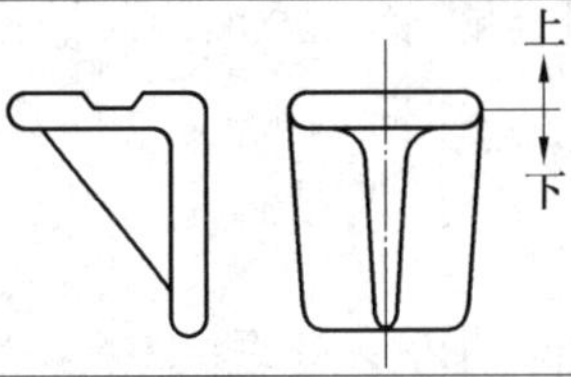	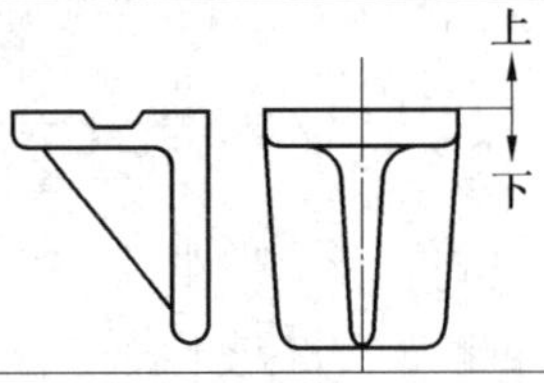
凡沿着起模方向的不加工表面，应给出结构斜度	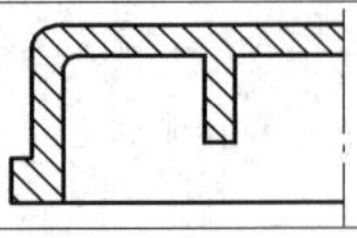	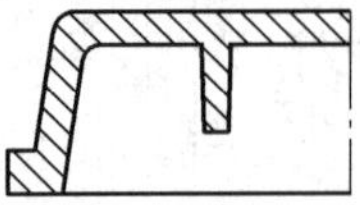
Ⅱ.铸件的内腔力求简单、尽量少用型芯		
尽量少用或不用型芯	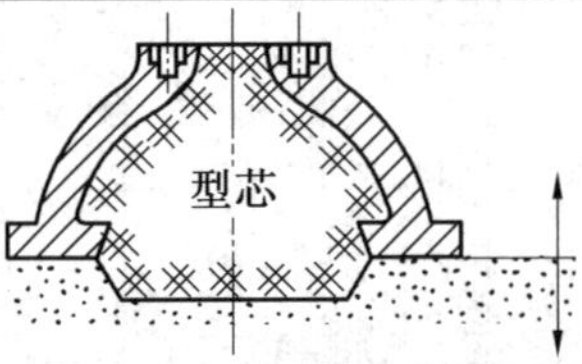	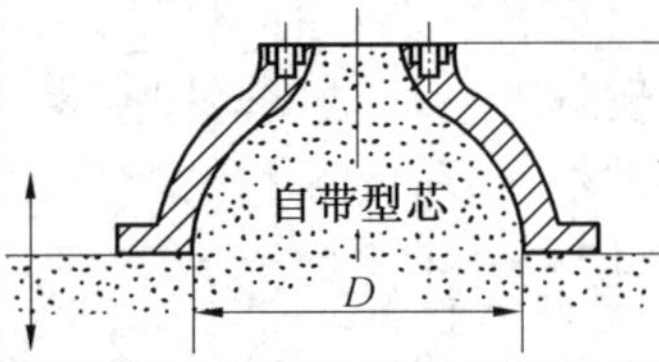
型芯在铸型中必须支撑牢固、便于排气、定位和清理(图中 A 处需放置型芯撑)	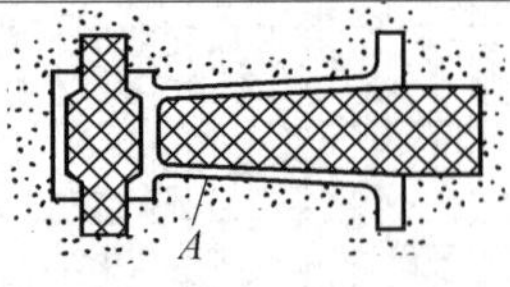	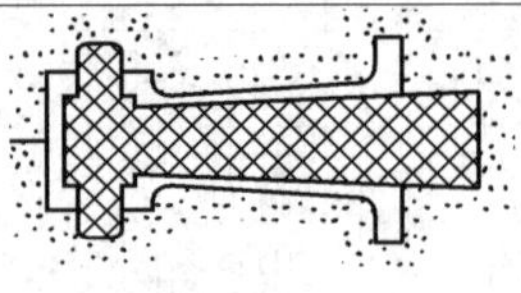
为了固定型芯，以及便于清理型芯，应增加型芯头或工艺孔	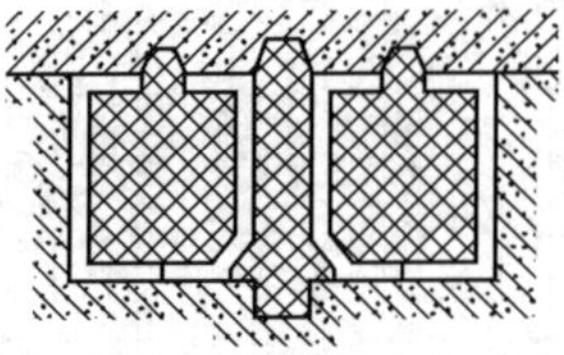	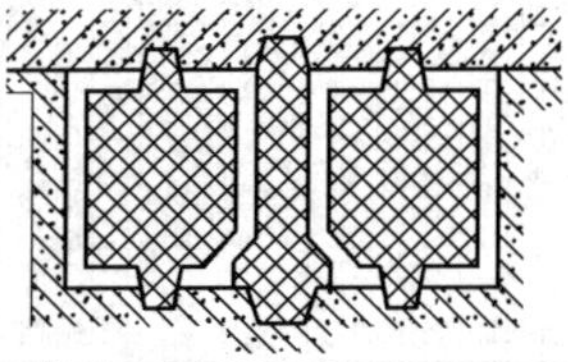

2.合金铸造性能对铸件结构设计的要求

缩孔、变形、裂纹、气孔和浇不足等铸件缺陷的产生,有时是由于铸件结构设计不够合理,未能充分考虑合金铸造性能的要求所致。合金铸造性能与铸件结构之间的关系见表1.11。

表1.11　合金铸造性能与铸件结构之间的关系

对铸件结构的要求	不好的铸件结构	较好的铸件结构
铸件的壁厚应尽可能均匀,否则易在厚壁处产生缩孔、缩松、内应力和裂纹	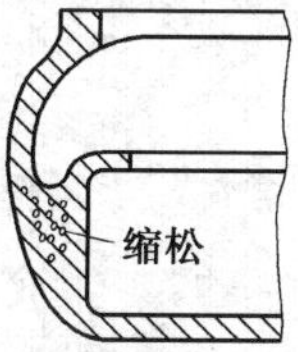	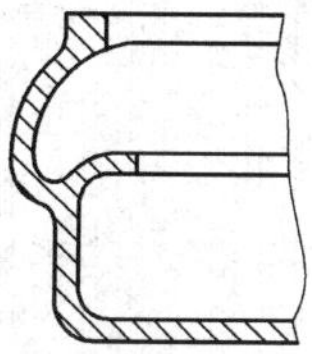
铸件内表面及外表面转角的连接处应为圆角,以免产生裂纹、缩孔、夹砂缺陷。	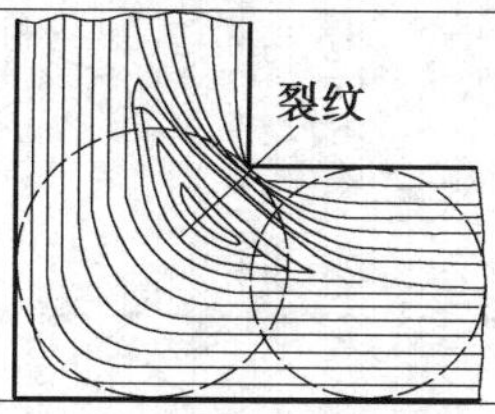	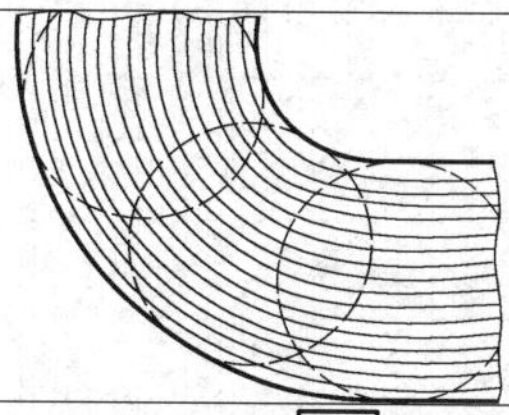
铸件上较大的水平面(按浇注位置)最好设计成倾斜面,以免产生气孔、夹砂和积聚非金属夹杂物	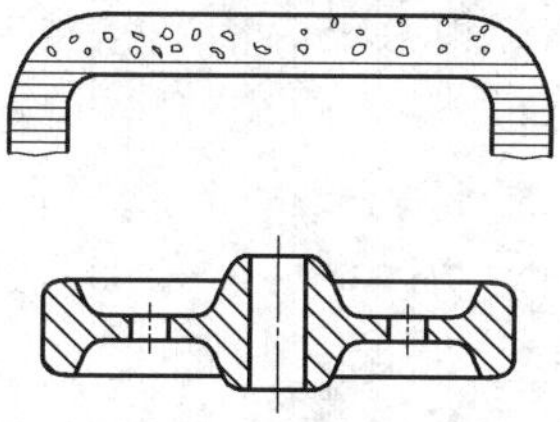	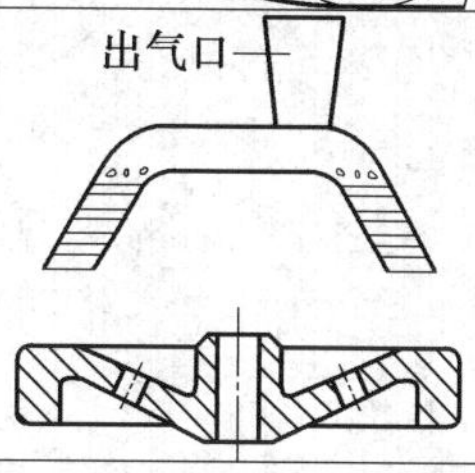
为了防止裂纹,应尽可能采用能够自由收缩或减缓收缩受阻的结构,如轮辐设计成弯曲形状	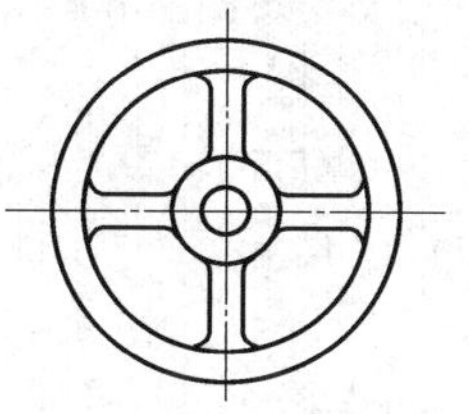	
在铸件的连接或转弯处,应尽量避免金属的积聚和内应力的产生,厚壁与薄壁相连接要逐步过渡,避免采用锐角连接,以防止出现缩孔、缩松和裂纹	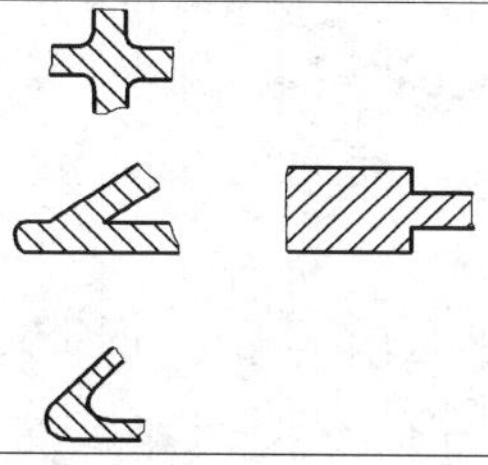	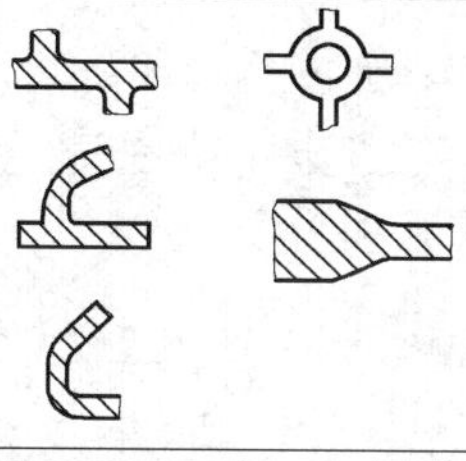
对细长件或大而薄的平板件,为防止弯曲变形,应采用对称或加肋的结构	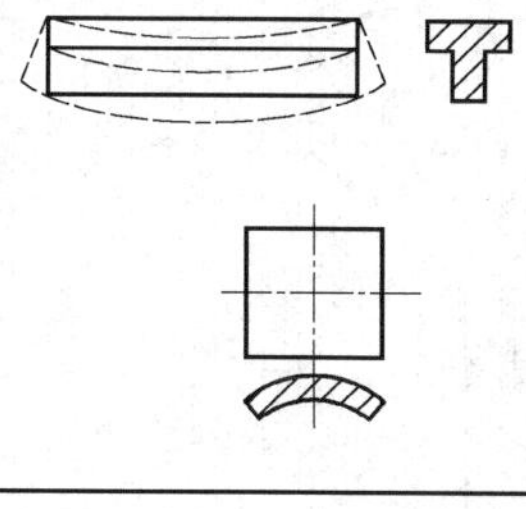	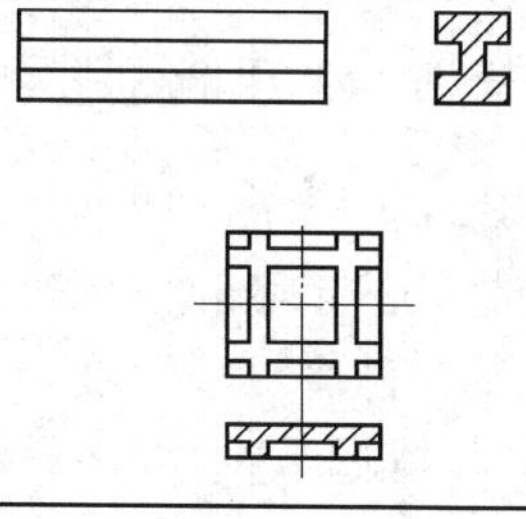

3.砂型铸造件最小壁厚的设计

每种铸造合金都有其适宜的壁厚,如果选择得适当,既能保证铸件的力学性能,又能防止铸造缺陷的产生。

由于铸造合金的流动性各不相同,所以在相同的砂型铸造条件下,不同铸造合金所能浇注出铸件的"最小壁厚"也不相同。若所设计铸件的壁厚小于该"最小壁厚",则铸件容易产生浇不足和冷隔等缺陷。铸件的"最小壁厚"主要取决于合金的种类和铸件的大小,见表1.12。

表1.12 砂型铸造件最小壁厚的设计 mm

铸件尺寸	铸钢	灰铸铁	球墨铸铁	可锻铸铁	铝合金	铜合金
<200×200	5~8	3~5	4~6	3~5	3~3.5	3~5
(200×200)~500×500	10~12	4~10	8~12	6~8	4~6	6~8
>500×500	15~20	10~15	12~20	-	-	-

以上介绍的只是砂型铸造铸件结构设计的特点,在特种铸造方法中,还应根据每种方法的工艺特点进行相应的铸件结构设计。

金属型铸件结构设计时,由于金属型无退让性和溃散性,铸件结构一定要保证顺利出型。铸件结构斜度应较砂型铸件要大。铸件壁厚要均匀,以防止出现缩松或裂纹。同时,为防止浇不足、冷隔等缺陷,铸件的壁厚不能过薄,如铝硅合金的最小壁厚为2~4 mm,铝镁合金为3~5 mm,铸铁为2.5~4 mm。另外,铸孔的孔径不能过小、过深,以便于金属型芯的安放和抽出。

压铸件结构设计时,应消除内侧凹,以保证压铸件从压型中顺利取出。应尽可能采用薄壁并保证壁厚均匀。由于压铸金属浇注和冷却速度都很快,厚壁处不易得到补缩而形成缩孔、缩松,故压铸件适宜的壁厚:锌合金为1~4 mm,铝合金为1.5~5 mm,铜合金为2~5 mm。压力铸造虽然可铸出细小的螺纹、孔、齿和文字等,但有一定的限制。对于复杂而无法取芯的铸件或局部有特殊性能(如耐磨、导电、导磁和绝缘等)要求的铸件,可采用镶铸法,把镶嵌件先放在压型内,然后再与压铸件铸和在一起。

1.4 液态成形新工艺及发展

1.4.1 快速成型技术

快速成型(Rapid Prototyping,简称RP)是利用材料堆积法制造实物产品的一项高新技术。它能根据产品的三维模样数据,不借助其他工具设备,迅速而精确地制造出该产品,集中体现在计算机辅助设计、数控、激光加工、新材料开发等多学科、多技术的综合应用。传统的零件制造过程往往需要车、钳、铣、刨、磨等多种机加工设备和各种工装、模具,成本高又费时间。一个比较复杂的零件,其加工周期甚至以月计,很难适应低成本、高效率生产的要求。快速成型技术是现代制造技术的一次重大变革。

快速成型技术就是利用三维 CAD 的数据，通过快速成型机，将一层层的材料堆积成实体原型。迄今为止，国内外已开发成功了 10 多种成熟的快速成型工艺，详见第 5 章 5.4 节。

利用快速成型技术可以直接制作精铸蜡模、实型铸造用消失模、用陶瓷制作铸造型壳和型芯、用覆膜砂制作铸型，以及铸造用母模等。

1.4.2 半固态金属(SSM)成形

在金属凝固过程中，进行强烈搅拌，使普通铸造易于形成的树枝晶网络被打碎，得到一种液态金属母液中均匀悬浮着一定颗粒状固相组分的固—液混合浆料，这种半固态金属具有某种流变特性，因而可易于用常规加工技术如压铸、挤压、模锻等实现成形。采用这种既非液态、又非完全固态的金属浆料加工成形的方法，称为金属的半固态成形。与以往的金属成形方法相比，半固态金属成形技术就是集铸造、塑性加工等多专业学科于一体制造金属制品的又一独特领域，其特点主要表现在：①由于 SSM 本身具有均匀的细晶粒组织及特殊的流变特性，加之在压力下成形，使工件具有很高的综合力学性能；由于其成形温度比全液态成形温度低，不仅减少了液态成形缺陷，提高铸件质量，还可拓宽压铸合金的种类至高熔点合金；②能够减轻成形件的质量，实现金属制品的近终成形；③能够制造用常规液态成形方法不可能制造的合金，例如某些金属基复合材料的制备。因此，半固态金属成形技术以其诸多的优越性而被视为划时代的金属加工新工艺。

1.半固态金属坯料制备方法

半固态金属坯料制备方法有熔体搅拌法、应变诱发熔化激活法、热处理法、粉末冶金法等。其中熔体搅拌法是应用最普遍的方法。熔体搅拌法根据搅拌原理的不同可分成如下两种。

(1)机械搅拌法

机械搅拌法的突出特点是设备技术比较成熟，易于实现。搅拌状态和强弱易控制，剪切效率高；但对搅拌器材料的强度、可加工性及化学稳定性要求很高。在半固态成形的早期研究中多采用机械搅拌法。

(2)电磁搅拌法

电磁搅拌法的原理是在旋转磁场的作用下，使熔融金属液在容器内作涡流运动。电磁搅拌法的突出优点是不用搅拌器，对合金液成分影响小，搅拌强度易于控制，尤其适合于高熔点金属的半固态制备。

2.半固态金属的成形工艺

半固态金属成形工艺流程可分为两种：由原始浆料连铸或直接成形的方法被称为“流变铸造(Rheocasting)”，另一条途径用术语描述为“触变成形(Thixoforming)”。一般触变成形中半固态组织的恢复仍用感应加热的方法，然后进行压铸、锻造加工成形。

半固态金属成形工艺如图 1.54 所示。

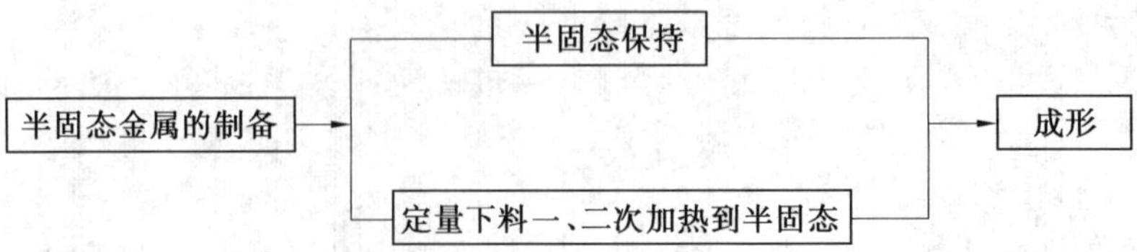

图 1.54　半固态金属成形工艺

3.SSM 的工业应用与开发前景

目前,半固态成形(SSM)的铝和镁合金件已经大量地用于汽车工业的特殊零件上。生产的汽车零件主要有:汽车轮毂、主制动缸体、反锁制动筏、盘式制动钳、动力换向壳体、离合器总泵体、发动机活塞、液压管接头、空压机本体、空压机盖等。

1.4.3　近终形状铸造技术

近终形状铸造(Near Net Shape Casting)技术主要包括薄板坯连铸(厚度 40 ~ 100 mm)、带钢连铸(厚度小于 40 mm)以及喷雾沉积等技术。其中喷雾沉积技术为金属成形工艺开发了一条特殊的工艺路线,适用于复杂钢种的凝固成形。其工艺原理如图 1.55 所示。

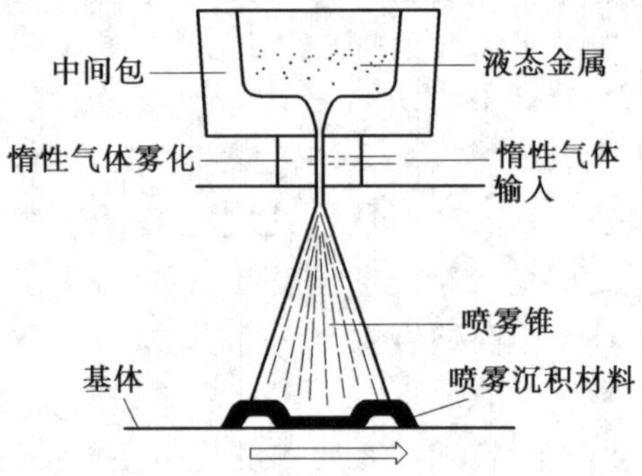

图 1.55　喷雾沉积工艺原理

金属的喷射流股从安装在中间包底部的耐火材料喷嘴喷出,金属被强劲的气流股雾化,形成高速运动的液滴。在雾化液滴与基体接触前,其温度介于固 - 液相温度之间。随后液滴冲击在基体上,完全冷却和凝固,形成致密的产品。根据基体的几何形状和运动方式,可以生产各种形状的产品,如小型材、圆盘、管子和复合材料等。当喷雾锥的方向沿平滑的循环钢带移动时,便可得到扁平状的产品。多层材料可由几个雾化装置连续喷雾成形。空心的产品也可采用类似的方法制成,将液态金属直接喷雾到旋转的基体上,可制成管坯、圆坯和管子。以上讨论的各种方式均可在喷雾射流中加入非金属颗粒,制成颗粒固化材料。该工艺是可代替带钢连铸或粉末冶金的一种生产工艺。

1.4.4　计算机数值模拟技术

用计算机数值模拟技术模拟铸件凝固过程,可以模拟计算包括冒口在内的三维铸件的温度场分布,即将铸件首先剖分成六面体的网格,每一个网格单元有一初始温度。然后计算其在实际生产条件下,在各种铸型中的传热情况。算出各个时刻每个单元的温度值、分析铸件薄壁处、棱角边缘处的凝固时间,厚壁处、铸件芯部和冒口处的凝固时间,预测冒口是否能很好补缩铸件,铸件最后凝固处是否在冒口处,可预测铸件在凝固过程中是否出现缩孔、缩松缺陷,这种模拟计算可以概括为电脑试浇。由于工艺设计的不同,如砂型种类(硅砂、铬铁矿砂、锆砂),冒口大小和位置,初始浇注温度,冷铁数量、大小的不同,其电脑试浇的结果也不同，反复试浇(即反复模拟计算)，总可以找到一种科学、合理的工艺，即通过电脑模拟计算优化了的工艺，进而组织生产，就可以得到优质铸件，这就是当今所说的“铸造工艺 CAD 技术”。由于电脑试浇并非真正的人力、物力投入进行的生产试验，只要有一台计算机，在一定的程序软件下进行模拟计算就行，因而可以大量节省生产试验成本，而且可以进行工艺优化，其经济效益十分显著。

思考题

1. 什么是液态合金的充型能力？它与合金的流动性有何关系？不同化学成分的合金为何流动性不同？

2. 缩孔与缩松对铸件质量有何影响？如何消除或减少缩孔和缩松缺陷？

3. 手工造型、机器造型各有哪些缺点？选择时主要考虑哪些因素？

4.图 1.56 所示铸件的结构有何缺点？应如何改进？

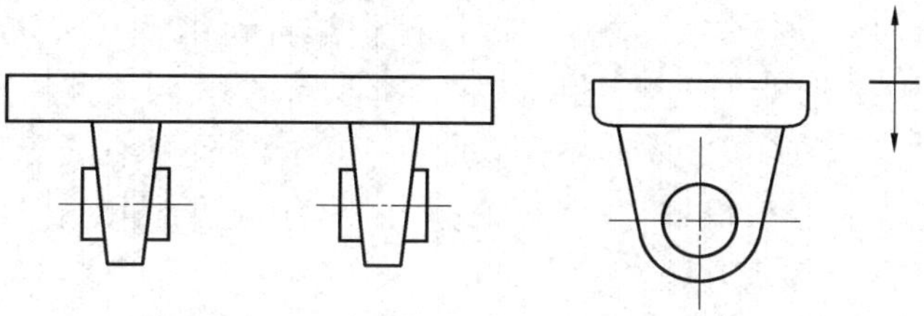

图 1.56

5.为什么铸件要有结构圆角？

6.为什么用金属型生产的铸铁件时常会出现白口组织？如何预防和消除已经产生的白口组织？

7.低压铸造的工作原理与压力铸造有何不同？低压铸造和压力铸造生产出的铸件可否进行热处理？

8.为什么球墨铸铁的强度和塑性比灰铸铁高，而铸造性能却比灰铸铁差？

第2章 金属塑性成形

利用金属在外力作用下产生的塑性变形,来获得一定形状、尺寸和力学性能的原材料、毛坯或零件的加工方法,称为金属塑性成形。由于这种外力多数情况下是以压力的形式出现的,因此也称为压力加工。金属塑性成形主要方法有自由锻、模锻、板料冲压、轧制、挤压、拉拔等。

金属塑性成形可使金属组织致密、晶粒细小,从而提高力学性能;塑性成形主要靠金属的体积重新分配成形,坯料形状和尺寸接近成品零件,切削工作量较小,材料利用率高;一般利用压力机和模具进行成形,容易实现机械化和自动化,生产率高;由于塑性成形方法很多,其产品范围也非常广泛,小到几克重的精密零件,大到几百吨的巨型锻件,都可用塑性成形方法生产。因而,塑性成形在现代加工业中具有重要地位,已被广泛地应用于各个领域,如各种原材料、精密机械、医疗器械、交通运输、电子通讯、国防工业等,已成为工业生产不可缺少的重要加工方法之一。

2.1 塑性成形原理

2.1.1 金属塑性变形机理

金属在外力作用下,其内部产生应力,该应力使原子离开原来的平衡位置,从而改变原子间距离,使金属发生变形。当外力停止作用后,应力消失,变形也随之消失。金属的这种变形称为弹性变形。当外力增大到使金属的内应力超过该金属的屈服极限后,即使外力停止作用,金属的变形也并不消失,这种变形称为塑性变形。

1.单晶体的塑性变形

单晶体的塑性变形主要是晶粒内部的滑移变形。如图2.1所示,晶体在切应力的作用下,一部分相对于另一部分沿着一定的晶面(亦称滑移面)产生滑移,引起单晶体的塑性变形。此外,孪晶变形等也是构成单晶体塑性变形的因素。

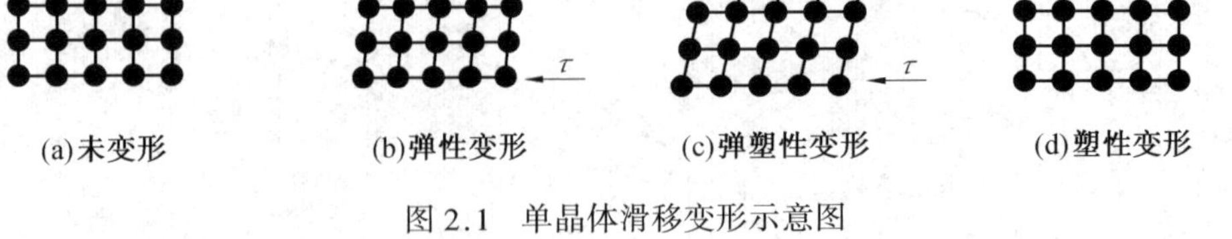

(a)未变形　(b)弹性变形　(c)弹塑性变形　(d)塑性变形

图2.1 单晶体滑移变形示意图

按整体刚性相对滑移计算，变形所需外力比实际测得的数据大几千倍，这是由于在晶体内部各种缺陷(尤其是位错)使晶体产生滑移变形变得容易，如图2.2所示。位错运动所需切应力远远小于刚性的整体滑移所需的切应力。当位错运动到晶体表面时，就实现了单晶体的塑性变形。

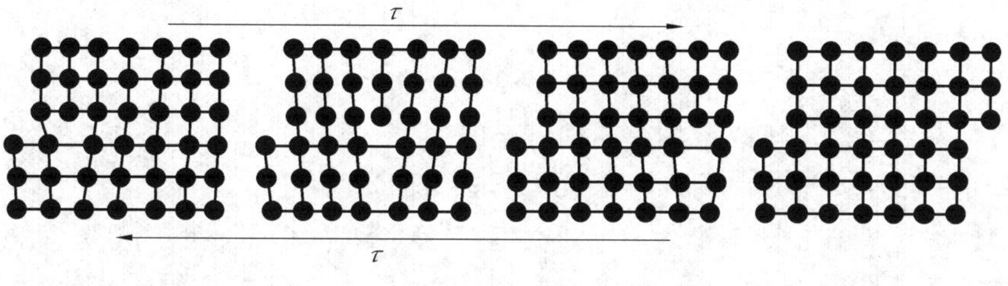

图2.2　位错运动引起塑性变形示意图

2.多晶体的塑性变形

通常金属是由大量晶粒组成的多晶体。其塑性变形可看成是由组成多晶体的许多单个晶粒产生变形(称为晶内变形)的综合结果。同时，晶粒之间也有滑动和转动(称为晶间变形)，如图2.3所示。通常情况下的塑性变形主要是晶内变形，当变形量特别大(尤其是超塑性变形)时，晶间变形才占主导地位。

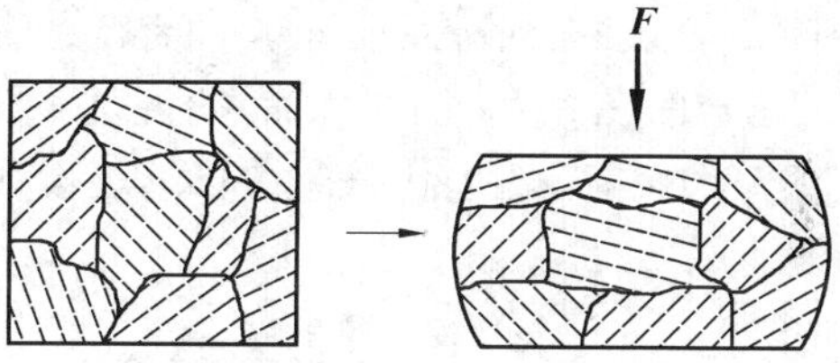

图2.3　多晶体塑性变形示意图

2.1.2　塑性变形后金属的组织和性能

1.金属的加工硬化

金属在常温下的塑性变形过程，使金属的组织发生一系列的变化：晶粒沿变形最大的方向伸长；晶格与晶粒均发生扭曲，产生内应力；晶粒间产生碎晶。由于滑移面上的碎晶和附近晶格的扭曲，增大了滑移阻力，使滑移难于继续进行。这种随变形程度增大，金属的强度和硬度升高，而塑性和韧性下降的现象称为加工硬化，如图2.4所示。加工硬化可强化金属，尤其是强化一些不能用热处理方法强化的金属材料；可促使工件均匀成形；提高构件在使用中的安全性。但是加工硬化也会使变形抗力增加，继续塑性变形更加困难，增加能量的消耗；由于金属塑性降低，继续变形可能导致工件开裂。因而在有些情况下应予以消除。

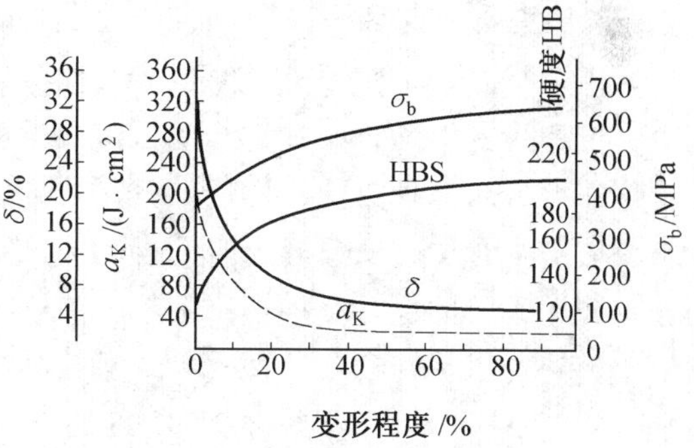

图2.4　常温下塑性变形对低碳钢力学性能的影响

2.回复和再结晶

加工硬化是一种不稳定状态,具有自发地回复到稳定状态的倾向。但在室温下不易实现。提高温度,原子获得热能,热运动加剧,使原子得以回复正常排列,消除了晶格扭曲,可使加工硬化得到部分消除。这一过程称为“回复”,如图2.5(b)所示。这时的温度称为回复温度,即

$$T_{回} = (0.25 \sim 0.3)T_{熔} \tag{2.1}$$

式中,$T_{回}$——以绝对温度表示的金属回复温度;

$T_{熔}$——以绝对温度表示的金属熔化温度。

当温度继续升高到该金属熔点绝对温度的0.4倍时,金属原子获得更多的热能,则开始以某些碎晶或杂质为核心结晶成新晶粒,从而消除了全部加工硬化现象。这个过程称为再结晶,如图2.5(c)所示。这时的温度称为再结晶温度,即

$$T_{再} = 0.4T_{熔} \tag{2.2}$$

式中,$T_{再}$——以绝对温度表示的金属再结晶温度。

当金属在大大高于再结晶的温度下受力变形时,加工硬化和再结晶过程同时存在。不过变形中的加工硬化随时被再结晶过程消除,变形后没有加工硬化现象。

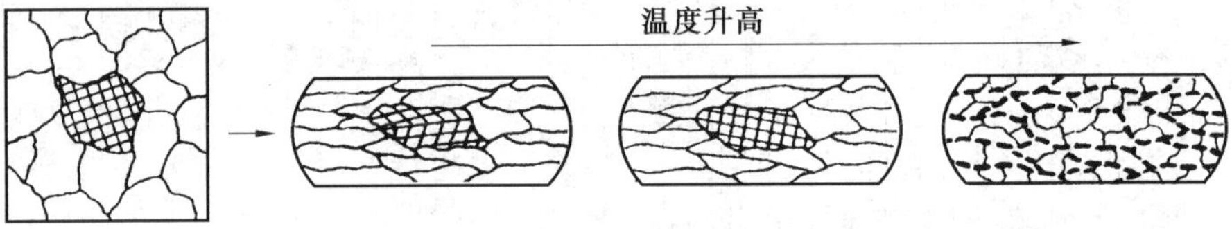

图2.5　金属的回复和再结晶示意图

3.冷变形和热变形

由于金属在不同温度下变形对其组织和性能的影响不同,因此金属的塑性变形分为冷变形和热变形两种。在再结晶温度以下的变形叫冷变形。金属在变形过程中只有加工硬化而无再结晶现象。冷变形的变形程度一般不宜过大,以避免工件破裂或缩短模具使用寿命。冷变形能使金属获得较高的强度、硬度和表面质量,常用来制造半成品或成品。如生产中应用的冷轧、冷锻、冷冲压、冷拔等。在再结晶温度以上的变形叫热变形。变形后,金属具有再结晶组织,而无加工硬化痕迹。金属只有在热变形情况下,才能以较小的功达到较大的变形。同时能获得具有较高力学性能的细晶粒再结晶组织。但是,加热产生的氧化皮会影响产品尺寸精度及表面质量,常用于毛坯或半成品的制造。如生产中应用的热轧、热锻、热挤压等。

4.纤维组织

金属塑性成形最原始的坯料是铸锭,其内部组织很不均匀,晶粒较粗大,并存在气孔、缩松、非金属夹杂物等缺陷。铸锭在产生塑性变形时,基体金属的晶粒和沿晶界分布的杂质都发生了变化,它们将沿着变形方向被拉长,呈纤维形状。这种结构叫纤维组织,如图2.6所示。

纤维组织使金属在性能上具有方向性,对金属变形后的质量也有影响。出现纤维组织后,金属在平行纤维组织方向上塑性和韧性提高,而在垂直纤维方向上塑性和韧性降低。纤维组织的明显程度与金属的变形程度有关。变形程度越大,纤维组织越明显。在金属塑性成形中,常用锻造比 $Y_{锻}$ 来表示变形程度。

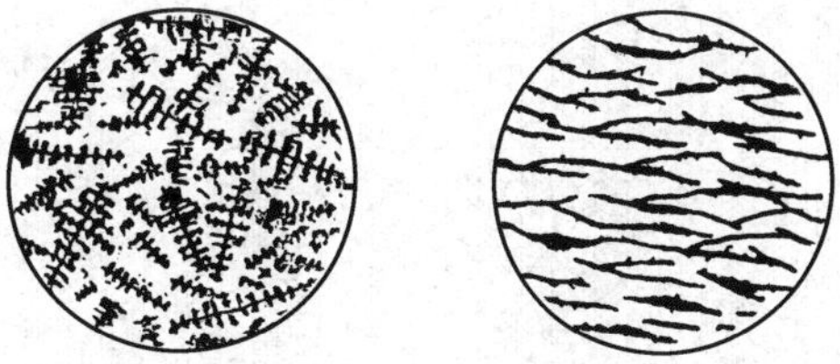

(a)变形前原始组织　(b)变形后的纤维组织

图 2.6　铸锭热变形前后的组织

拔长时的锻造比　$$Y_{拔} = F_0/F \tag{2.3}$$

镦粗时的锻造比　$$Y_{锻} = H_0/H \tag{2.4}$$

式中,H_0、F_0——分别为坯料变形前的高度和横截面积;

H、F——分别为坯料变形后的高度和横截面积。

纤维组织的稳定性很高,不能用热处理方法加以消除。只有经过锻压使金属变形,才能改变其方向和形状。因此,为了获得具有最好力学性能的零件,在设计和制造零件时,都应使零件在工作中产生的最大正应力方向与纤维组织方向一致、最大切应力方向与纤维组织方向垂直、纤维分布与零件轮廓相符合,使纤维组织不被切断。

从图 2.7 可以看出,当采用棒料直接切削加工制造螺钉、曲轴和齿轮时,常使纤维被切断(见图 2.7(a),(c),(e)),不能连贯起来,受力时产生的切应力顺着纤维方向,故零件的承载能力较弱。当采用同样棒料经局部镦粗方法制造零件时(见图 2.7(b),(d),(f)),则纤维不被切断,连贯性好,纤维方向也较为有利,故零件质量较好。

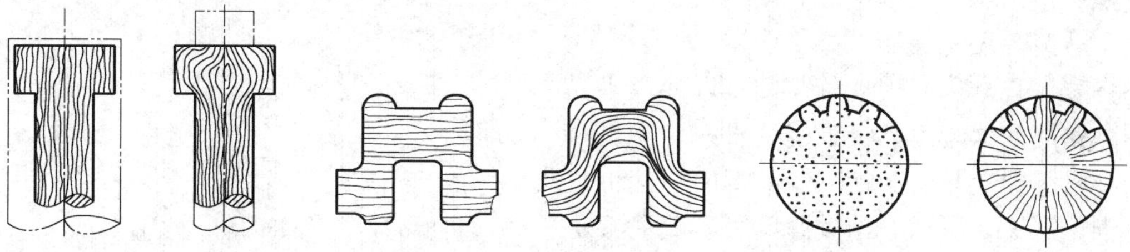

(a)切削加工　(b)局部镦粗　(c)切削加工　(d)局部镦粗　(e)切削加工　(f)局部镦粗

图 2.7　不同工艺方法对纤维组织形状的影响

2.1.3　金属的可锻性

金属的可锻性是衡量材料通过塑性成形获得优质零件难易程度的工艺性能。金属的可锻性好,表明该金属适合于塑性成形方法加工;可锻性差,说明该金属不宜选用塑性成形方法加工。

金属的可锻性常用金属的塑性和变形抗力来综合衡量。塑性越好,变形抗力越小,则金属的可锻性好,反之则差。

金属的塑性用金属的断面收缩率、延伸率等来表示。凡数值越大或镦粗时在不产生裂纹情况下变形程度越大的,其塑性就越高。

金属的可锻性取决于金属的本质和加工条件。

1.金属的本质

(1)化学成分的影响

不同化学成分的金属塑性不同,其可锻性也不同。一般情况下,纯金属的可锻性比合金好。例如,纯铁的塑性比钢好,变形抗力也较小。碳钢的含碳量越低,可锻性越好;钢中含有形成碳化物的元素(如铬、钼、钨、钒等)时,其可锻性显著下降。

(2)金属组织的影响

金属内部的组织结构不同,则可锻性有很大差别。纯金属及固溶体(如奥氏体)的可锻性好,而碳化物(如渗碳体)的可锻性差。铸态柱状组织和粗晶粒结构不如晶粒细小而又均匀组织的可锻性好。

2.加工条件

(1)变形温度的影响

提高金属变形时的温度,是改善金属可锻性的有效措施,并对生产率、产品质量及金属的有效利用等均有很大影响。

随着温度的提高,金属的力学性能变化很大。基本上是随着温度升高,金属的塑性上升,变形抗力下降,金属的可锻性提高。因为金属原子在热能作用下,处于极为活泼的状态中,很容易进行滑移变形。同时,在高温变形过程中,动态再结晶可以随时消除加工硬化,使变形抗力减少,有利于塑性变形继续进行。

但是温度过高必将产生过热、过烧、脱碳和严重氧化等缺陷,甚至使锻件报废。因此,应该严格控制锻造温度。

锻造温度是指始锻温度(开始锻造温度)和终锻温度(停止锻造的温度)间的温度范围。钢的始锻温度和终锻温度的确定以铁碳合金状态图为依据。例如,碳钢的锻造温度范围如图2.8所示。始锻温度可提高到接近固相线 *AE* 的位置,但是为了防止发生过热、过烧,始锻温度应低于 *AE* 线以下200℃左右。终锻温度约为800℃左右。终锻温度过低,金属的加工硬化严重,变形抗力急剧增加,使加工难于进行,如强行锻造,将导致锻件破裂报废。

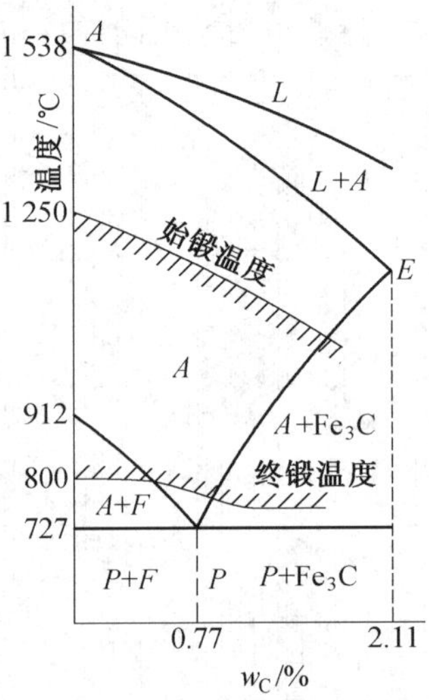

图2.8 碳钢的锻造温度范围

(2)变形速度的影响

变形速度即单位时间内的变形量。它对金属可锻性的影响是矛盾的。一方面由于变形速度的增大,回复和再结晶不能及时克服加工硬化现象,金属表现出塑性下降、变形抗力增大,如图2.9中 *C* 点以左,可锻性变差;另一方面,金属在变形过程中,消耗于塑性变形的能量有一部分转化为热能,使金属温度升高(称为热效应现象)。变形速度越大,热效应现象越明显,则金属的塑性提高、变形抗力下降,如图2.9中 *C* 点以右,可锻性提高。

热效应现象除在高速锤等设备的锻造中较明显外，在一般塑性加工的变形过程中，因变形速度低，热效应现象不甚明显。

(3)应力状态的影响

金属在不同的塑性加工方式下变形时，产生的应力大小和性质(压应力或拉应力)是不同的。例如，挤压变形时为三向受压状态，如图2.10所示；而拉拔时，如图2.11所示，则为两向受压，一向受拉的应力状态。应力状态对金属变形过程的难易程度有重要影响。

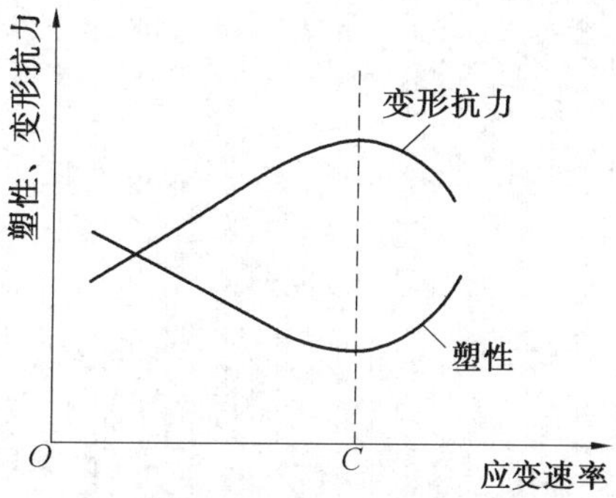

图2.9　应变速率对塑性及变形抗力的影响

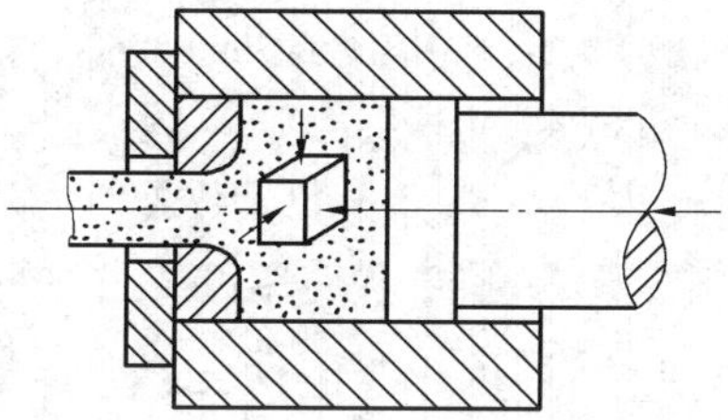

图2.10　挤压时金属应力状态

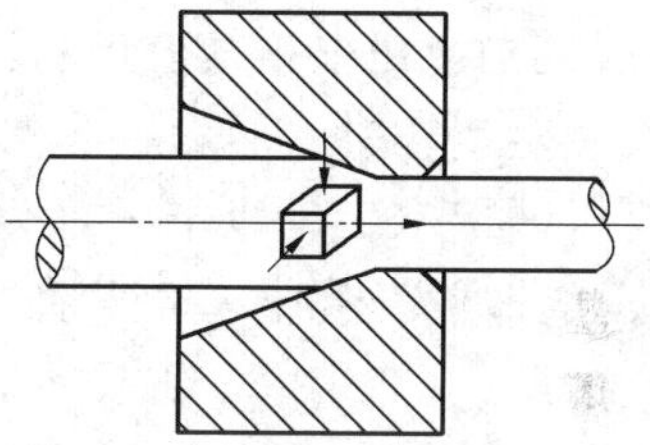

图2.11　拉拔时金属应力状态

实践证明，三个方向主应力中压应力的数目越多，金属的可锻性越好。拉应力的数目越多，则金属的可锻性越差。而同号应力状态下引起的变形抗力大于异号应力状态下的变形抗力。如果金属内部存在气孔、小裂纹等缺陷，当承受拉应力时，缺陷处易产生应力集中，缺陷必将扩展，以致有可能使金属破坏而失去塑性。但是拉应力又使金属容易产生滑移变形，使变形抗力减小；当金属承受压应力时，其内部原子间距减小，不会使缺陷扩展，塑性提高。但压应力又使金属内部摩擦力增大，变形抗力增加。

在选择具体的加工方法时，应考虑应力状态对金属锻造性能的影响。对于塑性较高的金属，变形时出现拉应力是有利的，可以减少变形能量的消耗；对于塑性较低的金属，则应尽量在三向压应力状态下变形，以免产生裂纹。

综上所述，金属的可锻性既取决于金属的本质，又取决于变形条件。在塑性加工过程中，要力求创造最有利的变形条件，充分发挥金属的塑性，降低变形抗力，使功耗最少，变形进行充分，达到加工目的。

2.2　塑性成形工艺

2.2.1　锻造

锻造一般是在高温下变形，毛坯的铸造缺陷在很大程度上被消除，锻件的晶粒度及内部组织得到明显改善，锻件的力学性能比铸件和机械加工件明显提高，因此在机械制造业获得广泛应用。常用的锻造成形方法有自由锻、模锻和胎膜锻。

1. 自由锻

自由锻是利用冲击力或压力使金属在上、下砧(抵铁)之间产生塑性变形,从而得到所需锻件的锻造方法。金属坯料在上、下砧间受力变形时,除打击方向外,其他方向的流动基本不受限制。锻件形状和尺寸由锻工的操作技术来保证。

自由锻的工艺灵活,所使用的工具简单,成本低,具有较强的适应性,生产的锻件质量从不足 1 kg 到 300 t,应用较为广泛。自由锻是生产大型和巨型锻件的唯一方法。但自由锻件精度较低,加工余量较大,生产率低,所以一般只适合于单件小批量生产。

自由锻分为手工锻造和机器锻造两种。手工锻造只适合生产小型简单锻件,现代制造业则主要采用机器锻造。

(1)自由锻造的主要设备

自由锻造的设备根据其对坯料作用力的性质不同分为锻锤和液压机两大类。锻锤产生冲击力,使金属坯料变形。生产中常使用的锻锤有空气锤和蒸汽－空气锤。空气锤吨位较小,可以锻造 100 kg 以下的锻件。蒸汽－空气锤的吨位较大,可以用来生产质量小于 1 500 kg 的锻件。液压机产生静压力,使金属坯料变形。生产中使用的液压机主要是水压机,它的吨位(产生的最大压力)较大,可以锻造质量达 300 t 的锻件。液压机在使金属变形的过程中没有震动,并且能够很容易达到较大的锻透深度,所以水压机是巨型锻件的唯一成形设备。

(2)自由锻工序

自由锻生产中能进行的工序很多,可以分为基本工序、辅助工序及精整工序三大类。

自由锻的基本工序是使金属产生一定程度的塑性变形,以达到所需形状及尺寸的工艺过程。如镦粗、拔长、弯曲、冲孔、切割、扭转和错移等。

自由锻的辅助工序是为基本工序操作方便而进行的预先变形工序。如压钳口、压钢锭棱边、切肩等。

自由锻的精整工序是用以减少锻件表面缺陷而进行的工序,如清除锻件表面凸凹不平及整形等。一般在终锻温度以下进行。

2.模锻

模锻是在高强度金属锻模上预先制出与锻件形状一致的模膛,使坯料在模膛内受力变形的方法。在变形过程中,由于模膛对金属坯料流动的限制,而获得与模膛形状相符的锻件。

由于模锻时,金属的变形是在模膛内进行,能较快地获得所需形状,因而模锻的生产率高,可锻出形状复杂、尺寸精确、加工余量小、更接近于成品的锻件,节约材料和切削加工工时,生产过程易实现机械化、自动化。典型模锻件如图 2.12 所示,这些结构如果用自由锻造的方法来生产,则必须加大量敷料来简化形状。

模锻需要专门的模锻设备,且要求功率大、刚性好、精度高,因而设备投资较大。同时受模锻设备吨位的限制,模锻件不能太大,其质量一般在 150 kg 以下。又由于锻模制造成本很高,所以模锻不适合于小批和单件生产。模锻适合于小型锻件的大批量生产。

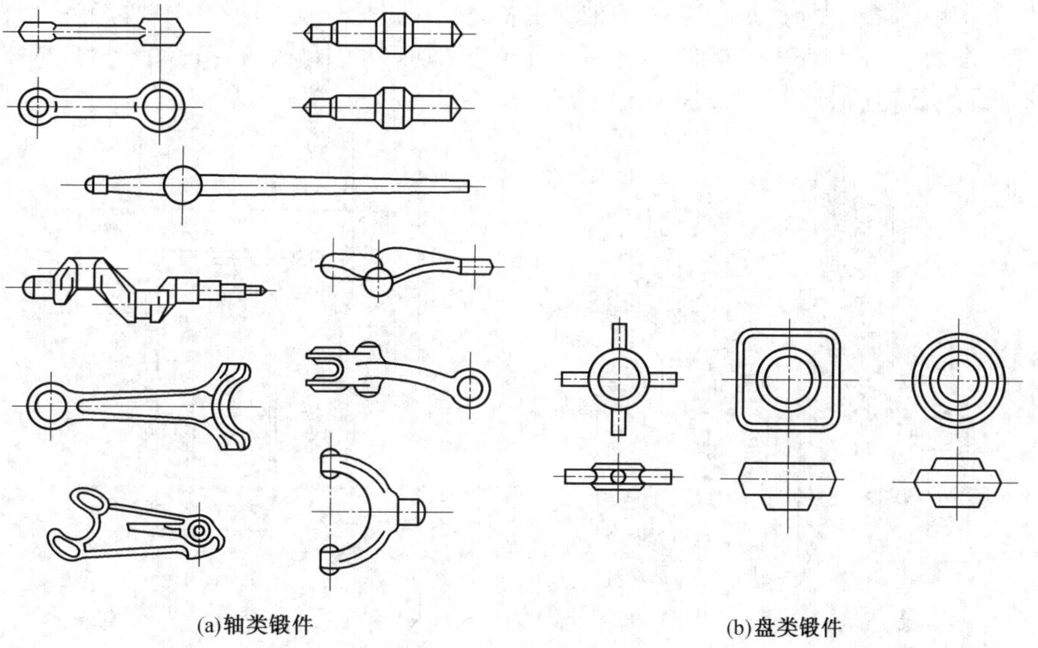

图 2.12　典型模锻件

模锻生产已越来越广泛应用于汽车、航空航天、国防工业和机械制造业中，而且随着现代化工业生产的发展，锻件中模锻件所占比例正逐渐提高。

(1)模锻的主要设备

模锻设备主要有用于锤上模锻的锤类（如蒸汽－空气模锻锤、无砧座锤、高速锤等）和压力机（如摩擦压力机、曲柄压力机、平锻机、模锻水压机等）。

①蒸汽－空气模锻锤　这是目前我国普遍采用的模锻设备，如图 2.13 所示。模锻锤的锤头与导轨之间的间隙比自由锻锤小，导轨更长，机架与砧座相连，锤头运动精度比自由锻锤高。模锻锤的吨位（落下部分的质量）为 10～160 kN，可锻制 150 kg 以下的锻件。

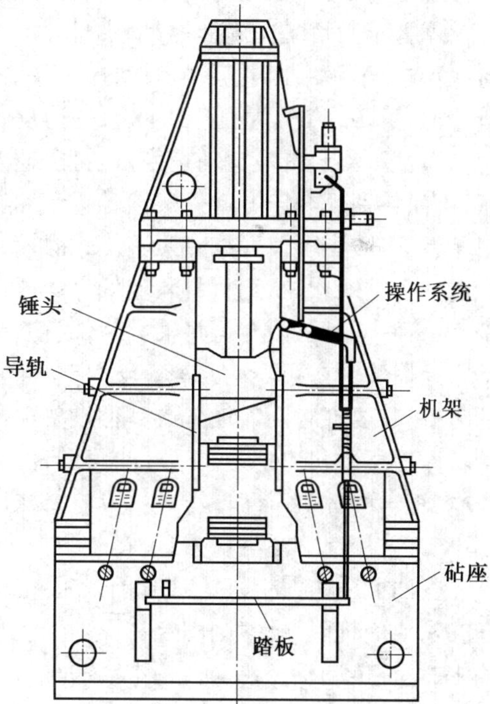

图 2.13　蒸汽－空气模锻锤

②摩擦压力机　也称螺旋压力机，其外观及传动系统如图 2.14 所示。锻模分别安装在滑块和机座上。滑块与螺杆相连，沿导轨上下滑动。螺杆穿过固定在机架上的螺母，上端装有飞轮。两个圆轮装在同一根轴上，由电动机通过皮带使圆轮旋转。改变操纵杆位置可使圆轮轴沿轴向移动，这样就会把

某一个圆轮靠紧飞轮边缘，借摩擦力带动飞轮转动。飞轮分别与两个圆轮接触就可获得不同方向的旋转，螺杆也就随飞轮做不同方向的转动。在螺母的约束下，滑块随着螺杆的不同方向转动而上下滑动，实现模锻生产。

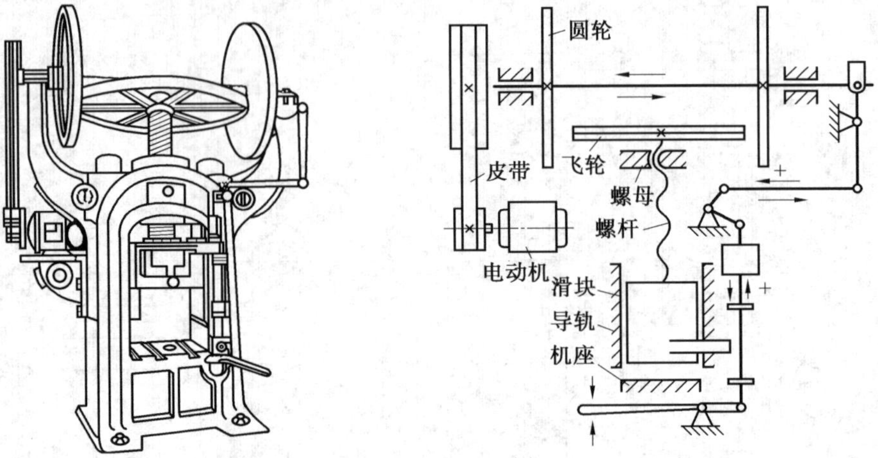

图 2.14　摩擦压力机外观及传动简图

摩擦压力机上进行模锻主要是靠飞轮、螺杆及滑块向下运动时所积蓄的能量来实现。吨位为 3 500 kN 的摩擦压力机使用较多，最大吨位可达 10 000 kN。

摩擦压力机工作过程中，滑块行程不固定，具有一定的冲击作用，因而可实现轻打、重打，可在一个模膛内进行多次锻打，不仅能满足模锻各种主要成形工序的要求，还可以进行弯曲、压印、热压、精压、切飞边、冲连皮及校正等工序。

摩擦压力机滑块运动速度慢、打击速度低，金属变形过程中的再结晶过程可以充分进行，因而特别适合于锻造低塑性合金钢和有色金属(如铜合金)等。另外，设备本身具有顶料装置，生产中不仅可以使用整体式锻模，还可以采用特殊结构的组合模具，使模具设计和制造得以简化，节约材料和降低生产成本，同时，可以锻制出形状更为复杂、敷料和模锻斜度都很小的锻件，并可将轴类锻件直立起来进行局部镦粗。

摩擦压力机承受偏心载荷能力差，通常只可以用单膛锻模进行模锻。对于形状复杂的锻件，需要在自由锻设备或其他设备上制坯。

摩擦压力机主要适合于中小型锻件的小批和中批生产。如铆钉、螺钉、螺帽、配气阀、齿轮、三通阀体等。摩擦压力机具有结构简单、造价低、投资少、使用维修方便、基建要求不高、工艺用途广泛等特点，可在中小型工厂中代替昂贵设备进行模锻生产。

③曲柄压力机上模锻 曲柄压力机的外观及传动系统如图 2.15 所示。锻模的上模固定在滑块上，而下模锻则固定在下部的楔形工作台上。三角皮带将电动机的运动传到飞轮上，通过传动轴及传动齿轮带动曲轴、连杆和滑块，从而使上模作上下运动。曲柄连杆机构的运动是靠气动多片式摩擦离合器与飞轮结合来实现，停止靠制动器完成，下顶杆用来从模膛中推出锻件，实现自动取件。

曲柄压力机的吨位一般是 2 000 ~ 120 000 kN。

曲柄压力机作用于金属坯料上的变形力为静压力，而且变形力由机架本身承受，因

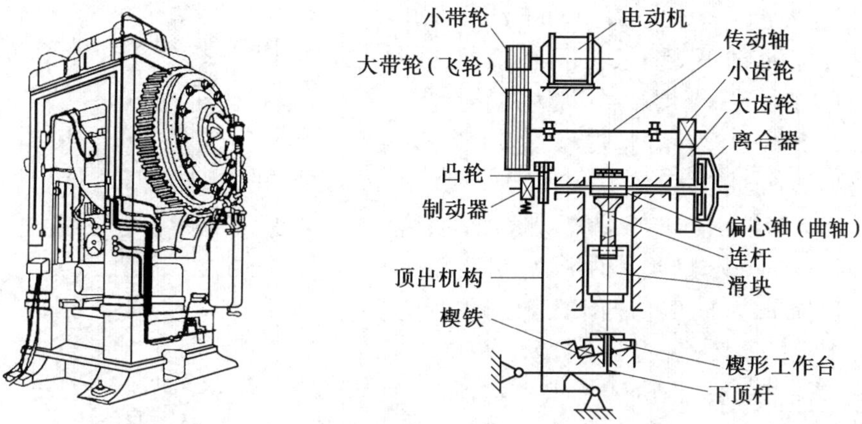

(a)外面构造　　(b)传动系统

图 2.15　曲柄压力机外观及传动简图

此，工作时振动和噪音小，劳动条件大为改善。

曲柄压力机机身的刚度大，滑块运动精度高，滑块和工作台均有顶料装置，因此锻件的精度高，公差、余量和模锻斜度比锤上模锻小。

由于滑块行程固定，每个变形工步可在滑块一次行程中完成，变形均匀且生产率高。但这也使坯料表面上的氧化皮不易被清除掉，影响锻件质量。故曲柄压力机上模锻对坯料加热质量要求高，或另需配备氧化皮清除装置。而且，曲柄压力机上也不宜进行拔长和滚压工步。

曲柄压力机上模锻所用锻模都设计成镶块式模具。这种组合模制造简单，更换容易，节省贵重的模具材料。为防止设备闷车，上、下模分模面不能压靠，必须留有间隙。

曲柄压力机上模锻由于是一次成形，金属变形量过大，不易使金属填满终锻模膛。因此变形应该逐步进行，终锻前常采用预成形及预锻工步。

曲柄压力机设备复杂，造价相对较高。曲柄压力机上模锻是一种先进的现代化模锻方法，特别适合于大批量生产。

(2)锻模结构

锤上模锻用的锻模，如图 2.16 所示，是由带有燕尾槽的上模和下模两部分组成，上模和下模内均制有相应的模膛。下模用紧固楔铁固定在模垫上。上模靠楔铁紧固在锤头上，随锤头一起作上下往复运动。上下模闭合后，形成一定形状的完整模膛。

根据模膛的功用，锻模的模膛分为模锻模膛和制坯模膛两大类。

①模锻模膛　模锻模膛分为预锻模膛和终锻模膛两种。

预锻模膛的作用是使坯料变形到接近锻件的形状和尺寸，这样在进行终锻时，金属容易充满终锻模膛，同时减少终锻模膛的磨损，延长锻模的使用寿命。对于形状简单或小批量的锻件可不设预锻模膛。预锻模膛的圆角和斜度较大，没有飞边槽。

终锻模膛的作用是使坯料最后变形到锻件所要求的形状和尺寸，因此它的形状应和锻件的形状相同。但是因为锻件冷却时要收缩，终锻模膛的尺寸应比锻件尺寸放大一个收缩量。另外，沿模膛四周有飞边槽，用来增加金属从模膛中流出的阻力，促使金属充满模膛，同时容纳多余的金属。对于具有通孔的锻件，在模锻时不能直接获得通孔，所以终锻后在孔内留下一薄层金属，称为冲孔连皮，如图2.17所示。把冲孔连皮和飞边冲掉后，才能得到具有通孔的模锻件。

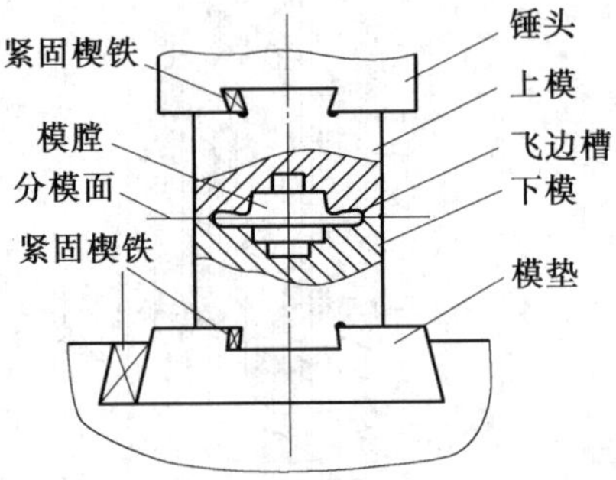

图2.16　锤上锻模

②制坯模膛　对于形状复杂的锻件，为了使坯料形状基本接近锻件形状，以便使金属能合理分布，并很好地充满模膛，必须预先在制坯模膛内制坯，制坯模膛有拔长模膛、滚压模膛、弯曲模膛、切断模膛等几种类型。

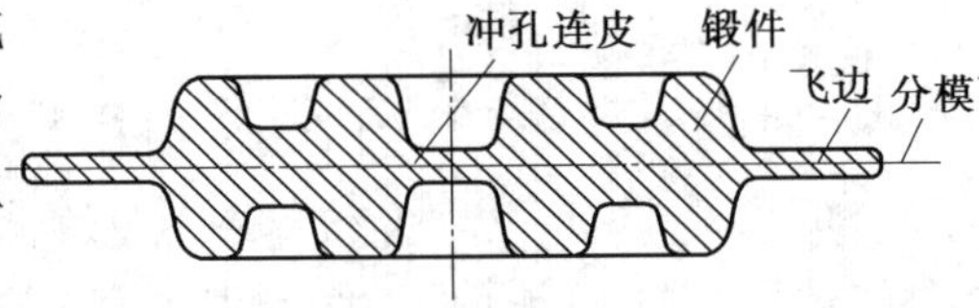

图2.17　带有冲孔连皮和飞边的模锻件

拔长模膛是用来减少坯料某部分的横截面积，以增加该部分的长度。拔长模膛分为开式和闭式两种，如图2.18所示。在实际生产操作时坯料除送进外还需翻转。

滚压模膛是用来减少坯料某一部分的横截面积，以增加另一部分的横截面积，从而使金属按锻件形状来分布。滚压模膛分为开式和闭式两种，如图2.19所示。当模锻件沿轴线截面相差不很大或修整拔长后的坯料时，可采用滚压模膛。滚压操作时每击打一次坯料要翻转一下，但不作送进运动。

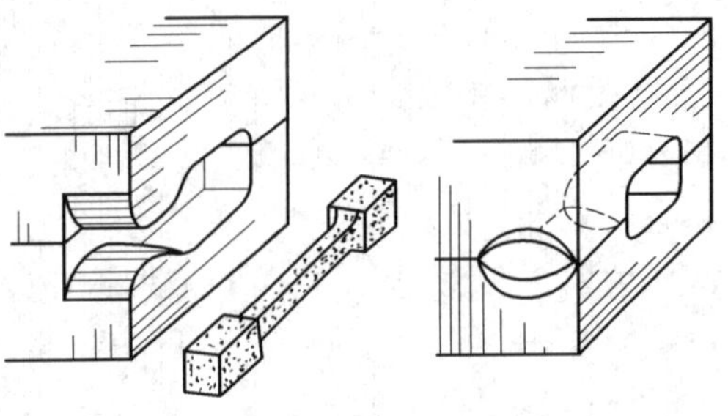
(a)开式　(b)闭式

图2.18　拔长模膛

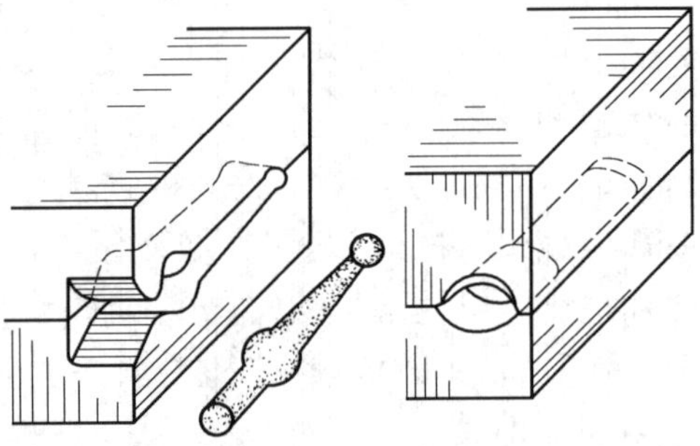
(a)开式　(b)闭式

图2.19　滚压模膛

对于弯曲的杆类模锻件，需要弯曲模膛来弯曲坯料，如图2.20所示。坯料可以直接或先经其他制坯工序后放入弯曲模膛进行弯曲变形。

切断模膛是在上模与下模的角上组成一对刃口，用来切断金属，如图2.21所示。单件锻造时，用它从坯料上切下锻件或从锻件上切下钳口；多件锻造时，用它来分离成单个件。

此外，还有成形模膛、镦粗台及击扁面等制坯模膛。

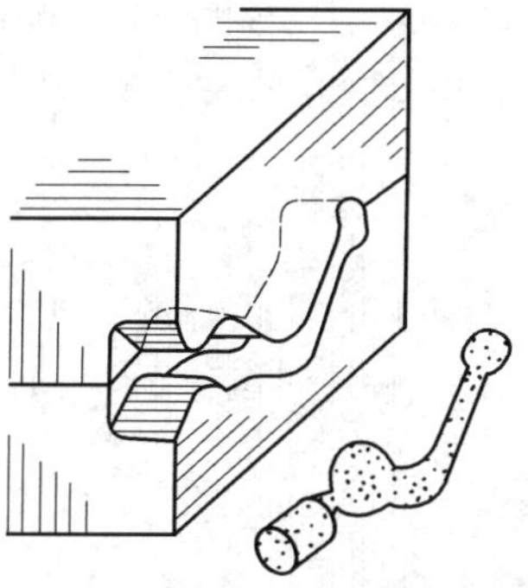

图 2.20　弯曲模膛

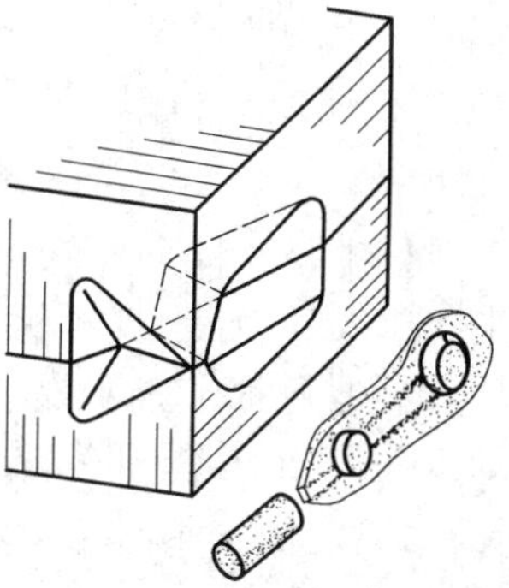

图 2.21　切断模膛

根据模锻件的复杂程度不同,所需变形的模膛数量不等,可将锻模设计成单膛锻模或多膛锻模。单膛锻模是指在一副锻模上只有终锻模膛一个模膛。多膛锻模是指在一副锻模上具有两个以上模膛的锻模,最多不超过七个模膛。图 2.22 中的锻模是弯曲连杆锻造时使用的锻模,即为多膛锻模。

2.2.2　冲压

冲压是金属塑性加工的基本法之一,它是利用冲模使板料产生分离或变形的方法。这种加工方法通常是在常温条件下进行,所以又称冷冲压。只有当板料厚度超过 8 ~ 10 mm 或材料塑性较差时才采用热冲压。

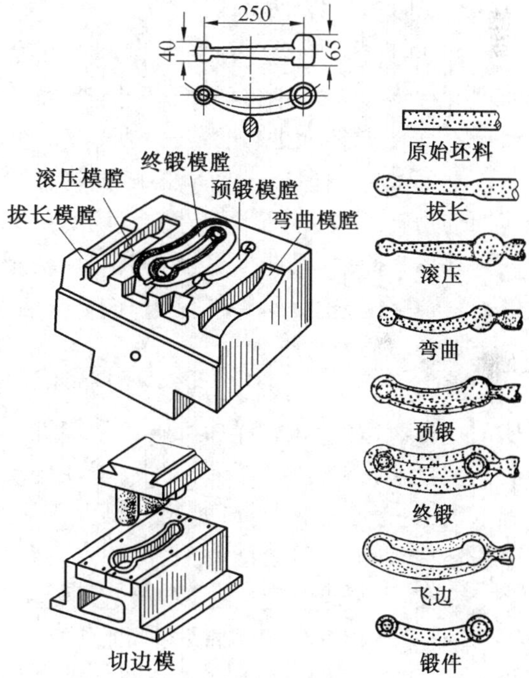

图 2.22　弯曲连杆锻造过程

与其他加工方法相比,板料冲压可以制造其他加工方法难以加工或无法加工的形状复杂的薄壁零件,能获得重量轻、材料消耗少、强度和刚度都较高的零件。冲压产品具有足够的精度和较低的表面粗糙度,互换性能好,一般不再进行机械加工即可装配使用。冲压操作简单,工艺过程易实现机械化和自动化,生产率高。

但冲压模具结构较复杂,加工精度要求高,制造费用大,只有在大批量生产条件下,才能体现其优越性。

板料冲压广泛地应用在一切制造金属成品的工业部门中,如汽车、拖拉机、航空、电器、仪表及国防等工业。

板料冲压所用的原材料,特别是制造中空的杯状产品时,必须具有足够的塑性,常用的金属板料有低碳钢、高塑性的合金钢、不锈钢、铜、铝、镁及其合金等。非金属材料中的石棉板、硬橡胶、皮革、绝缘纸、纤维板等也广泛采用冲压成形。

冲压生产中常用的设备是剪床和冲床。剪床用来把板料剪切成一定宽度的条料，以供下一步冲压工序用。冲床用来实现冲压工序，以制成所需形状和尺寸的零件。冲床的最大吨位已达 40 000 kN。

冲压生产的基本工序有分离工序和变形工序两大类。

分离工序是使坯料的一部分与另一部分相互分离的工序。如落料、冲孔、切断、修整等。其中冲孔和落料统称为冲裁。变形工序是使坯料的一部分相对于另一部分产生位移而不破裂的工序。如拉深、弯曲、翻边、胀形等。

1.冲裁

冲裁是使板料沿封闭轮廓分离的工序，包括落料和冲孔。落料、冲孔的模具结构和坯料变形过程相同，只是用途不同。落料是从板料冲下所需形状的零件或毛坯（冲落部分是产品，周边是废料）；而冲孔是在板料上冲出所需形状的孔（冲落部分是废料，周边是产品），如图 2.23 所示。

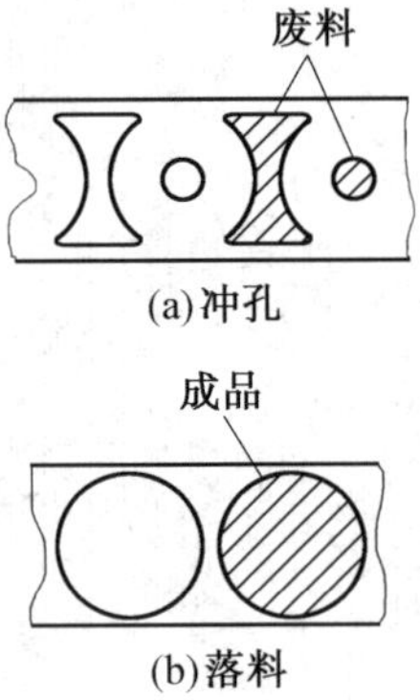

图 2.23　冲孔与落料

(1)冲裁变形过程

冲裁时板料的变形和分离过程对冲裁件质量有很大影响。当凸、凹模间隙正常时，冲裁过程大致可以分成三个阶段，如图 2.24 所示。

① 弹性变形阶段　凸模接触板料后继续向下运动的初始阶段，使板料产生弹性压缩、拉伸与弯曲等变形。此时，凸模下的板料略有弯曲，凹模上的板料则向上翘。凸、凹模之间的间隙越大，弯曲和上翘越明显。

② 塑性变形阶段　当凸模继续向下运动，板料中的应力值达到屈服极限时，则产生塑性变形。随着凸模挤入材料的深度逐渐增大，塑性变形程度逐渐增大，位于凸、凹模刃口处的材料硬化加剧，出现微裂纹，塑性变形阶段结束。

③断裂分离阶段　凸模继续压入，已形成的上、下微裂纹逐渐扩大并向材料内延伸，像楔形那样发展，当上、下裂纹相遇重合时，材料被剪断分离。

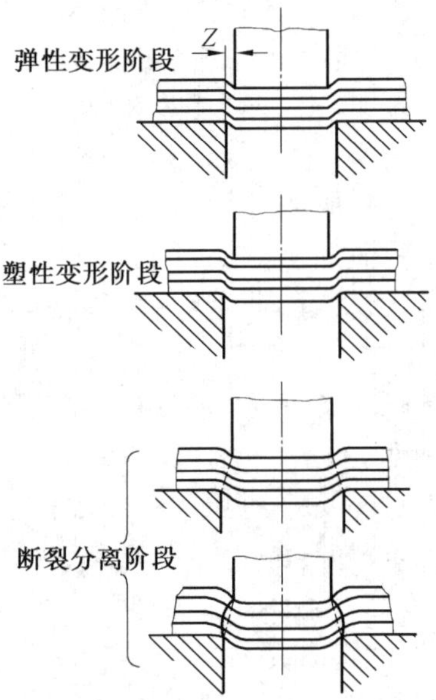

图 2.24　冲裁变形和分离过程

冲裁件被剪断分离后，其断裂面有明显的区域特征。断裂面可以分为光亮带、剪裂带、塌角和毛刺四个部分，如图 2.25 所示。光亮带是由冲头挤压切入所形成的光滑表面，断面质量最佳；剪裂带是材料在剪断分离时所形成的断裂带，表面粗糙。塌角越小，毛刺高度越小，剪裂带的宽度和斜度越小，光亮带的宽度越大，则冲裁件断面质量越好。

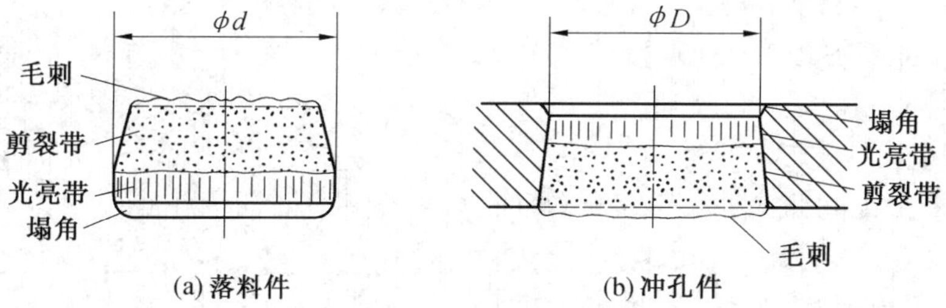

图 2.25　冲裁件断裂面分区

冲裁件断面质量主要与凸凹模间隙、刃口锋利程度有关,同时也受模具结构、冲裁速度、材料性能及厚度等因素影响。

(2)凸凹模间隙

凸凹模间隙会严重影响冲裁件的断面质量。间隙过大,凸模刃口附近的剪裂纹较正常间隙时向里错开一段距离,难以与凹模刃口附近的裂纹汇合,冲裁件被撕开,因此光亮带小一些,剪裂带和毛刺均较大。间隙过小时,凸模刃口附近的剪裂纹较正常间隙时向外错开一段距离,上下裂纹也不能很好重合,致使毛刺增大。间隙控制在合理的范围内,上下裂纹才能基本重合与一线,毛刺最小,冲裁件断面质量最好。

凸凹模间隙也是影响模具寿命诸多因素中最主要的一个。冲裁过程中,凸模与被冲的孔之间、凹模与落料件之间均有摩擦,间隙越小,摩擦越严重,对延长模具使用寿命极为不利。

在冲压的实际生产中,间隙的选用应主要考虑冲裁件断面质量和模具寿命这两个主要的因素。一般说来,当对冲裁件断面质量要求较高时,应选取较小的间隙值,而当对冲裁件断面的质量要求不高时,则应可能地加大间隙值,以利于提高冲模的寿命。

合理的间隙值可按表 2.1 选取。当对于冲裁件断面质量要求很高时,可将表中数据减少 1/3。

表 2.1　冲裁模合理间隙值(双边)

材料种类	材料厚度 s/mm				
	0.1～0.4	0.4～1.2	1.2～2.5	2.5～4	4～6
软钢、黄铜	0.01%～0.02% s	7%～10% s	9%～12% s	12%～14% s	15%～18% s
硬　钢	0.01%～0.05% s	10%～17% s	18%～25% s	25%～27% s	27%～29% s
磷青铜	0.01%～0.04% s	8%～12% s	11%～14% s	14%～17% s	18%～20% s
铝及铝合金(软)	0.01%～0.03% s	8%～12% s	11%～12% s	11%～12% s	11%～12% s
铝及铝合金(硬)	0.01%～0.03% s	10%～14% s	13%～14% s	13%～14% s	13%～14% s

(3)凸凹模刃口尺寸的确定

冲裁件尺寸和冲模间隙都决定于凸模和凹模刃口的尺寸,因此必须正确决定冲模刃口尺寸。

从生产实践中可以发现,在冲裁过程中落料件的光亮带等于凹模尺寸,冲孔件的光亮带等于凸模尺寸,如图 2.26 所示。且冲裁时凸、凹模要分别与工件或废料发生摩擦,磨损的结果使凸模尺寸变小,凹模尺寸变大,从而使得模具间隙增大。

因此,设计落料模时,应先按落料件确定凹模刃口尺寸,取凹模作设计基准件,然后根据凸凹模间隙确定凸模尺寸(即用缩小凸模刃口尺寸来保证间隙值);设计冲孔模时,先按冲孔件确定凸模刃口尺寸,取凸模作设计基准件,然后根据凸凹模间隙确定凹模尺寸(即用扩大凹模刃口尺寸来保证间隙值)。

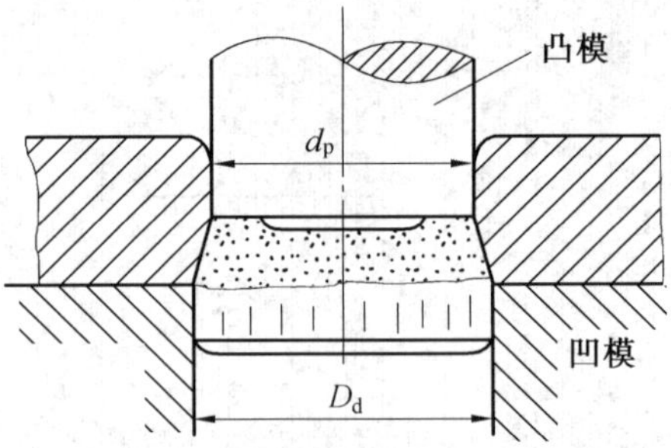

图 2.26 冲裁件与模具的尺寸关系

为了保证零件的尺寸要求,并提高模具的使用寿命,落料时取凹模刃口的尺寸应靠近落料件公差范围内的最小尺寸。而冲孔时,选取凸模刃口的尺寸应靠近孔的公差范围内的最大尺寸。

(4)冲裁力的计算

冲裁力是选择冲压设备吨位和检验模具强度的一个重要依据。

平刃冲模的冲裁力按下式计算

$$P = kLS\tau \tag{2.5}$$

式中,P——冲裁力,N;

L——冲裁周边长度,mm;

S——坯料厚度,mm

τ——材料抗剪强度,MPa;

k——系数,一般可取 $k = 1.3$。

为了便于估算,可取抗剪强度 τ 为材料抗拉强度 σ_b 的 80%,代入上式,则冲裁力也可按下式进行估算

$$P \approx LS\sigma_b \tag{2.6}$$

2.拉深

拉深是利用模具使落料后得到的平板坯料变成开口空心零件的变形工序,如图 2.27所示。拉深用的凸、凹模和冲裁时不同,它们的工作部分没有锋利的刃口,而是做成一定尺寸的圆角,并且其间隙稍大于板料的厚度。把直径为 D_0 的平板坯料放在凹模上,在凸模作用下,板料通过塑性变形,被拉入凸模和凹模的间隙中,形成空心零件。拉深件的底部一般不变形,只起传递拉力的作用,且厚度基本不变。零件的直壁部分由坯料外径 D_0 减去内径 d 的环形部分形成,主要受拉应力作用,厚度有所减小。而直壁与底部之间的过渡圆角部位变薄最严重。法兰

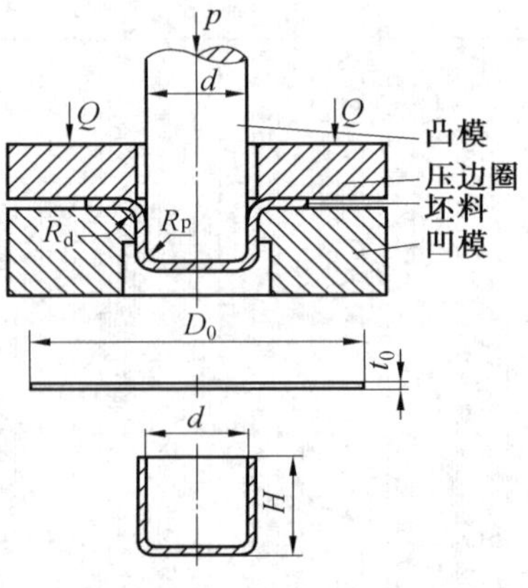

图 2.27 拉深工序

部分切向受压应力作用,厚度有所增大。

拉深系数 m 是衡量拉深变形程度的指标,其取值为拉深后零件的直径 d 与拉深前坯料直径 D_0 的比值,即

$$m=\frac{d}{D_0} \tag{2.7}$$

拉深系数越小,表明拉深件直径越小,变形程度越大,一般情况下,拉深系数 m 不小于0.5~0.8。塑性差的材料按上限选取,塑性好的材料可选取下限值。m 值过小,拉深过程中会出现底部拉裂现象。

如果拉深系数过小,不能一次拉深成形时,则可采用多次拉深工艺,如图 2.28、图2.29 所示。多次拉深过程中,必然产生加工硬化现象,为保证坯料具有足够的塑性,生产中坯料经过一两次拉深后,应安排工序间的退火处理。其次,在多次拉深中,拉深系数应一次比一次略大些,以便生产顺利进行。总拉深系数应等于每次拉深系数的乘积。

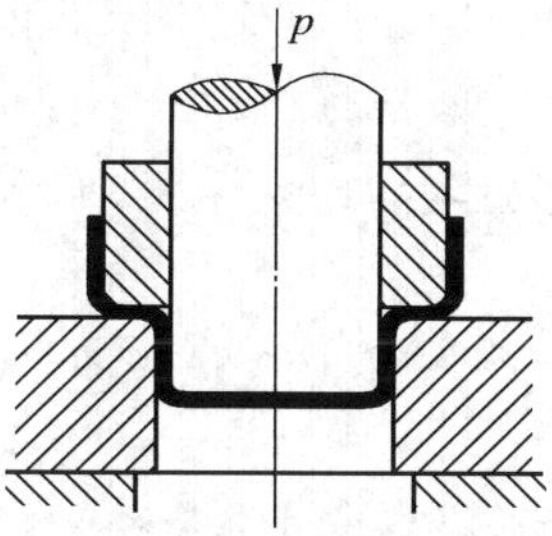

图 2.28　多次拉深

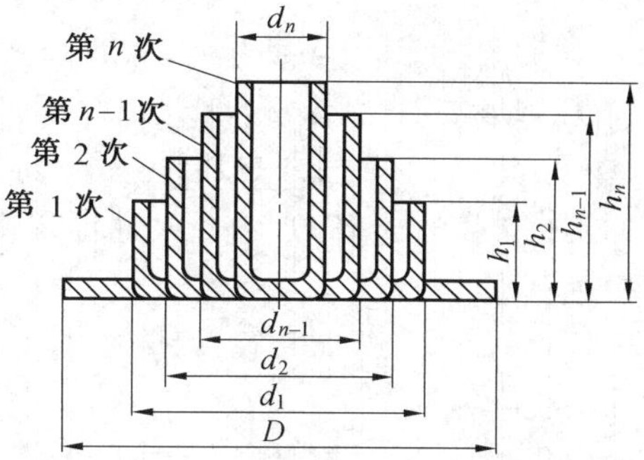

图 2.29　多次拉深时圆筒直径的变化

拉深件成形过程中最常见的质量问题是破裂(见图 2.30)和起皱(见图 2.31)。

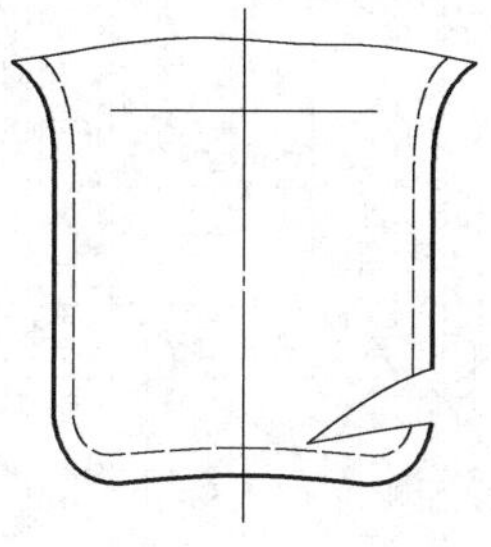

图 2.30　破裂

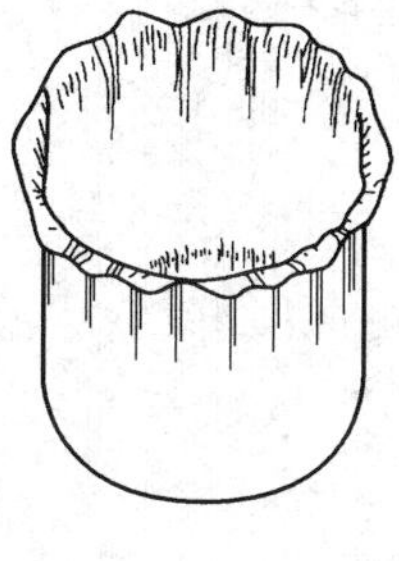

图 2.31　起皱

破裂多发生在直壁与底部的过渡圆角处。预防拉裂的措施主要有适当加大凸、凹模圆角(尤其是凹模圆角),适当加大凸、凹模间隙,增加拉深系数或拉深次数,改善模具表面精度和润滑情况。

起皱多发生在拉深件的法兰部分。主要与板料的相对厚度(S/D)、拉深系数 m 及压边力 Q 等有关,S/D、m、Q 值越小,越容易起皱。起皱现象严重时,法兰部分板料不能通过凸凹模间隙,最终出现拉裂的后果。预防起皱的最常用方法是在拉深模具上设置压边装置。

3.弯曲

弯曲是将坯料的一部分相对于另一部分弯曲成一定角度的变形工序。弯曲过程和典型弯曲件如图 2.32 所示。

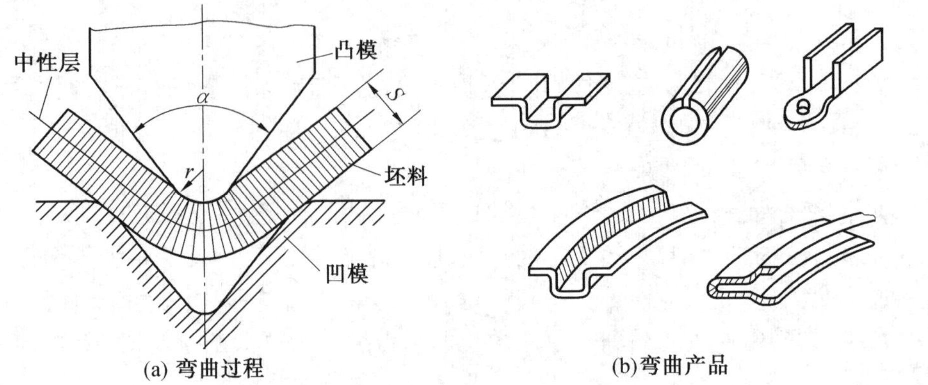

图 2.32　弯曲变形过程及弯曲件

坯料弯曲时,变形区仅限于曲率发生变化的部分,变形区坯料内侧受压缩,外侧受拉伸,中间有一层材料既不被压缩也不被拉伸,这层材料称为中性层。当外侧拉应力超过坯料的抗拉强度极限时,则会造成金属破裂。内侧金属也会因受压应力过大而使弯曲内侧失稳起皱。

坯料越厚,内弯曲半径 r 越小,则压缩和拉伸应力越大,越容易弯裂。为防止破裂,弯曲的最小半径应为 $r_{\min}=(0.25\sim1)S$,材料塑性好,弯曲半径可小些。

弯曲破裂还与材料的纤维方向有关。弯曲时应尽可能使弯曲线与坯料纤维方向垂直,如图 2.33 所示。若弯曲线与纤维方向一致,则容易产生弯裂,此时可用增大最小弯曲半径来避免。当板料需要多方向弯曲时,应当使弯曲线与纤维方向呈一定角度。

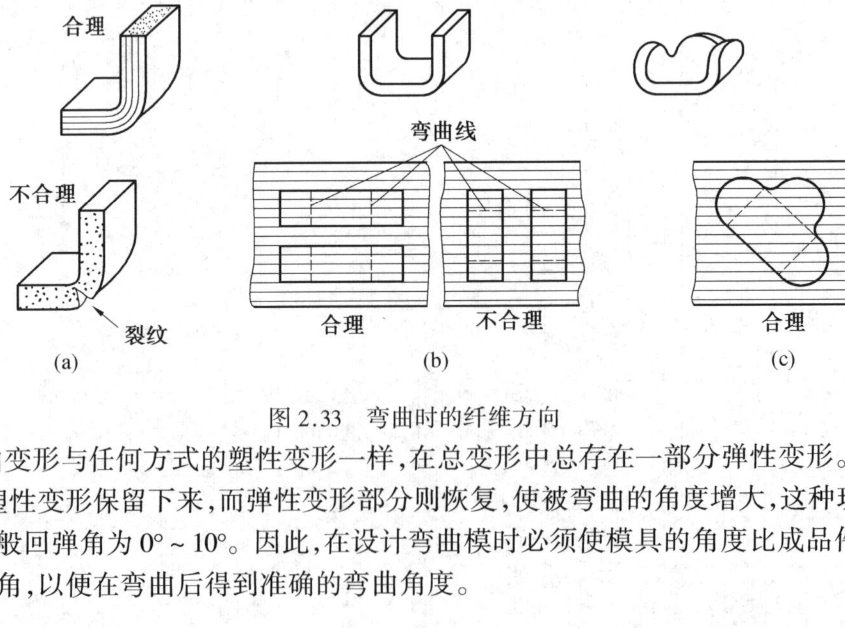

图 2.33　弯曲时的纤维方向

弯曲变形与任何方式的塑性变形一样,在总变形中总存在一部分弹性变形。当外力去掉后,塑性变形保留下来,而弹性变形部分则恢复,使被弯曲的角度增大,这种现象称为回弹。一般回弹角为 0°～10°。因此,在设计弯曲模时必须使模具的角度比成品件角度小一个回弹角,以便在弯曲后得到准确的弯曲角度。

4.胀形

胀形是利用坯料局部厚度变薄形成零件的变形工序。胀形主要有平板坯料胀形、管坯胀形、球体胀形、拉形等几种方式。

(1)平板坯料胀形

平板坯料胀形如图 2.34 所示,将直径为 D_0 的平板坯料放在凹模上,加压边圈并在压边圈上施加足够大的压边力,当凸模向凹模内压入时,坯料被压边圈压住不能向凹模内收缩,只能靠凸模底部坯料的不断变薄,来实现变形过程。

平板坯料胀形常用于在平板冲压件上压制凸起、凹坑、加强筋、花纹图及印记等,有时也与拉深结合,用于汽车覆盖件的成形,以增大其刚度。

(2)管坯胀形

管坯胀形如图 2.35 所示,在凸模压力的作用下,管坯内的橡胶变形,直径增大,将管坯直径胀大,靠向凹模。胀形结束后,凸模抽回,橡胶恢复原状,从胀形件中取出。凹模采用分瓣式,从外套中取出后即可分开,将胀形件从中取出。有时也可以用液体或气体代替橡胶来加工形状复杂的空心零件,例如波纹管、高压气瓶等。

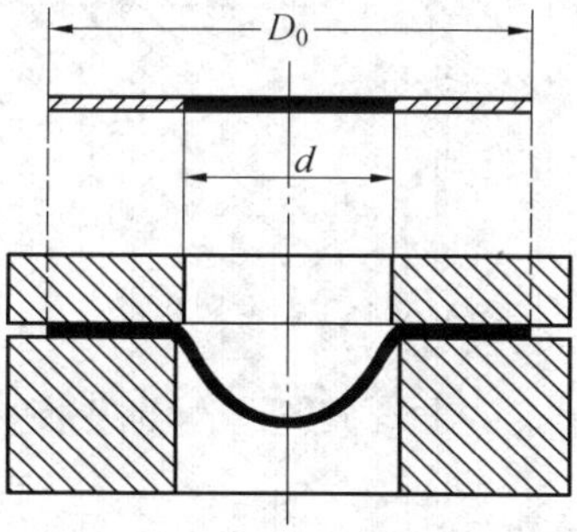

图 2.34　平板坯料胀形

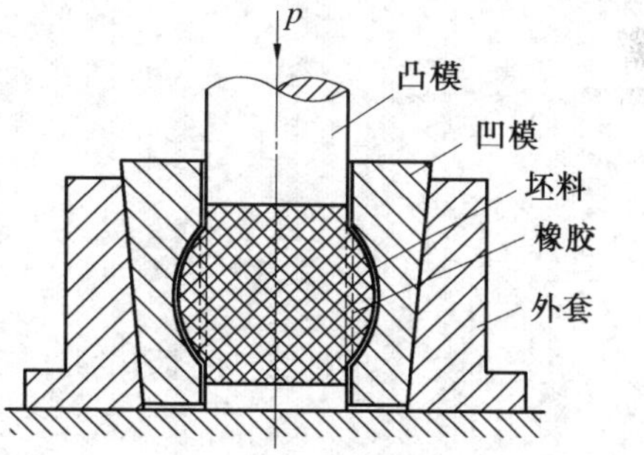

图 2.35　管坯胀形

(3)球体胀形

球体胀形是 20 世纪 80 年代后出现的无模胀形新工艺。其主要工艺过程是先用焊接方法将板料焊成多面体,然后向其内部用液体或气体打压。在强大压力作用下,板料发生塑性变形,多面体变成球体,如图 2.36 所示。

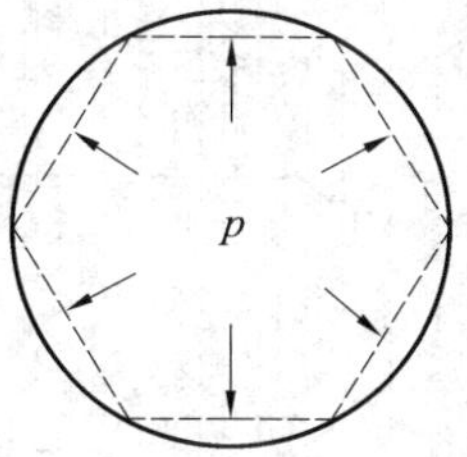

图 2.36　球体胀形

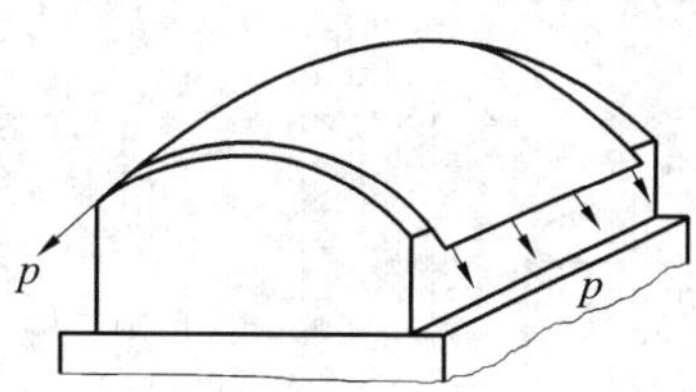

图 2.37　拉形

(4)拉形

拉形是在强大的拉力作用下,使坯料紧靠在模型上并产生塑性变形,如图 2.37 所示。拉形工艺主要用于板料厚度小而成形曲率半径很大的曲面形状零件,如飞机的蒙皮等。

5.翻边

翻边是在坯料的平面或曲面部分上,使坯料沿一定的曲线翻成竖直边缘的冲压方法,如图 2.38 所示。根据变形的性质、坯料结构和形状的不同,翻边有多种方法。

在预先制好孔的半成品上或未经制孔的板料上冲制出竖直边缘的成形方法称为翻孔,如图 2.39 所示,翻边前坯料孔的直径是 d_0,变形区是内径为 d_0、外径为 d_1 的环形部分。翻边过程中变形区在凸模作用下内径不断扩大,翻边结束时达到凸模直径 d_p,最终形成了竖直的边缘。

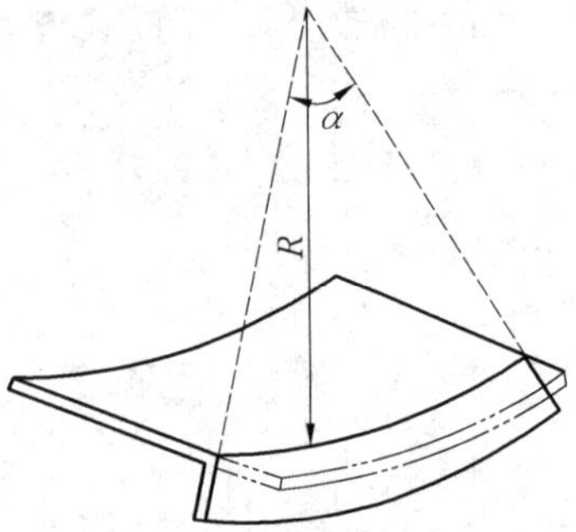

图 2.38　翻边

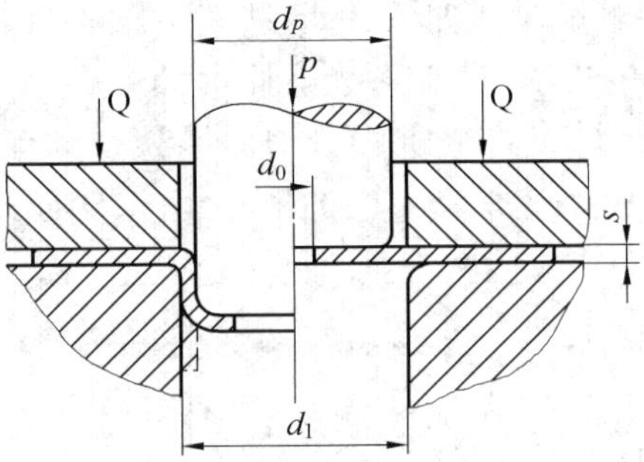

图 2.39　翻孔

进行翻边工序时,如果翻边后孔径过大,孔的边缘易出现破裂。对预先制好孔的坯料,一般用翻边系数 K_0 来控制,即

$$K_0 = d_0 / d \tag{2.8}$$

式中,d_0——翻边前的孔径尺寸;

d——翻边后的内孔尺寸。

翻边系数取值与材料有关,对于镀锡铁皮 $K_0 \geqslant 0.65 \sim 0.7$;酸洗钢 $K_0 \geqslant 0.68 \sim 0.72$。当零件所需凸缘的高度较大,而一次翻边计算出的翻边系数 K_0 值很小时,则可采用先拉深(见图 2.40(a))、后冲孔(按 K_0 计算得到的容许孔径,见图 2.40(b))、再翻边的工艺(见图 2.40(c))来实现。

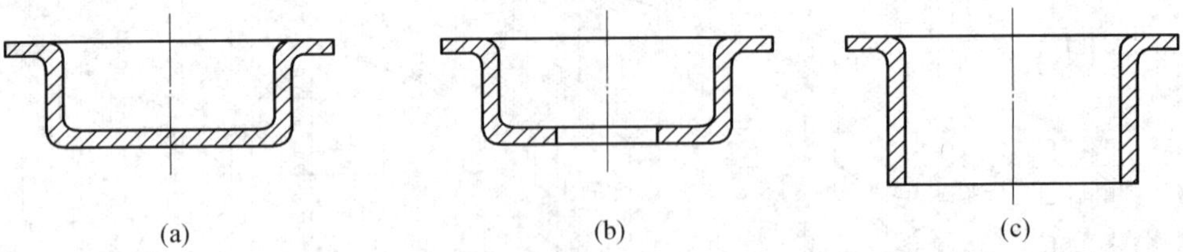

图 2.40　圆孔翻边加工举例

2.2.3 其他塑性成形方法

1.挤压

挤压是使坯料在封闭模膛内受三向不均匀压应力作用下,从模具的孔口或缝隙挤出,使其横截面积减小,成为所需制件的成形方法。这种方法最初用来生产金属型材和管材,以后发展到用来制造各种零件。

(1) 根据金属流动方向与挤压时凸模运动方向的关系不同

挤压可分为正挤压、反挤压、复合挤压和径向挤压。

正挤压是坯料从模孔中流出部分的运动方向与凸模运动方向相同,如图 2.41 所示。

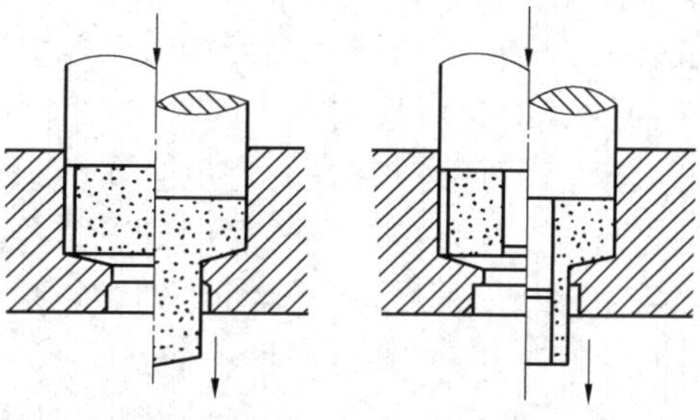

图 2.41　正挤压

反挤压是坯料从凸凹模间隙流出部分的运动方向与凸模运动方向相反,如图 2.42 所示。

复合挤压是一部分金属的流动方向与凸模运动方向相同,而另一部分金属流动方向与凸模运动方向相反,如图 2.43 所示。

径向挤压是金属流动方向与凸模运动方向垂直,如图 2.44 所示。

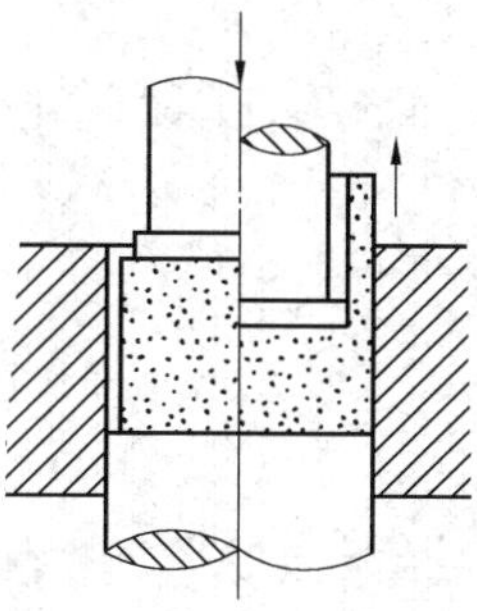

图 2.42　反挤压

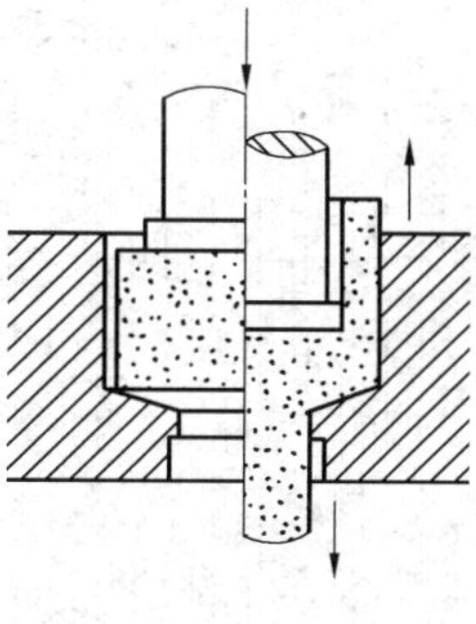

图 2.43　复合挤压

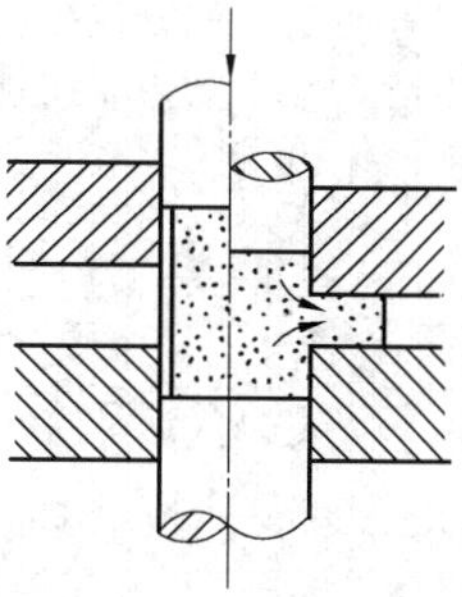

图 2.44　径向挤压

(2)根据坯料的变形温度不同

挤压可分为热挤压、冷挤压和温挤压。

热挤压是金属加热到再结晶温度以上进行的挤压成形加工,简称热挤。热挤压时材料塑性好、变形抗力小,允许的变形程度较大,但尺寸精度和表面质量较差。它广泛地应用于生产铝、铜、镁及其合金的型材和管材等。目前也越来越多地用于挤压强度较高、尺寸较大的中、高碳钢、合金结构钢、不锈钢等零件和毛坯。

冷挤压是在室温下进行的挤压成形,简称冷挤。冷挤压时金属的变形抗力较大,受模具强度和寿命限制,变形程度不宜过大。冷挤压产品的尺寸精度和表面质量高,并且由于加工硬化使强度大为提高。冷挤压多用于有色金属及中、低碳钢的小型零件生产。

冷挤压时为了降低挤压力,防止模具磨损,提高工件质量,必须有效进行润滑。钢件一般要进行磷化、皂化处理，使坯料表面出现多孔性薄膜，充分吸收润滑剂，才能在高压下隔离坯料与模具的接触，起到良好的润滑作用。

温挤压是在高于室温和低于再结晶温度范围内进行的挤压成形，简称温挤。与热挤压相比，坯料氧化脱碳少，表面粗糙度值低，产品尺寸精度较高。与冷挤压相比，金属变形抗力低，增大了每道工序的变形程度，提高了模具的寿命，扩大了冷挤压产品材料的品种。温挤压在高强度的中碳钢与合金钢零件挤压中获得广泛应用。

挤压成形金属坯料在三向压应力作用下变形，故可以提高金属坯料的塑性，挤压材料不仅有铝、铜等塑性较好的有色金属，而且碳钢、合金结构钢、不锈钢及工业纯铁等也可以用挤压工艺成形，在一定的变形量下某些高碳钢、甚至高速钢等也可以进行挤压。

挤压成形可以挤压出各种形状复杂、深孔、薄壁、异型断面的零件，且零件尺寸精度高，表面质量好，尤其是冷挤压成形。

挤压成形后零件内部的纤维组织是连续的，沿零件外形分布而不被切断，从而提高了零件的力学性能。

挤压成形材料利用率可达 70%，生产率比其他锻造方法高几倍。

2.轧制

轧制方法除了生产型材、板材和管材外，近年来也用它生产各种零件。轧制具有生产率高、质量好、成本低，并可大量减少金属材料消耗等优点。

根据轧辊轴线与坯料轴线的不同，轧制分为纵轧、横轧、斜轧等。

(1)纵轧

纵轧是轧辊轴线与坯料轴线互相垂直的轧制方法。它包括各种型材轧制、辊锻轧制、辗环轧制等。

①辊锻轧制　辊锻轧制是把轧制工艺应用到锻造生产中的一种新工艺。辊锻是使坯料通过装有圆弧形模块的一对相对旋转的轧辊时受压而变形的生产方法，如图 2.45 所示。这种方法既可作为模锻前的制坯工序，也可直接辊锻锻件。目前，辊锻主要生产扁断面的长杆件(如扳手、活动扳手、链环等)、连杆、带有不变形头部而沿长度方向横截面面积递减的锻件(如叶片等)。其中，叶片辊锻工艺和铣削旧工艺相比，材料利用率可提高 4 倍，生产率可提高 2.5 倍，而且还提高了叶片质量。

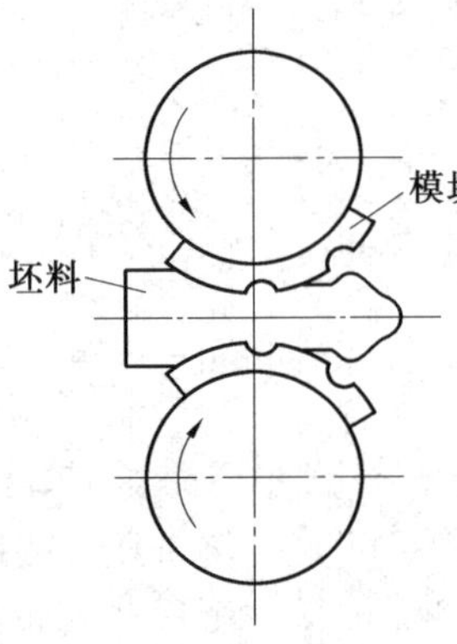

图 2.45　辊锻示意图

②辗环轧制　辗环轧制是用来扩大环形坯料的外径和内径，从而获得各种环状零件的轧制方法，如图 2.46 所示。图中驱动辊由电动机带动旋转，借助摩擦力使坯料在驱动辊和芯辊之间受压变形。驱动辊还可由油缸推动作上下移动，使坯料厚度逐渐变小、直径增大。导向辊用以保持坯料正确运送。信号辊用来控制环状零件直径。当环坯直径达到需要值并与信号辊接触时，信号辊旋转传出信号，使驱动辊停止工作。

这种方法生产的环类件，其横截面可以是各种形状的。如火车轮箍、轴承座圈及法兰等。

(2)横轧

横轧是轧辊轴线与坯料轴线互相平行的轧制方法。如齿轮轧制等,如图 2.47 所示。

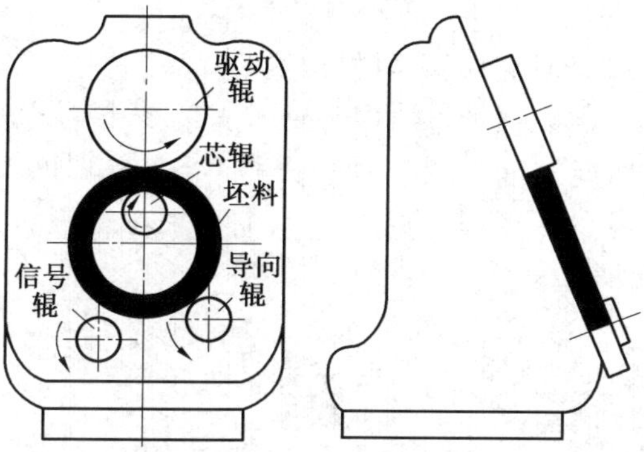

图 2.46　辗环轧制示意图

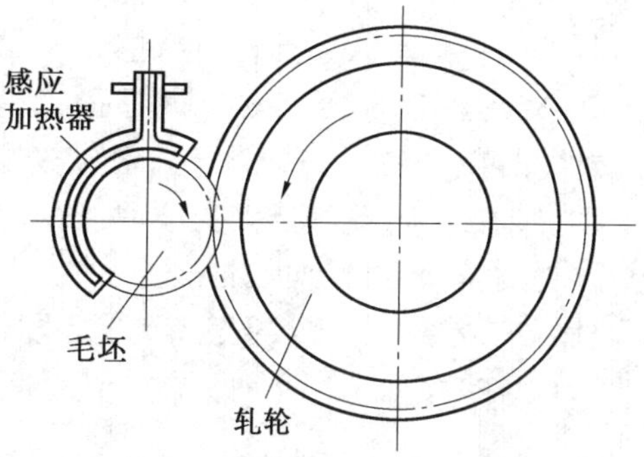

图 2.47　热轧齿轮示意图

齿轮轧制是一种无屑或少屑加工齿轮的新工艺。直齿轮和斜齿轮均可用热轧制造。在轧制前将毛坯外缘加热,然后使带齿形的轧轮做径向进给,迫使轧轮与毛坯对轧。在对轧过程中,毛坯上一部分金属受压形成齿谷,相邻部分的金属被轧轮齿部"反挤"而上升,形成齿顶。

(3)斜轧

斜轧亦称螺旋斜轧。它是轧辊轴线与坯料轴线相交一定角度的轧制方法。如钢球轧制(见图 2.48(a))、周期轧制(见图 2.48(b))、冷轧丝杠等。

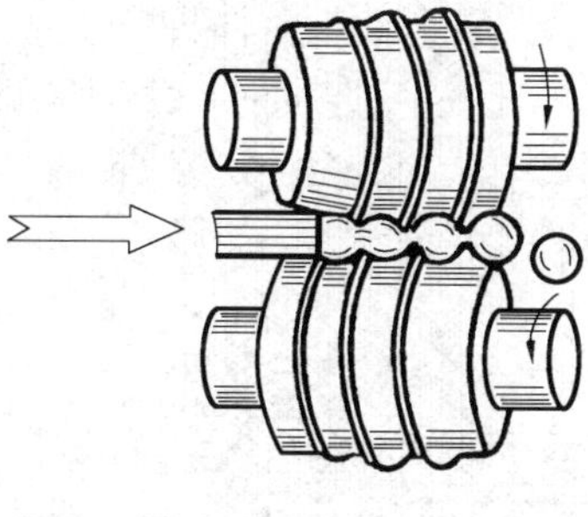

(a)螺旋斜轧钢球

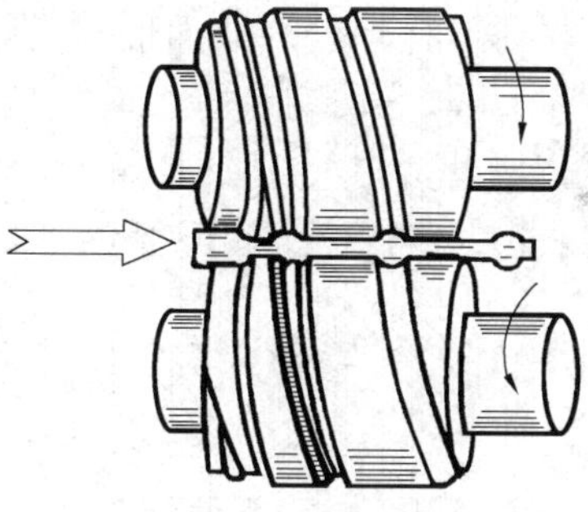

(b)周期轧制

图 2.48　螺旋斜轧

螺旋斜轧采用两个带有螺旋型槽的轧辊,互相交叉成一定角度(一般不超过 7°),并作同方向旋转。斜轧中坯料受压缩的同时,沿径向和轴向流动充填型槽而成形。

螺旋斜轧钢球是使棒料在轧辊间螺旋型槽里受到轧制,并被分离成单球。轧辊每转一周即可轧制出一个钢球,轧制过程是连续的。

螺旋斜轧可以直接热轧出带螺旋线的高速钢滚刀,自行车后闸以及冷轧丝杠等。螺旋斜轧具有生产效率高、材料利用率高、产品表面质量好等优点。

3. 拉拔

拉拔是将金属坯料拉过拉拔模的模孔,使其变形的塑性成形方法,如图 2.49 所示。

拉拔过程中坯料在拉拔模内产生塑性变形，通过拉拔模后，坯料的截面形状和尺寸与拉拔模模孔相同。因此，改变拉拔模模孔的形状和尺寸，即可得到相应的拉拔成形的产品。

目前的拉拔形式主要有线材拉拔、棒料拉拔、型材拉拔和管材拉拔。

线材拉拔主要用于各种金属导线(工业用金属线以及电器中常用的漆包线)的拉制成形。此时的拉拔也称为“拉丝”。用拉拔工艺生产的最细的金属丝直径可在 0.01 mm 以下。线材拉拔一般要经过多次成形，且每次拉拔的变形程度不能过大，必要时要进行中间退火。否则将使线材拉断。

棒料拉拔可生产多种截面形状，如圆形、方形、矩形、六角形等。

型材拉拔多用于特殊截面或复杂截面形状的异形型材生产，如图 2.50 所示。

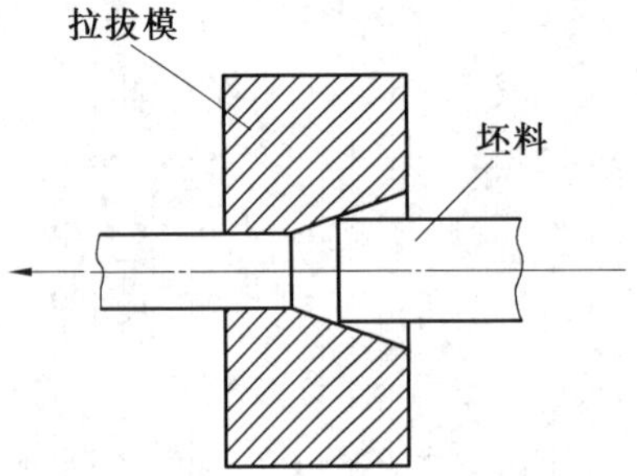

图 2.49　拉拔示意图

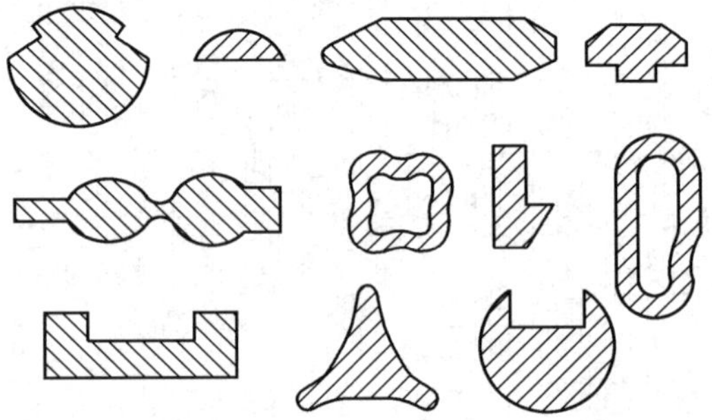

图 2.50　拉拔型材截面形状

异形型材拉拔时，坯料的截面形状与最终型材的截面形状差别不宜过大，差别过大时，会在型材中产生较大的残余应力，导致裂纹以及沿型材长度方向上的形状畸变。

管材拉拔以圆管为主，也可拉制椭圆形管、矩形管和其他截面形状的管材。管材拉拔后管壁将增厚，如果不希望管壁厚度变化时，拉拔过程中要加芯棒，如图 2.51 所示。

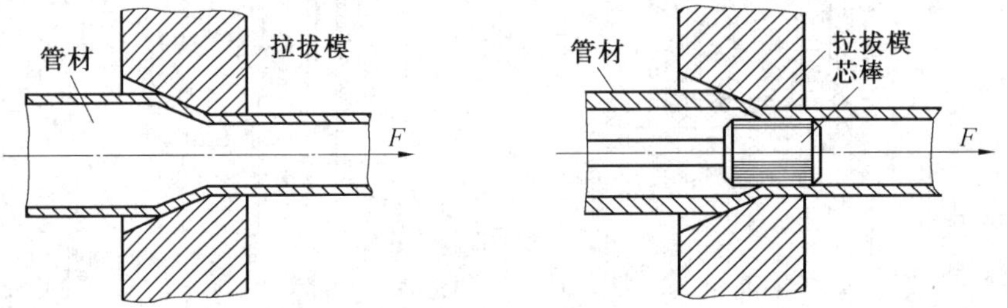

图 2.51　管材拉拔

因为拉拔模在拉拔过程中会受到强烈的摩擦，生产中常采用耐磨的硬质合金，有时甚至用金刚石来制作，以确保其精度和使用寿命。

4.超塑性成形

超塑性是指金属或合金在特定条件下，延伸率 δ 超过 100% 以上的特性。特定条件是指：低的形变速率($\dot{\varepsilon}=10^{-2}\sim10^{-4}/\mathrm{s}$)、一定的变形温度和均匀的细晶粒度，晶粒平均直径 $0.2\sim5\ \mu\mathrm{m}$。在特定条件下，钢的延伸率 δ 超过 500%、纯钛超过 300%、锌铝合金超过

1 000%。

利用金属的超塑性,可使金属在多种工艺方法下成形出复杂的零件。目前常用的超塑性成形材料主要有锌铝合金、铝基合金、钛合金及高温合金。

超塑性成形扩大了可锻金属材料的种类,例如过去只能采用锻造成形的镍基合金,也可以进行超塑性模锻成形。

利用超塑性模锻金属填充模膛的性能好,可锻出尺寸精度高、机械加工余量小甚至不用加工的零件。

超塑性成形能获得均匀细小的晶粒组织,零件力学性能均匀一致。

超塑性成形金属的变形抗力小,可充分发挥中、小设备的作用。

5.旋压成形

旋压成形是利用旋压机使坯料和模具以一定的速度共同旋转,并在旋轮的作用下使坯料在与旋轮接触的部位上产生局部变形,获得空心回转体零件的成形方法,如图 2.52 所示。

旋压成形是局部连续塑性变形,变形区很小,所需的成形力仅为整体冲压成形力的几十分之一,甚至百分之一。因此,旋压设备与相应的冲压设备相比要小得多,设备投资也较低。

旋压所用工装简单,工具费用低。例如与拉深工艺比较,变薄旋压制造薄壁筒的工具费仅为其 1/10 左右。旋压零件表面精度容易保证,尺寸精度高。而且旋压设备,尤其是现代自动旋压机,在调整、控制方便灵活,具有很大的柔性,非常适用于多品种少量生产。

旋压可以制造一些形状复杂的零件和大型封头类零件,如图 2.53 所示,这类零件用冲压方法很难完成。旋压成形方法还可以制造头部很尖的火箭弹锥形药罩、薄壁收口容器、带内螺旋线的猎枪管,以及内表面有分散的点状突起的反射灯碗等。

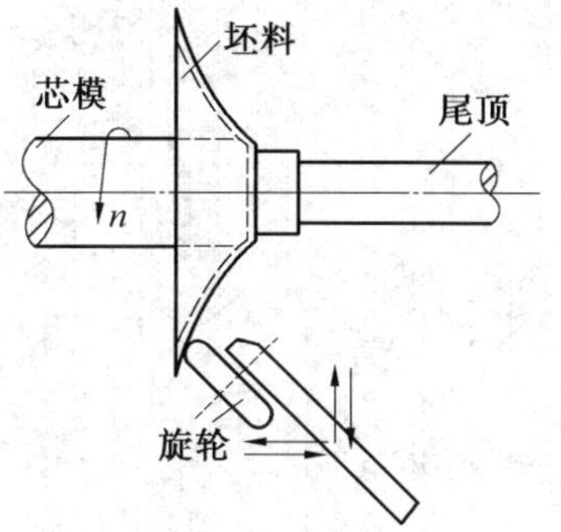

图 2.52　旋压加工

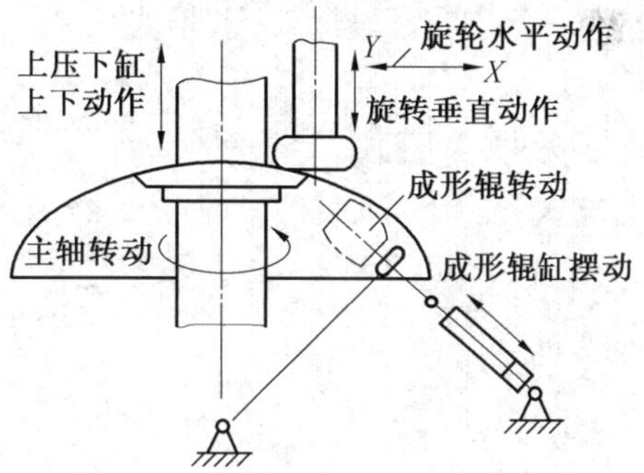

图 2.53　大型封头旋压

此外,经旋压成形的零件,抗疲劳强度高,屈服点、抗拉强度、硬度都有大幅度提高。旋压成形的应用也越来越广泛,已成为回转壳体,尤其是薄壁回转体零件的首选成形工艺。

6.摆动辗压成形

摆动辗压是利用一个绕中心轴摆动的圆锥形模具对坯料局部加压的成形方法,如图

2.54 所示。具有圆锥面的上模、中心线 OZ 与机器主轴中心线 OM 相交成 α 角,此角称摆角。当主轴旋转时,OZ 绕 OM 旋转,使上模产生摆动。同时,滑块在油缸作用下上升,对坯料旋压。这样上模母线在坯料表面连续不断地滚动,最后达到使坯料整体变形的目的。图中下部阴影部分为上模与坯料的接触面积。

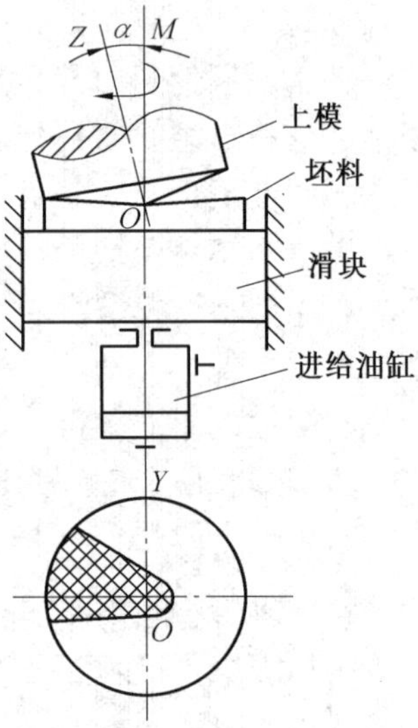

图 2.54 摆动辗压工作原理

若上模母线为直线,则辗压的工件表面为平面;若母线为曲线,则能辗压出上表面为一形状较复杂的曲面零件。

摆动辗压的主要优点是省力,它可以用较小的设备辗压出大锻件。摆动辗压是以连续的局部变形代替一般锻压工艺的整体变形,因此变形力大为降低。加工相同的锻件,其辗压力仅为一般采用锻压方法时变形力的 1/5 ~ 1/20。

摆动辗压可加工出厚度为 1 mm 的薄片类零件。并且产品质量高,节省原材料,可实现少、无屑加工。如果模具制造精度高,辗压件尺寸误差可达 0.025 mm,表面粗糙度 Ra 值为 1.6 ~ 0.4。

7.液态模锻

液态模锻是将一定量的液态金属直接注入金属模膛,然后在压力的作用下,使处于熔融或半熔融状态的金属液发生流动并凝固成形,同时伴有少量塑性变形,从而获得毛坯或零件的成形方法。

液态模锻典型工艺流程如图 2.55 所示。此工艺一般分为金属液和模具准备、浇注、合模施压、开模取件四个步骤。

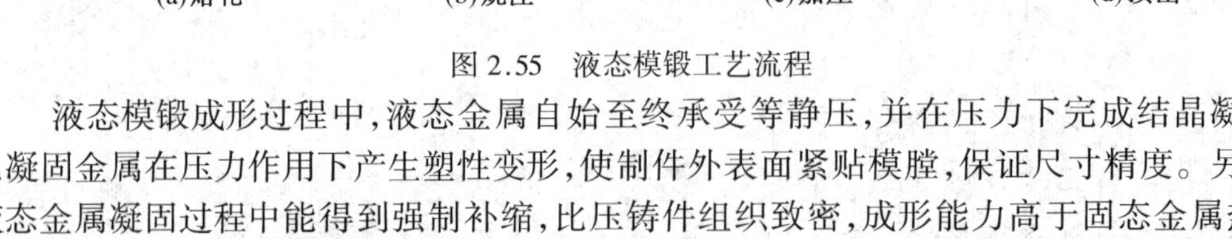

图 2.55 液态模锻工艺流程

液态模锻成形过程中,液态金属自始至终承受等静压,并在压力下完成结晶凝固。已凝固金属在压力作用下产生塑性变形,使制件外表面紧贴模膛,保证尺寸精度。另外,液态金属凝固过程中能得到强制补缩,比压铸件组织致密,成形能力高于固态金属热模锻,可以成形形状复杂的锻件。

适合液态模锻的材料非常多,不仅铸造合金,而且变形合金、有色金属及黑色金属以及复合材料也已被大量应用于液态模锻工艺中。

液态模锻适用于各种形状复杂、尺寸精确的零件的制造,如活塞、炮弹引信体、压力表壳体、波导弯头、汽车油泵壳体、摩托车零件等铝合金零件；齿轮、蜗轮、高压阀体等铜合金零件；钢平法兰、钢弹头、凿岩机缸体等碳钢、合金钢零件。

8.高能率成形

高能率成形是一种在极短时间内释放高能量使金属变形的成形方法。

(1)爆炸成形

爆炸成形是利用爆炸物质在爆炸瞬间释放出巨大的化学能对金属坯料进行加工的高能率成形方法。

爆炸成形时，爆炸物质的化学能在极短时间内转化为周围介质(空气或水)中的高压冲击波，并以脉冲波的形式作用于坯料，使其产生塑性变形并以一定速度贴模，完成成形过程。冲击波对坯料的作用时间为微秒级，仅占坯料变形时间的一小部分。这种高速变形条件，使爆炸成形的变形机理及过程与常规冲压加工有着根本性的差别。爆炸成形装置如图 2.56 所示。

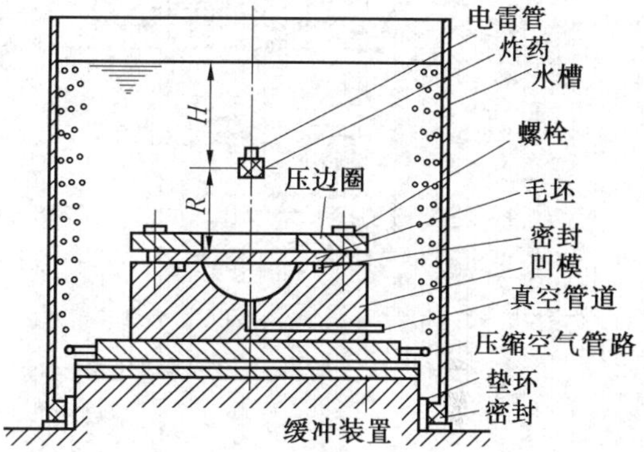

图 2.56　爆炸成形装置

爆炸成形不需专用设备，适用于大型零件成形。模具又仅用凹模，模具及工装制造简单、周期短、成本低。爆炸成形能提高材料的塑性变形能力，适用于塑性差的难成形材料。

爆炸成形目前主要用于板材的拉深、胀形、校形等成形工艺。此外，还常用于爆炸焊接、表面强化、管件结构的装配、粉末压制等方面。

(2)电液成形

电液成形是利用液体中强电流脉冲放电所产生的强大冲击波对金属进行加工的高能率成形方法。

电液成形装置原理如图 2.57 所示。该装置由两部分组成，即充电回路和放电回路。充电回路主要由升压变压器、整流器及充电电阻组成。放电回路主要由电容器、辅助开关及电极组成。交流电经升压变应器及整流后变为高压直流电并向电容器充电。当充电电压达到所需值后，点燃辅助间隙，高压电瞬时加到两放电电极上，并使主间隙击穿，产生高压放电，在放电回路中形成非常强大的冲击电流，在电极周围介质中形成冲击波，受液流冲击金属坯料变形。

电液成形除了具有模具简单、零件精度高、能提高材料塑性变形能力等特点外，与爆炸成形相比，电液成形时能量易于控制，成形过程稳定，操作方便，生产率高，便于组织生产。

(3)电磁成形

电磁成形是利用脉冲磁场对金属坯料进行塑性加工的高能率成形方法。电磁成形装置原理。如图 2.58 所示。通过放电磁场与感应磁场的相互叠加，产生强大的磁场力，使金属坯料变形。与电液成形装置原理比较，除放电元件不同外，其他都是相同的。电液成形的放电元件为水介质中的电极，而电磁成形的放电元件为空气中的线圈。

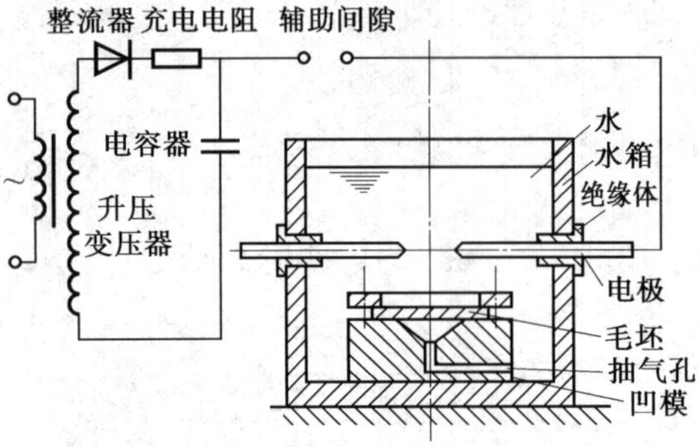

图 2.57　电液成形装置原理图

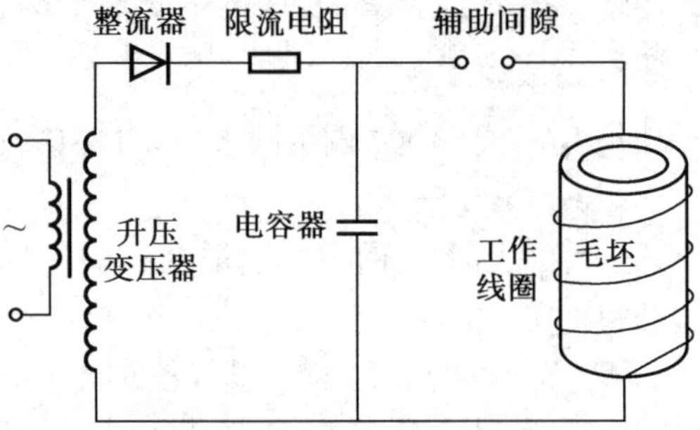

图 2.58　电磁成形装置原理图

电磁成形除具有一般的高能成形特点外，还无需传压介质，可以在真空或高温条件下成形，能量易于控制，成形过程稳定，再现性强，生产效率高，易于实现机械化和自动化。

电磁成形的典型工艺有管坯胀形、管坯缩颈及平板毛坯料成形，如图 2.59 所示。此外，在管材的缩口、翻边、压印、剪切及装配、连接等方面也有较多应用。

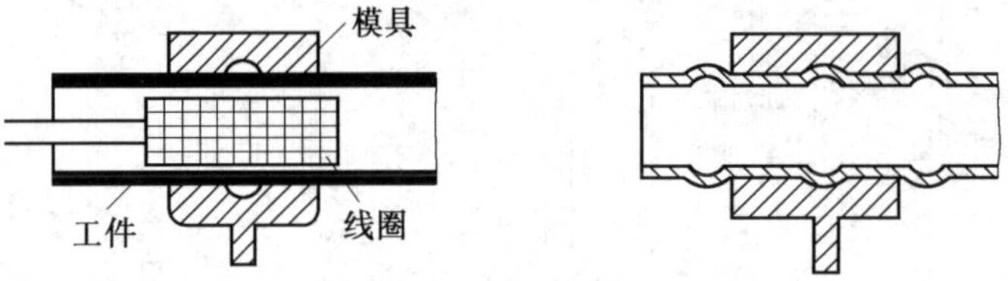

(a) 管坯胀形

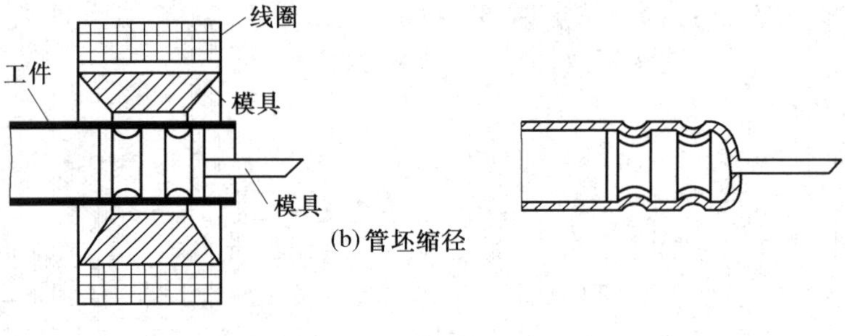

(b) 管坯缩径

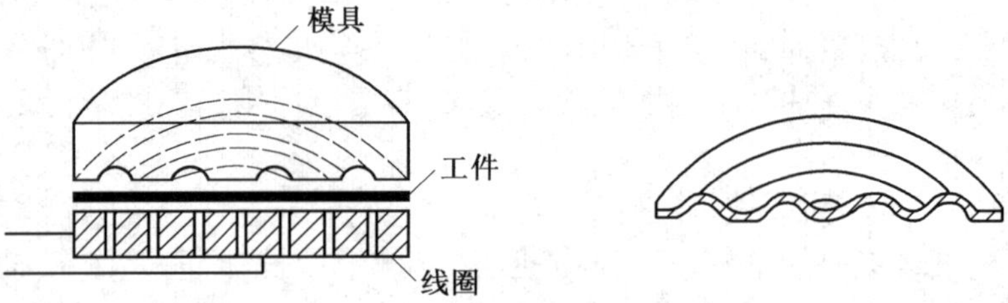

(c) 平板毛坯成形

图 2.59　电磁成形典型加工方法

9. 充液拉深

充液拉深是利用液体代替刚性凹模的作用所进行的拉深成形方法，如图 2.60 所示。

拉深成形时，高压液体将坯料紧紧压在凸模的侧表面上，增大了拉深件侧壁（传力区）与凸模表面的摩擦力，从而减轻了侧壁的拉应力，使其承载能力得到了很大程度的提高。另一方面，高压液体进入凹模与坯料之间，如图 2.61 所示，会大大降低坯料与凹模之间的摩擦阻力，减少了拉深过程中侧壁的载荷。因此，极限拉深系数比普通拉深时小很多，可达 0.4～0.45。

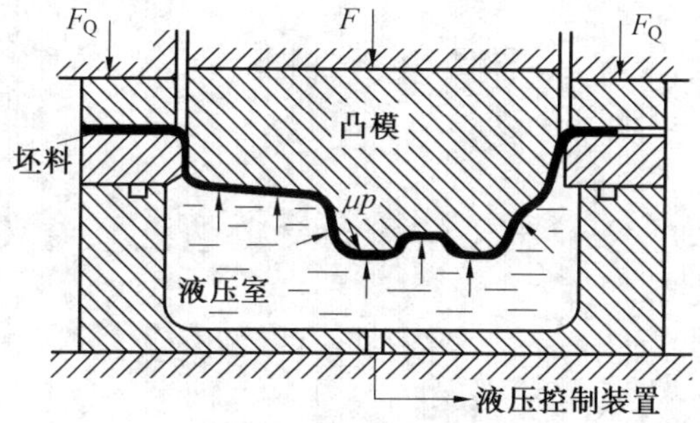

图 2.60　充液拉深

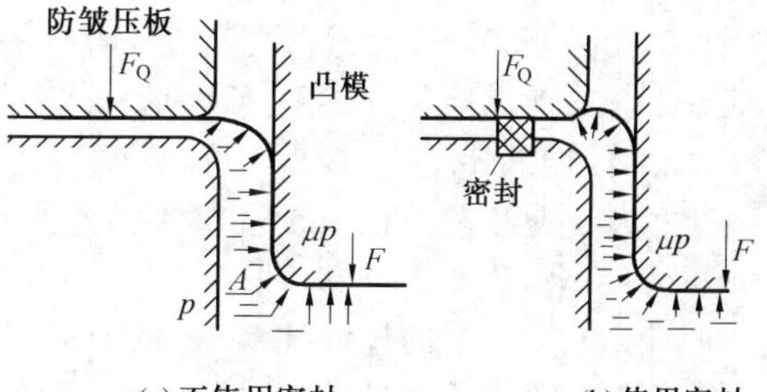

(a) 不使用密封　　(b) 使用密封

图 2.61　充液拉深原理

充液拉深时由于液体压力的作用，使板料和凸模紧紧贴合，产生“摩擦保持效果”，缓和了板料在凸模圆角处的径向应力，提高了传力区的承载能力。另外，板料不直接与凹模接触，而是与液体接触，大大降低了摩擦阻力，也就降低了传力区的载荷。

充液拉深比普通拉深能大幅度提高拉深件的成形极限，减小拉深次数，能减少零件擦伤，提高零件精度。

但充液拉深设备相对复杂，生产率较低。

充液拉深主要应用于质量要求较高的深筒形件、锥形、抛物线形等复杂曲面零件、盒形件以及带法兰件的成形，近年来在汽车覆盖件的成形中也有应用。

10.聚氨酯成形

聚氨酯成形是利用聚氨酯在受压时表现出的高黏性流体性质，将其作为凸模或凹模的板料成形方法。聚氨酯具有硬度高、弹性大、抗拉强度与负荷能力大、抗疲劳性好、耐油性和抗老化性强、寿命长以及容易机械加工等特点。

常用的聚氨酯成形工艺有聚氨酯冲裁（见图 2.62）、聚氨酯弯曲（见图 2.63），以及聚氨酯拉深、聚氨酯胀形等。

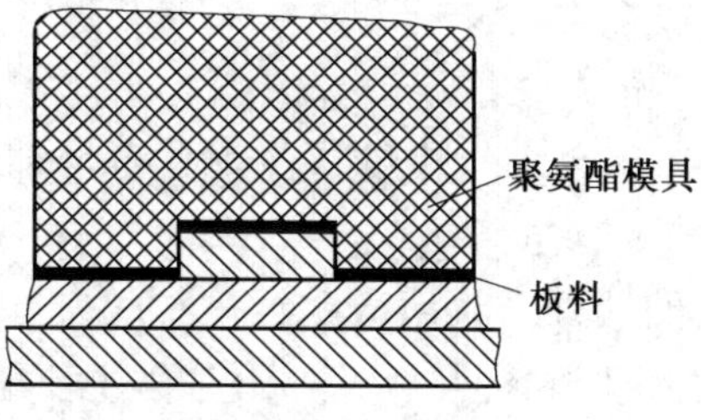

图 2.62　聚氨酯冲裁

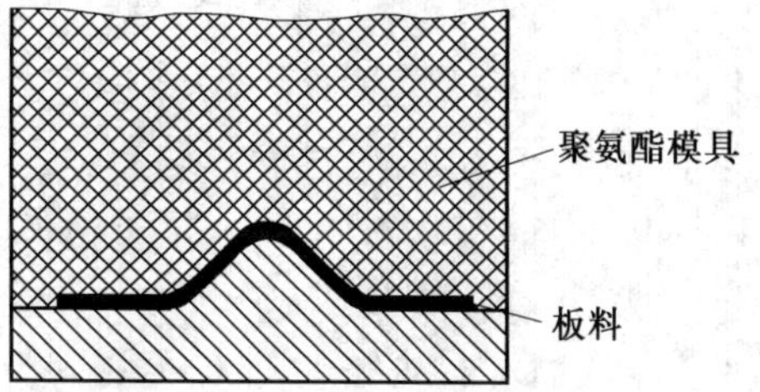

图 2.63　聚氨酯弯曲

2.3 塑性成形件工艺及结构设计

2.3.1 塑性成形件的工艺设计

1. 自由锻工艺设计

自由锻工艺规程是进行生产必不可少的技术文件，是组织生产过程、制定操作规范、控制和检查产品质量的依据。自由锻工艺规程设计主要包括：

(1)绘制锻件图

锻件图是工艺规程中的核心内容，它是以零件图为基础、结合自由锻工艺特点绘制而成的。绘制锻件图应考虑以下几个因素：

①敷料　为了简化锻件形状、便于进行锻造而增加的一部分金属，如图 2.64(a)所示。台阶是否锻出的具体条件见国家标准 GB/T 15826.7—1995。

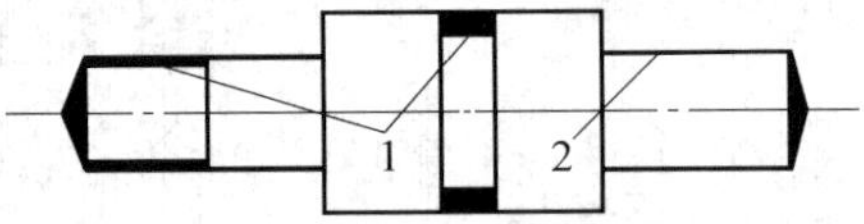

(a)锻件的余量及敷料

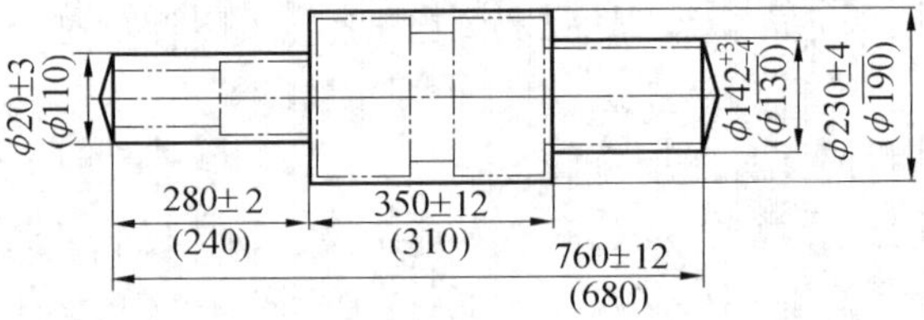

(b)锻件图

图 2.64　典型锻件图

1—敷料　2—余量

②锻件余量　零件的加工表面上增加供切削加工用的金属，称为锻件余量，如图 2.64(a)所示。因为自由锻件的尺寸精度低、表面质量差，需经切削加工制成零件，所以应该留出锻件余量。锻件余量的大小与零件的形状、尺寸等因素有关。零件越大，形状越复杂，则余量越大。具体数值结合生产的实际情况查表确定。

③锻件公差　锻件公差是锻件名义尺寸的允许变动量。其值的大小应根据锻件形状、尺寸并考虑到生产的具体情况加以选取。不同种类自由锻件的加工余量和公差可查国家标准 GB/T 15826.7—1995 和 GB/T 15826.4—1995 等确定。

典型锻件图如图 2.64(b)所示。锻件图上的锻件形状用粗实线描绘。为了便于了解零件的形状和检查锻造后的实际余量，在锻件图上用双点画线画出零件主要轮廓形状。锻件的基本尺寸和公差注在尺寸线上面，而机械加工后的零件基本尺寸注在尺寸线下面的括号内。对于大型锻件，还必须在同一个坯料上锻造出做性能检验用的试样。该试样的形状和尺寸也应该在锻件图上表示出来。

(2)坯料质量及尺寸计算

①坯料质量确定

坯料质量可按下式计算：

$$G_{坯料} = G_{锻件} + G_{烧损} + G_{料头} \tag{2.9}$$

式中，$G_{坯料}$——坯料质量；

$G_{锻件}$——锻件质量；

$G_{烧损}$——加热时坯料表面氧化而烧损的质量。第一次加热时取被加热金属的2%～3%，以后各次加热取1.5%～2%；

$G_{料头}$——在锻造过程中冲掉或切掉的金属的质量。如冲孔时坯料中部的料芯，修切端部产生的料头等。冲孔料芯重量取决于冲孔方式、冲孔直径(d)、坯料高度(H_0)。具体可按下式计算：

实心冲孔
$$G_{心} = (1.18 \sim 1.57)\,d^2 H_0 \tag{2.10}$$

空心冲孔
$$G_{心} = (4.32 \sim 4.71)\,d^2 H_0 \tag{2.11}$$

垫环冲孔
$$G_{心} = 6.16 d^2 H_0 \tag{2.12}$$

坯料端部切断的料头的重量与锻件拔长后的直径(D)或截面宽度(B)和高度(H)有关。具体可按下式计算：

圆形件
$$G_{切} = (1.65 \sim 1.81)\,D^3 \tag{2.13}$$

矩形件
$$G_{切} = (2.2 \sim 2.36)\,B^2 H \tag{2.14}$$

当锻造大型锻件采用钢锭作坯料时，还要考虑切掉的钢锭头部和钢锭尾部的质量。

②坯料尺寸的确定

根据坯料的质量和密度，可以算出坯料的体积。坯料尺寸的确定与所采用的第一个基本工序(镦粗或拔长)有关，所采用的工序不同，确定的方法也不一样。

采用镦粗法锻造锻件时，为避免钢坯镦粗时产生弯曲，应使坯料高度 H_0 不超过其直径 D_0(或方形边长 A_0)的2.5倍，但为了便于下料，坯料高度 H_0 不应小于1.25 D_0(或 A_0)，即

$$1.25D_0(A_0) \leqslant H_0 \leqslant 2.5D_0(A_0) \tag{2.15}$$

对于圆坯料
$$D_0 = (0.8 \sim 1.0)\sqrt[3]{V_{坯}} \tag{2.16}$$

对于方坯
$$A_0 = (0.75 \sim 0.9)\sqrt[3]{V_{坯}} \tag{2.17}$$

初步确定了 D_0(或 A_0)之后，应根据国家标准选用标准直径或边长。

最后根据坯料体积 $V_{坯}$ 和坯料的截面积 $F_{坯}$，即可求得坯料的高度(或长度)：

$$H_0 = \frac{V_{坯}}{F_{坯}} \tag{2.18}$$

计算得出的坯料高度 H_0，还需按公式2.19进行检验，以保证设备正常运行。

$$H < 0.75H_{行程} \tag{2.19}$$

式中，$H_{行程}$——锤头的行程。

此外，坯料高度还应小于加热炉底的有效长度。

采用拔长方法锻造锻件时，拔长时所用钢坯截面的大小应保证能够得到所要求的锻造比，即

$$F_{坯} \geqslant YF_{锻} \tag{2.20}$$

式中，Y——锻造比；

$F_{锻}$——锻件的最大横截面积。

按上式求出坯料的最小横截面积，并可以进一步求出坯料的直径(或边长)。然后，根据国家标准选用标准直径(或边长)，若没有所需的尺寸时，则取相邻的较大的标准尺寸。最后，根据坯料体积和确定的坯料截面积求出坯料的长度 $L_{坯}$

$$L_{坯} = \frac{V_{坯}}{F_{坯}} \tag{2.21}$$

(3)选择锻造工序

自由锻的工序是根据工序特点和锻件形状来确定。

盘类件的锻造工序是：镦粗(或拔长及镦粗)、冲孔；

轴类锻件的锻造工序是：拔长(或镦粗及拔长)、切肩和锻台阶；

筒类锻件的锻造工序是：镦粗(或拔长及镦粗)、冲孔、在心轴上拔长；

环类锻件的锻造工序是：镦粗(或拔长及镦粗)、冲孔、在心轴上扩孔；

曲轴类锻件的锻造工序是：拔长(或镦粗及拔长)、错移、锻台阶、扭转；

弯曲类锻件的锻造工序是：拔长、弯曲等。

(4)确定锻造设备

锻造设备的选择要考虑锻件的类型、材料、尺寸和质量，并兼顾车间现有的设备条件。对于低、中碳结构钢和普通低合金钢锤上自由锻可按表 2.2 选定锻锤吨位。

表 2.2　自由锻锤的锻造能力范围

锻件类型		锻锤吨位/t						
		0.25	0.5	0.75	1	2	3	5
圆 盘	D/mm	<200	<250	<300	≤400	≤500	≤600	≤750
	H/mm	<35	<50	<100	<150	<200	≤300	≤300
圆 环	D/mm	<150	<350	<400	≤500	≤600	≤1 000	≤1200
	H/mm	≤60	≤75	<100	<150	<200	<250	≤300
圆 筒	D/mm	<150	<175	<250	<275	<300	<350	≤700
	d/mm	≥100	≥125	>125	>125	>125	>150	>500
	L/mm	≤165	≤200	≤275	≤300	≤350	≤400	≤550
圆 轴	D/mm	<80	<125	<150	≤175	≤225	≤275	≤350
	G/kg	<100	<200	<300	<500	<750	≤1 000	≤1500
方 块	$H=B$/mm	≤80	≤150	≤175	≤200	≤250	≤300	≤450
	G/kg	<25	<50	<75	≤100	≤350	≤800	≤1 000
扁 方	B/mm	≤100	<160	<175	≤200	<400	≤600	≤700
	H/mm	>7	≥15	≥20	≥25	≥40	≥50	≥70
钢锭直径/mm		125	200	250	300	400	450	600
钢坯直径/mm		100	175	225	275	350	400	550

注：D 为锻件外径；d 为锻件内径；H 为锻件高度；B 为锻件宽度；L 为锻件长度；G 为锻件质量。

工艺规程的内容还包括:确定所用工具、加热规范、加热火次、冷却规范和锻件的后续处理等。

(5)自由锻工艺设计举例

如图 2.65 所示,材料 45 钢传动轴的零件简图,其锻造工艺规程制定如下:

①绘制锻件图　为了简化锻造工序,可考虑减少轴的台阶数。根据国家标准 GB/T 15826.7—1995,台阶 $\phi55$ 和 $\phi73$ 凹处尺寸太小,可以不锻出。而台阶 $\phi62$ 长度大于最小长度,应当锻出。将所有不锻出部分加上敷料,得到简化后的锻件如图 2.65 b 所示。

根据国家标准 GB/T 15826—1995,确定台阶轴的机械加工余量和公差。由图 2.65 b 已知 $L_2 = 500$ mm, $D = 73$ mm, $D_1 = 62$ mm, 查表得加工余量均为 9 ± 3 mm。由此可计算出锻件各部分的尺寸。

$$D = 73 + (9 \pm 3) = 82 \pm 3 \text{ mm}$$

$$D_1 = 62 + (9 \pm 3) = 71 \pm 3 \text{ mm}$$

$$l_1 = 290 + 2 \times (9 \pm 3) = 308 \pm 6 \text{ mm}$$

$$l_2 = 500 + 2 \times (9 \pm 3) = 518 \pm 6 \text{ mm}$$

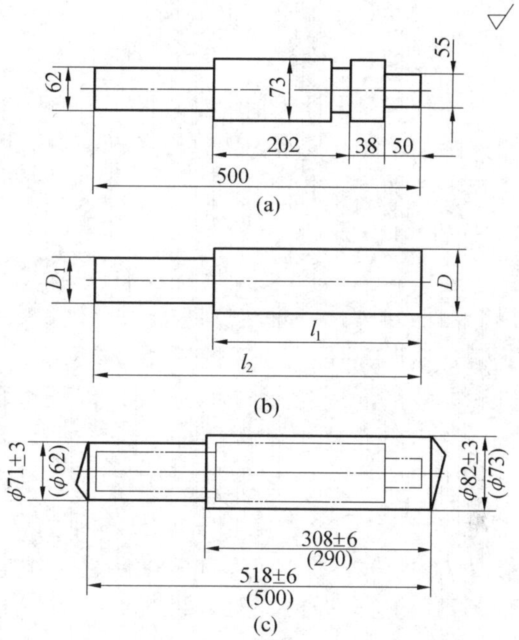

图 2.65　轴的零件图、锻件形状和锻件图

按规定的绘制方法绘制的锻件图如图 2.60c 所示。

②确定坯料的重量和尺寸 坯料的重量按照公式 2.9 计算,其中:

$$G_{锻件} = \rho V$$

式中,$G_{锻件}$——锻件质量,kg;

ρ——锻件材料的密度,g/cm^3;

V——锻件的体积,cm^3。

$$G_{锻件} = \rho V_{锻} = 7.85 \times 2.44 = 19.15 \text{ kg}$$

$$G_{烧损} = 1.5\% \times G_{锻件} = 1.5\% \times 19.15 = 0.29 \text{ kg}$$

$$G_{料头} = 1.81 \times D^3 = 1.81 \times 0.82^3 + 1.81 \times 0.71^3 = 1.65 \text{ kg}$$

所以

$$G_{坯料} = 19.15 + 0.29 + 1.65 = 21.09 \text{ kg}$$

此锻件是拔长件,为了使坯料有一定的塑性变形量以改善组织结构,坯料横截面积 $F_{坯}$应大于 $F_{锻}$。取锻造比为 1.5,坯料为圆钢。

$$F_{锻} = \frac{\pi d^2}{4} = \frac{3.14 \times 8.2^2}{4} = 52.8 \text{ cm}^2$$

$$F_{坯} = y F_{锻} = 1.5 \times 52.8 = 79.2 \text{ cm}^2$$

$$D_{坯料} = \sqrt{\frac{4F_{坯}}{\pi}} = \sqrt{\frac{4 \times 79.2}{3.14}} = 10 \text{ cm}$$

$$L_{坯}=\frac{V_{坯}}{F_{坯}}=\frac{G_{坯}/\rho}{F_{坯}}=34.9\ \text{cm}$$

③锻造工序　根据轴类件的锻造工序，选择拔长、切肩和锻台阶。

④确定锻造设备　根据表2.2，选择0.5 t锤即可。

2.模锻工艺设计

模锻工艺设计包括绘制锻件图、计算坯料尺寸、确定模锻工步(模膛)、选择设备及安排修整工序等。模锻件图是设计和制造锻模、计算坯料以及检查锻件的依据。绘制模锻件图时应考虑如下几个问题。

(1)分模面

分模面是上下锻模在模锻件上的分界面。锻件分模面位置选择的是否合理，关系到锻件成形、锻件出模、材料利用率等一系列问题。故绘制模锻件图时，必须按以下原则确定分模面位置。

①要保证模锻件能从模膛中取出。一般情况，分模面应选在模锻件最大截面上。如图2.66所示零件，应选取 $a-a$ 面为分模面，否则无法从模膛中取出锻件。

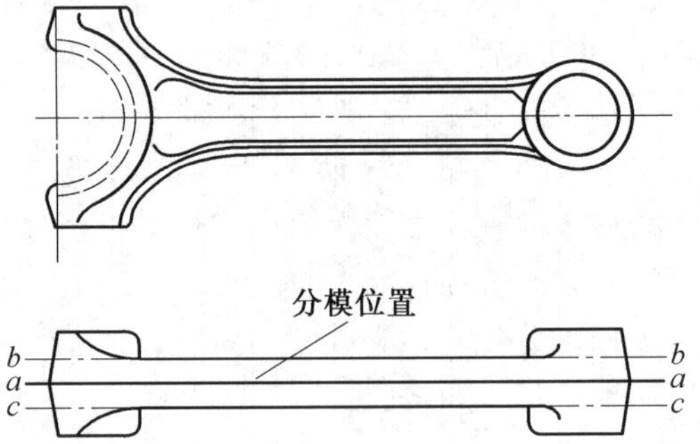

图2.66　连杆锻件分模面

②应使上下模膛在分模面处轮廓一致，以便在安装锻模和生产中能及时发现错模现象。选择图2.67的 $b-b$ 面选做分模面时，就不符合此原则。

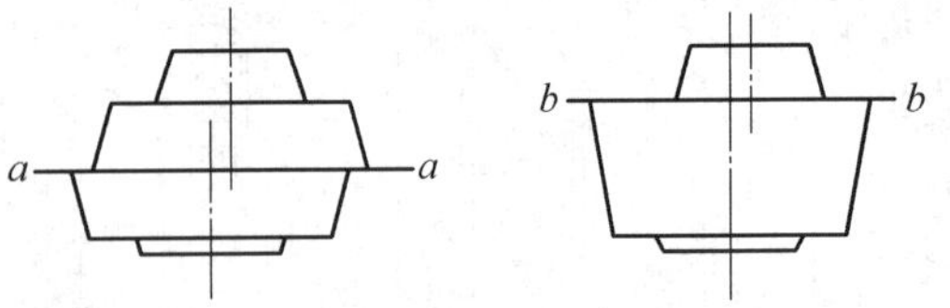

图2.67　锻件分模位置

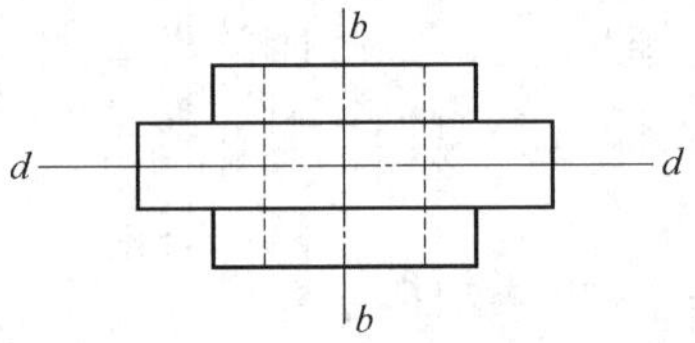

图2.68　锻件分模位置

③分模面选在能使模膛深度最浅的位置处。这样可使金属更容易充满模膛，便于取出锻件。图2.68中的 $b-b$ 面，就不适合做分模面。

④最好采用平面分模面，以便于制造锻模，简化锻模结构，防止上、下模错移，如图2.69(a)是合理的。

⑤头部尺寸较大的长轴类锻件，不宜采用直线分模面，如图2.70所示。为使锻件较深尖角处能充满，应采用折线分模面，使上、下模的模膛深度大致相等。

⑥选定的分模面应使零件上所加的敷料最少。图2.71中的锻件如选择轴向分模，零件中间的孔锻造不出来，其敷料最多，既浪费金属、降低材料的利用率，又增加切削加工的工作量。因此，应选择径向分模。

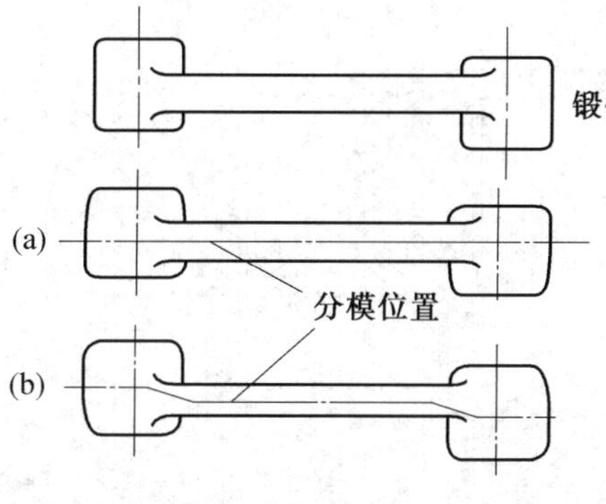

图 2.69　锻件分模位置

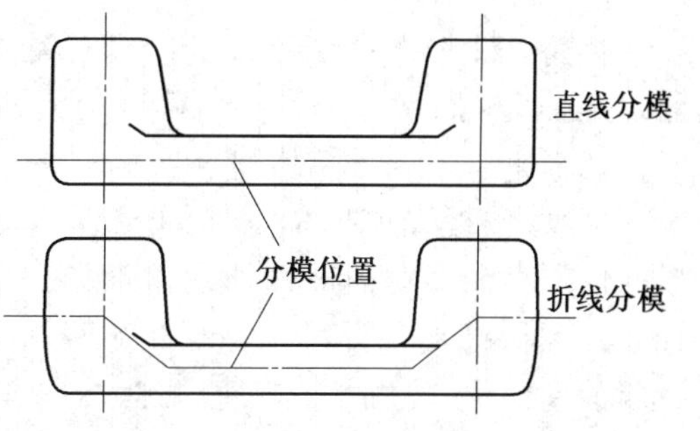

图 2.70　锻件分模位置

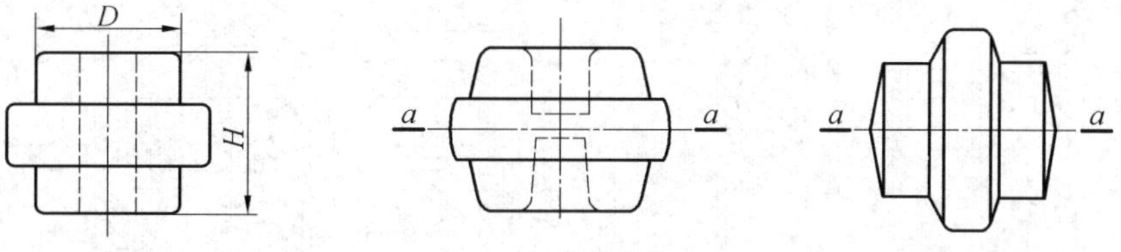

(a)零件图　(b)径向分模　(c)轴向分模

图 2.71　圆饼类锻件分模位置

⑦对于有金属纤维组织方向要求的锻件，应考虑锻件工作时的受力特点。如图 2.72 所示锻件，$b-b$ 处在工作中承受剪应力，其纤维组织方向应与剪切方向垂直，因此取 $a-a$ 面为分模位置。

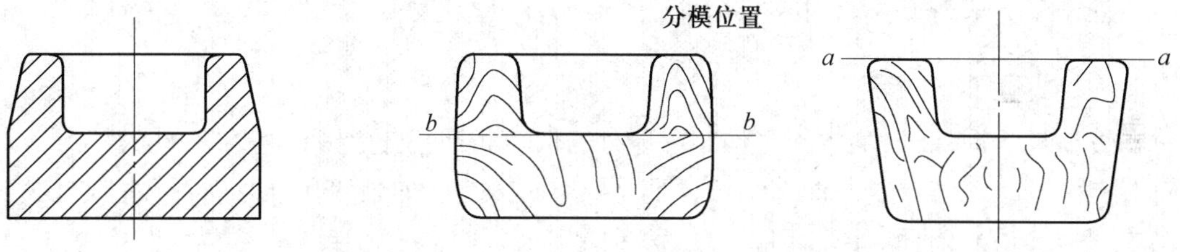

图 2.72　有纤维组织方向要求锻件的分模位置

(2)余量、公差、敷料和冲孔连皮

模锻时金属坯料是在锻模中成形的，因此模锻件的尺寸较精确，其公差和余量比自由锻件小得多。余量一般为 1 ~ 4 mm，公差一般取在 ±(0.3 ~ 3) mm 之间。当模锻件孔径 $d>25$ mm时孔应锻出，但需留冲孔连皮。冲孔连皮的厚度与孔径 d 有关，当孔径为 30 ~ 80 mm 时，冲孔连皮的厚度为 4 ~ 8 mm。

(3)模锻斜度

模锻件上平行于锤击方向的表面必须具有斜度，如图 2.73 所示，以便于从模膛中取出锻件。对于锤上模锻，模锻斜度一般为 5° ~ 15°。模锻斜度与模膛深度和宽度有关。模膛深度与宽度的比值(h/b)越大，取的斜度值也越大。内壁斜度 α_2(即当锻件冷却时锻件与模壁夹紧的表面)其值比外壁斜度 α_1(即当锻件冷却时锻件与模壁离开的表面)大 2° ~ 5°。

(4)模锻圆角半径

在模锻件上所有两平面的交角处均需做成圆角,如图 2.74 所示。模锻圆角可以增大锻件强度,锻造时金属易于充满模膛,避免锻模上的内尖角处产生裂纹,减缓锻模外尖角处的磨损,从而提高锻模的使用寿命。钢模锻件外圆角半径(r)取 1.5 ~ 12 mm,内圆角半径(R)比外圆角半径大 2 ~ 3 倍。模膛深度越深,圆角半径取值就越大。

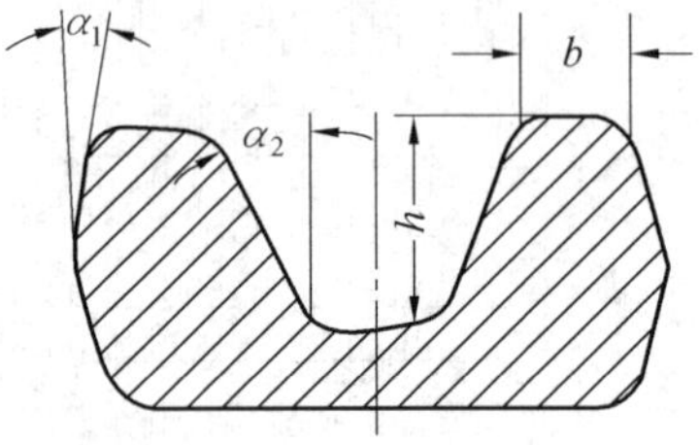

图 2.73　模锻斜度

如图 2.75 所示,为齿轮坯的模锻件图,分模面选在锻件高度方向的中部。零件轮辐部分不加工,故不留加工余量,图中内孔中部的两条直线为冲孔连皮切掉后的痕迹线。

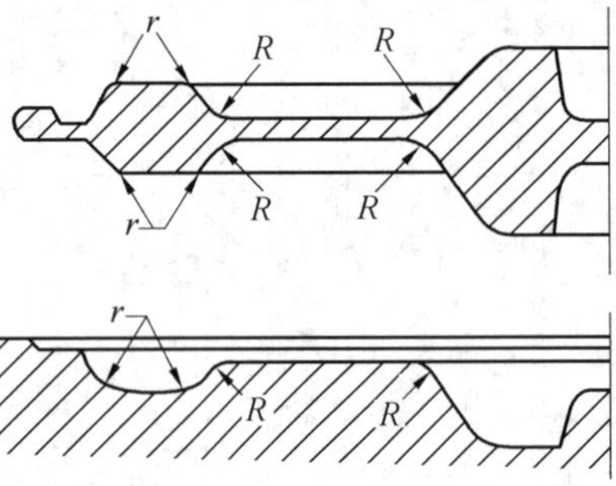

图 2.74　模锻圆角

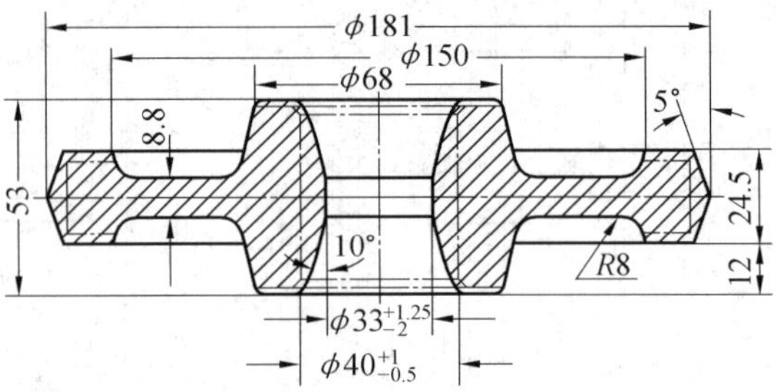

图 2.75　齿轮坯模锻件图

2.3.2　塑性成形件的结构设计

1.自由锻件结构设计

设计自由锻件时,除应满足使用性能外,还必须考虑自由锻设备和工具的特点,以及符合自由锻的工艺要求。锻件结构合理,可达到锻造方便、节约金属、保证锻件质量和提高生产率的目的。自由锻结构设计主要考虑以下方面。

(1)尽量避免锥体和斜面的结构。

锻件上具有锥体或斜面的结构,从工艺角度衡量是不合理的,如图 2.76(a)所示。因为锻造这种结构,必须制造专用工具,工艺过程复杂,操作不方便,影响设备的使用效率,应改为图 2.76(b)所示结构。

(2)几何体的交接处不应形成空间曲线

图 2.77(a)所示结构锻造成形极为困难,应改成平面与圆柱、平面与平面相接,如图 2.77(b)所示,消除空间曲线。

(3)避免加强筋、凸台、工字形或其他非规则形状截面

图 2.78(a)所示结构需要采用特殊工具或特殊工艺措施来生产,降低生产率,增加产品成本,应改为图 2.78(b)所示结构。

(4)化繁为简设计

将复杂件(见图 2.79(a))分为几个简单部分,每个简单件锻制成形后,再用焊接或机

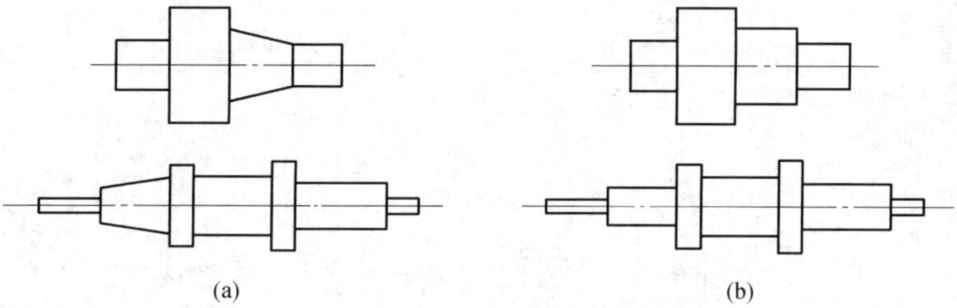

图 2.76　轴类锻件结构

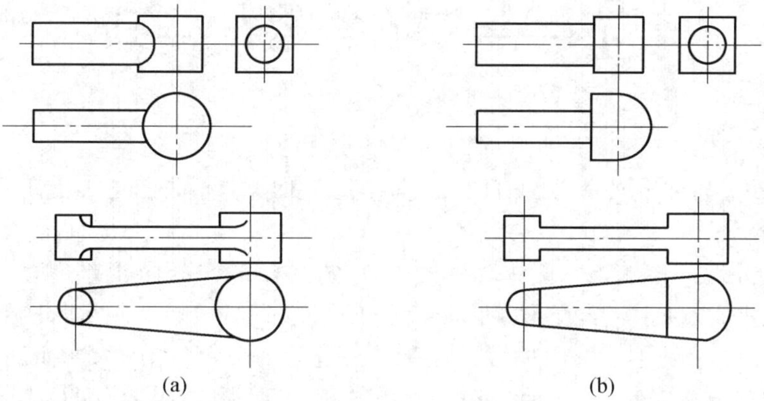

图 2.77　杆类锻件结构

械连接方式构成整体零件,如图 2.79(b)所示。

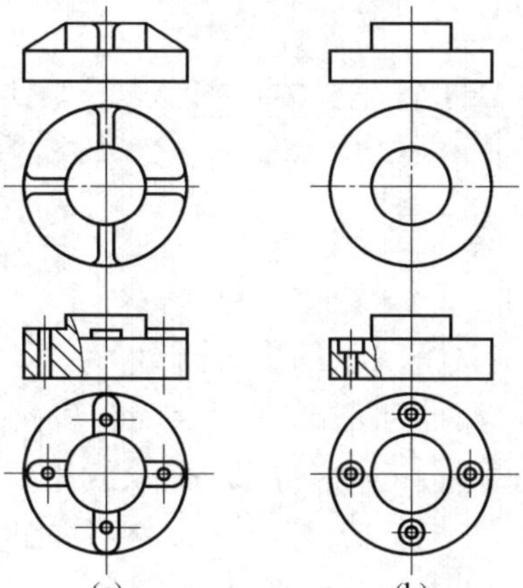

图 2.78　盘类锻件结构

2.模锻件结构设计

设计模锻件时,应使零件结构与模锻工艺相适应,以便于模锻生产和降低成本。因此,锻件的结构应符合下列原则。

①模锻件应具有一个合理的分模面,以保证锻件从锻模中取出、敷料最少、锻模容易制造。

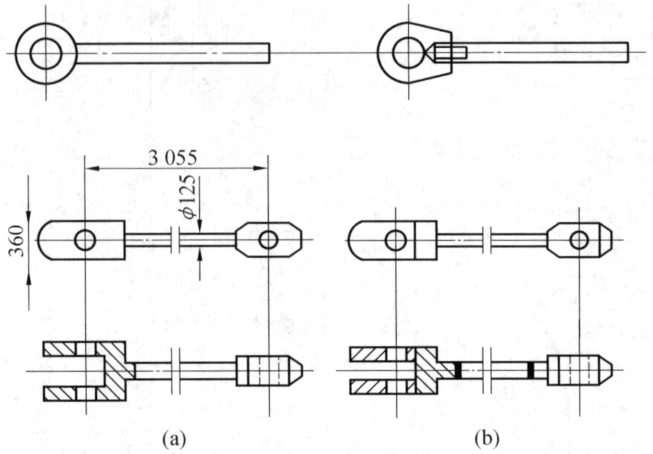

图 2.79　复杂件结构

②模锻件上与分模面垂直的表面，应设计有模锻斜度。非加工表面所形成的交角都应按模锻圆角设计。

③零件外形力求简单、平直和对称，尤其应避免模锻件截面相差过大，或有薄壁、高筋、凸起等结构，以利于金属充满模膛和减少工序。图 2.80(a)所示零件的最小与最大截面之比如小于 0.5，就不宜采用模锻方法制造。此外，该零件的凸缘薄而高，中间凹下很深，难于用模锻方法锻制。图 2.80(b)所示零件扁且薄，模锻时薄壁的部分冷却快，不易充满模膛。图 2.80(c)所示零件有一个高而薄的凸缘，使锻模的制造和锻件的取出都很困难，如改为图 2.80(d)的形状，锻制成形就很容易了。

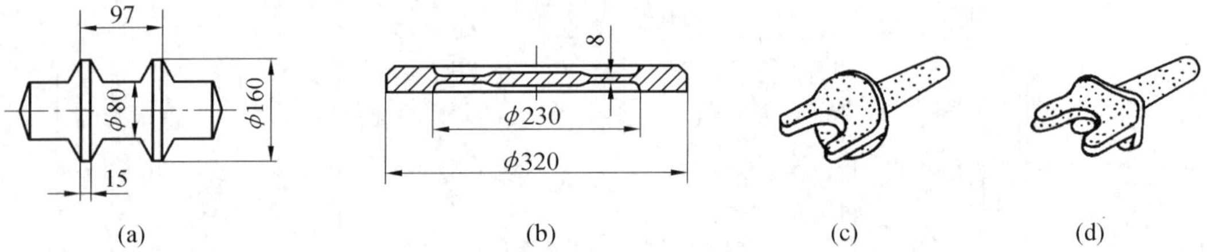

图 2.80　模锻零件形状

④模锻件应尽量避免窄沟、深槽和深孔、多孔结构，以便于模具制造和延长锻模寿命。图 2.81 所示零件上 4 个 ϕ20 mm 的孔不能锻出，只能用机械加工成形。

⑤形状复杂的模锻件应采用锻焊结构，以减少敷料、简化模锻工艺，如图 2.82 所示。

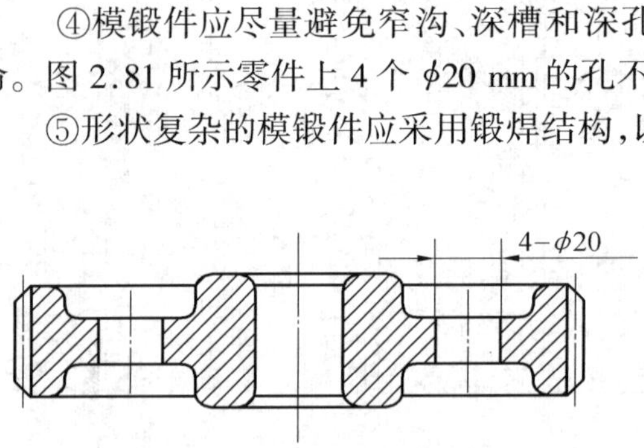

图 2.81　多孔齿轮

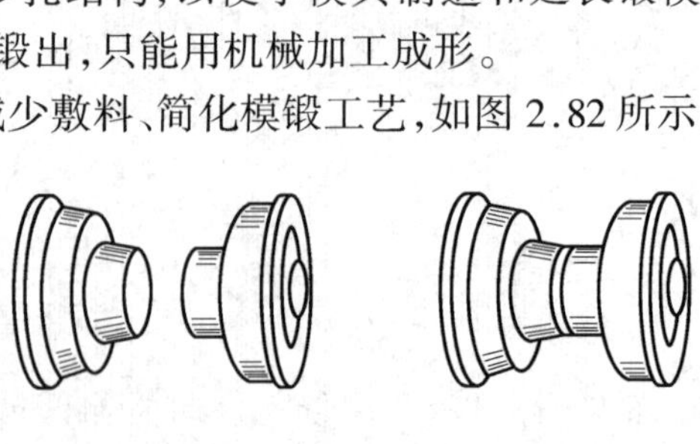

(a)模锻件　　(b)焊合件

图 2.82　锻焊结构模锻零件

4. **冲压件结构设计**

在设计冲压件时，不仅应保证它具有良好的使用性能，而且也应具有良好的工艺性能，以减少材料的消耗、延长模具寿命、提高生产率、降低成本及保证冲压件质量等。影响冲压件结构工艺性的主要因素有冲压件的形状、尺寸、精度以及材料等。

(1)对冲裁件的形状与尺寸的要求

①落料件的外形和冲孔件的孔形应力求简单、对称，尽可能采用圆形、矩形等规则形状。同时应尽量避免长槽与细长悬臂结构。否则模具制造困难，且模具寿命低。如图2.83所示。

②孔及其相关尺寸如图2.84所示。冲圆孔时，孔径不得小于材料厚度 S。方孔的边长不得小于 $0.9S$，孔与孔之间、孔与工件边缘之间的距离不得小于 S，外缘凸出或凹进的尺寸不得小于 $1.5S$。

③冲裁件上直线与直线、曲线与直线的交接处，均应用圆弧连接，避免尖角处产生应力集中而产生裂纹，如图2.85所示。

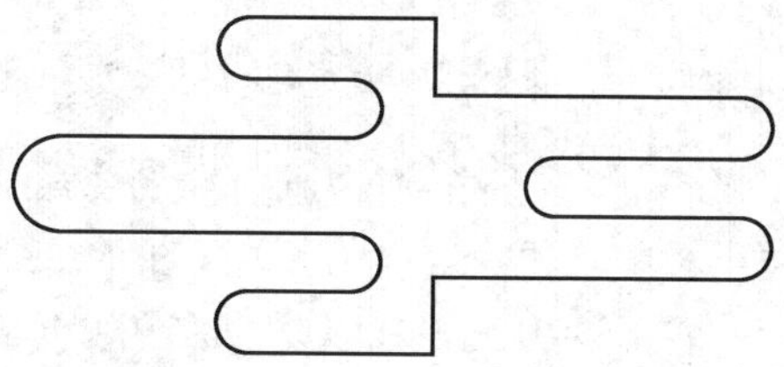

图 2.83　不合理的落料件外形

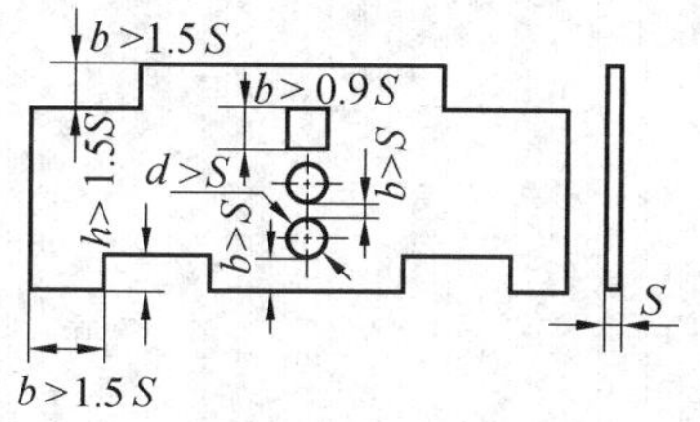

图 2.84　冲孔件尺寸与厚度的关系

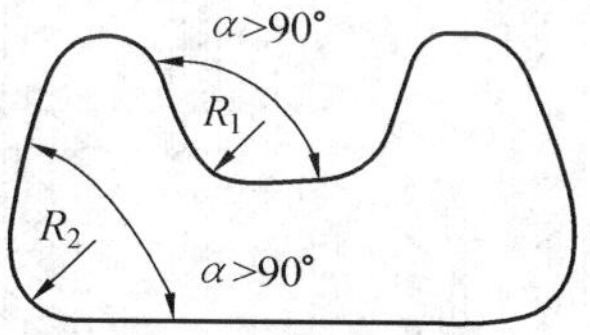

图 2.85　冲裁件圆角过渡

④落料件排样要合理。排样是指落料件在条料、带料或板料上进行合理布置的方法。排样合理不仅可保证质量，还可使废料最少，材料利用率大为提高。如图2.86给出了同一个冲裁件采用四种不同的排样方式材料消耗对比。落料件的排样有无搭边排样和有搭边排样两种类型。

无搭边排样是用落料件形状的一个边作为另一个落料件的边缘，如图2.86(d)。这种排样，材料利用率很高。但毛刺不在一个平面上，而且尺寸不准确。因此，只有对冲裁件质量要求不高时才采用。有搭边排样是在各个落料件之间均留有一定尺寸的搭边，见图2.86(a)、(b)、(c)。其优点是毛刺小，而且在同一个平面上，冲裁件尺寸准确，质量较高。但材料消耗多。

(2)对弯曲件形状与尺寸的要求

①弯曲件形状应尽量对称，弯曲半径不能小于材料允许的最小弯曲半径，并应考虑材料纤维方向，以免成形过程中弯裂。

②弯曲边的平直部分 $H>2S$，如图2.87所示。弯曲边过短，不易弯曲成形，如果要求H很短，则需先留出适当的余量，以增大 H，弯好后再切去多余材料。或者采用图2.88所

示方法，先预先压槽再弯曲。

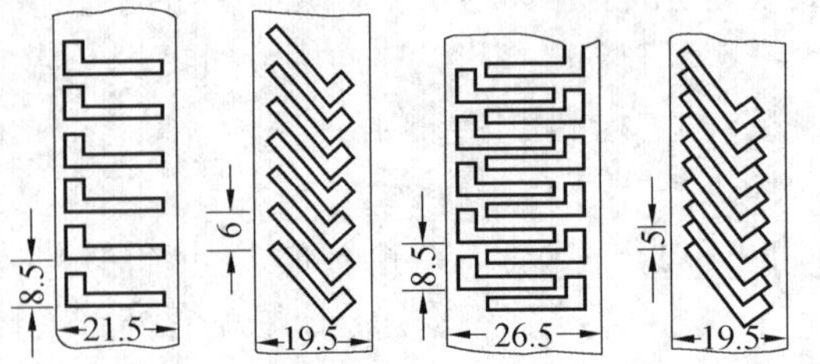

(a)182.7 mm² (b)117 mm² (c)112.63 mm² (d) 97.5 mm²

图 2.86 不同排样方式材料消耗对比

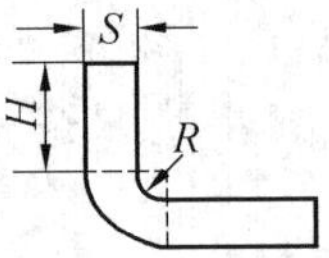

图 2.87 弯曲边长度

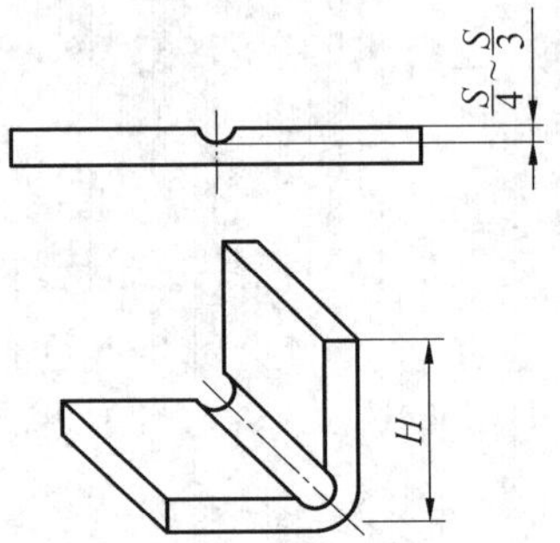

图 2.88 弯曲边长度

③弯曲带孔件时，为避免孔的变形，孔的位置应如图 2.89(a)所示，其中 L 为孔边到弯曲半径中心距离，应满足 $L>(1.5\sim2)S$。如果 L 过小而不能满足上述要求时，可预先在弯曲线上冲出工艺孔以防工作孔变形，如图 2.89(b)所示。如果孔的精度要求高，应在弯曲后再冲孔。

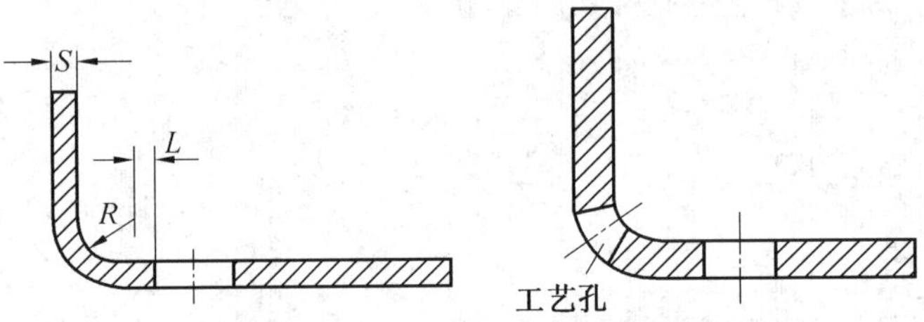

(a) (b)

图 2.89 带孔弯曲件

④零件边缘需要弯曲时，为了避免角部畸变或尖角处由于应力集中而产生裂纹，应预先冲出工艺孔或切槽，如图 2.90 所示。

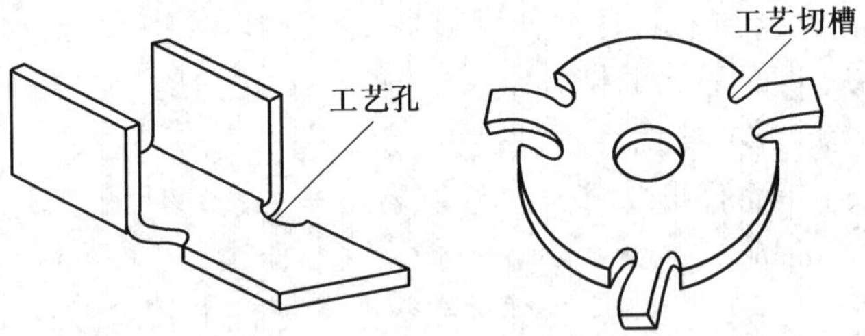

图 2.90 预冲工艺孔和切槽的弯曲件

(3)对拉深件形状与尺寸的要求

①拉深件外形应尽量简单、对称。对于轴对称的拉深件，坯料在圆周方向上的受力及变形均匀，模具加工容易，工艺性很好。对不完全对称的拉深件，应尽量设计成对称拉深，然后剖切成两个或多个零件，如图 2.91 所示，以改善成形时的受力条件。拉深件法兰最好与拉深部分的轮廓形状一致，如图 2.92(a)所示。如果不一致，将导致拉深困难，且增

加材料的消耗,如图 2.93(b)所示。

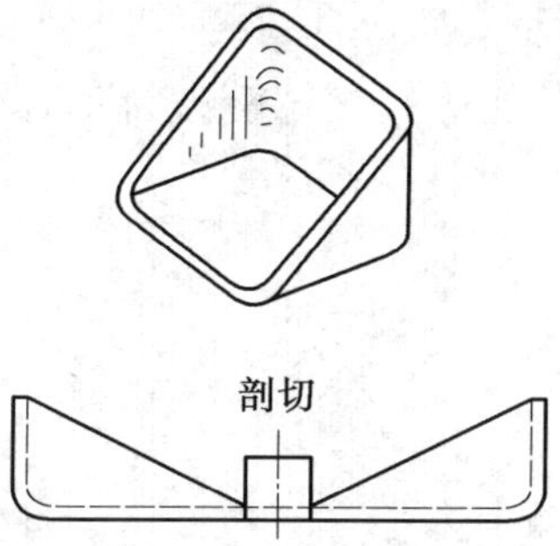

图 2.91　成双冲压

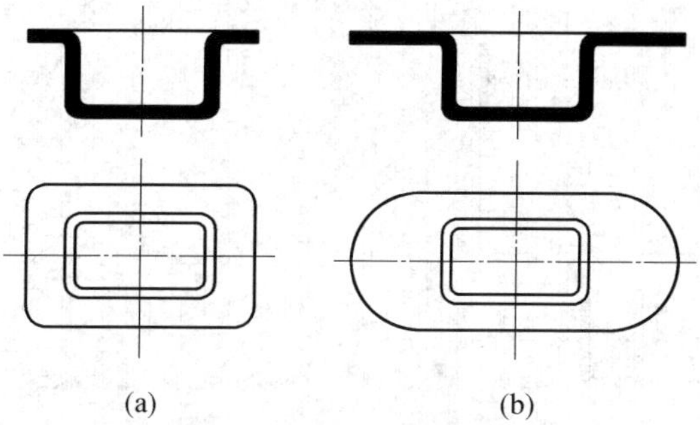

图 2.92　拉深件法兰轮廓形状

②拉深件各部分尺寸应恰当。拉深件的深度不宜太大,以便减小拉深次数;拉深件的圆角半径应尽量大些,否则将增加拉深次数和整形工序,增加模具数量,且容易产生废品和提高成本。拉深件的最小许可半径如图 2.93 所示。

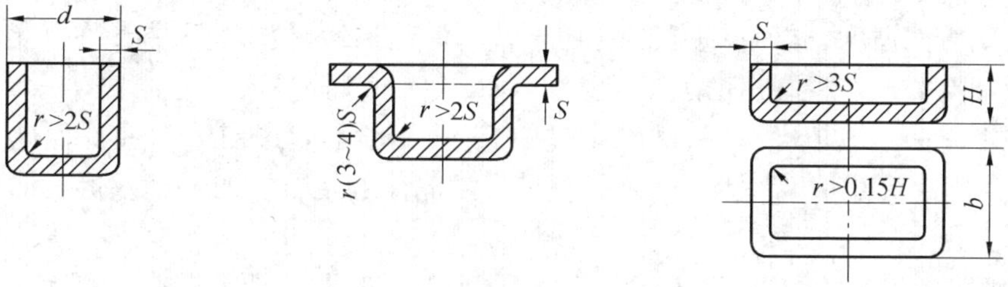

图 2.93　拉深件最小允许半径

(4)简化工艺、节省材料的结构

①采用冲焊结构。对于形状复杂的冲压件,可先分别冲制若干个简单件,然后焊成整体件,如图 2.94 所示。

②采用冲口工艺,以减少组合件数量,如图 2.95 上图所示。原设计用三个件铆接或焊接组合,现采用冲口工艺(冲口、弯曲)制成整体零件,如图 2.95 下图所示,可以节省材料,简化工艺过程。

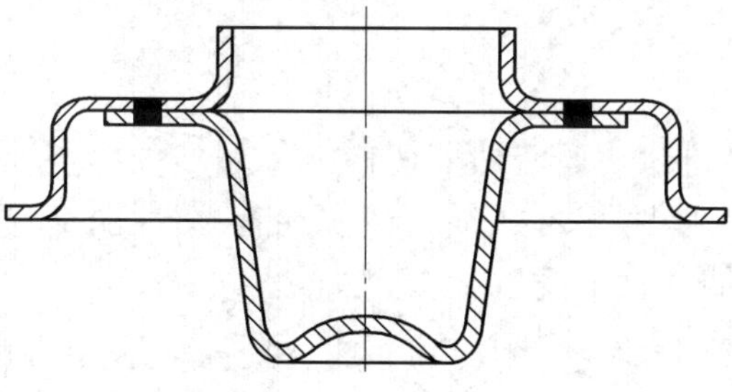

图 2.94　冲压焊接结构零件

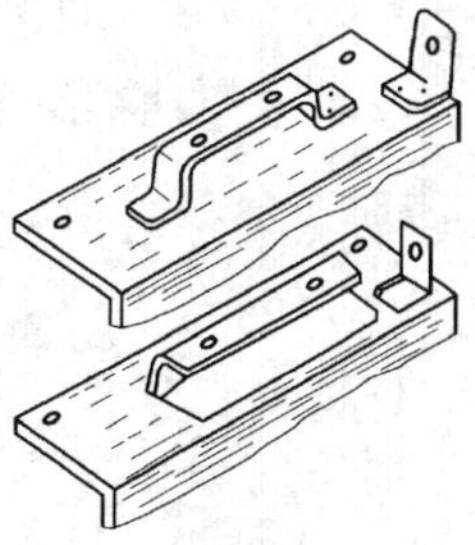

图 2.95　冲口工艺的应用

③在使用性能不变的情况下,简化拉深件结构,以便减少工序、节省材料、降低成本。如消音器后盖零件,原设计如图 2.96(a)所示,经过改进后如图 2.96(b)。改进后的加工工序由八道降为二道,材料消耗减少 50%。

(5)冲压件厚度的要求

在强度、刚度允许的条件下,应尽可能采用较薄的材料来制作零件,以减少金属的消耗。对局部刚度不够的地方,可采用加强筋措施,以实现薄材代替厚材料,如图 2.97 所示。

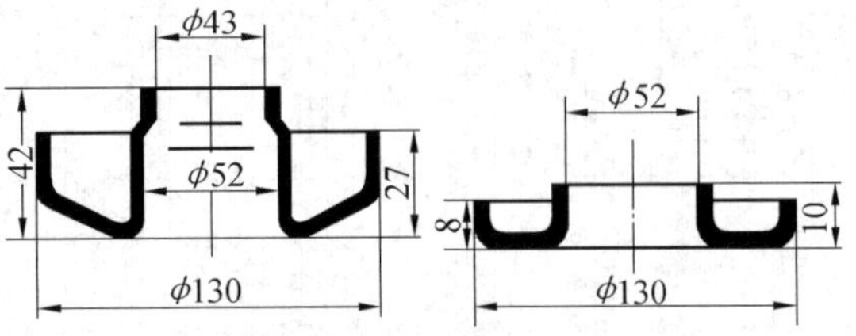

(a)改进前　　(b)改进后

图 2.96　消音器后盖零件结构

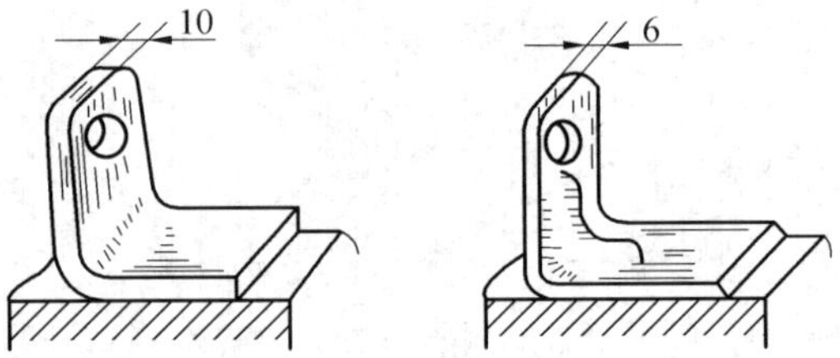

(a)无加强筋　　(b)有加强筋

图 2.97　使用加强筋举例

(6)冲压件的精度和表面质量的要求

对冲压件的精度要求,不应超过冲压工艺所能达到的一般精度,并应在满足需要的情况下尽量降低要求。否则将增加工序数量,降低生产率,提高成本。

冲压工艺的一般精度:落料件不超过 IT10;冲孔件不超过 IT9;弯曲件不超过 IT10 ~ IT9;拉深件高度尺寸精度为 IT10 ~ IT8,直径尺寸精度为 IT10 ~ IT9,经整形后的尺寸精度可达 IT7 ~ IT6。

对冲压件表面质量的要求,一般应尽可能不要高于原材料所具有的表面质量。否则就要增加机械加工等工序,成本会提高很多。

2.4　塑性成形新工艺及发展

社会对制造业需求的增长使得塑性成形技术的进步获得了巨大的推动力,而且相关学科技术的应用和发展也促进了塑性成形新技术的发展。本节就塑性成形技术的新进展进行简单介绍。

2.4.1　发展省力成形工艺

塑性成形件相对于铸造件、焊接件具有内部组织致密、力学性能好且稳定的优点。但是,传统的塑性成形往往需要大吨位的设备,初期投资非常大。而实际上,塑性加工也并不是沿着大工件 - 大变形力 - 大设备 - 大投资这样的逻辑发展下去的。

从塑性成形力学考虑,发展省力成形工艺的主要途径有如下三种。

(1)改变应力状态

受力物体处于异号应力状态时,材料容易产生塑性变形,即变形力较小。

(2)降低流动应力

属于这一类的成形方法有超塑性成形及半固态成形,前者属于较低应变速率的成形,后者属于特高温下成形。半固态成形是利用金属材料从固态向液态,或从液态向固态转变过程中所经历的半固态温度区间内实现的加工过程。

(3)减小接触面积

减小接触面积不仅使总压力减小,而且也使变形区单位面积上的作用力减小,原因是减少了摩擦对变形的拘束。属于这类的成形工艺有旋压、辊锻、楔横轧、摆动碾压等。

2.4.2 增强成形柔度

柔性加工是指应变能力很强的加工方法,它适于产品多变的场合。在市场经济条件下,柔性高的加工方法显然是有较强的竞争力。

塑性成形通常是借助模具或其他工具使工件成形。模具或工具的运动方式及速度受设备的控制。所以提高塑性成形柔度的方法有两种:一是从机器的运动功能上着手,例如多向多动压力机、快速换模系统及数控系统;二是从成形方法上着手,可以归结为无模成形、单模成形、点模成形等多种成形方法。

无模成形是一种基本上不使用模具的柔度很高的成形方法。如管材无模弯曲、变截面坯料无模成形、无模胀球等工艺近年来得到了非常广泛的应用。

单模成形是指仅用凸模或凹模成形,当产品形状尺寸变化时不需要同时制造凸、凹模。属于这类成形方法的有爆炸成形、电液成形、电磁成形、聚氨酯成形及液压胀形等。

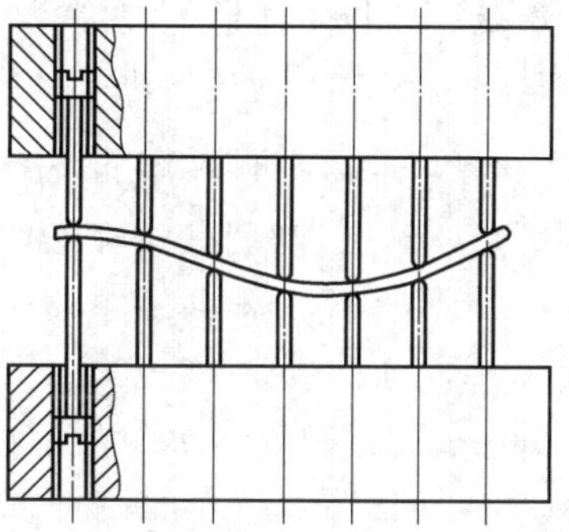

图 2.98 多点成形示意图

点模成形也是一种柔性很高的成形方法,图 2.98 为多点成形的示意图。对于像船板一类的曲面,其截面总可以用函数 $z=f(x,y)$来描述。当曲面参数变化时,仅需调整一下上下冲头的位置即可。

利用单点模成形近来有较大的发展,实际上钣金工历史上就是用锤逐点敲打成很多复杂零件的,图 2.99 为单点增量成形。近来由于数控技术的发展,使单点成形数控化,这是一个有相当应用前景的技术。

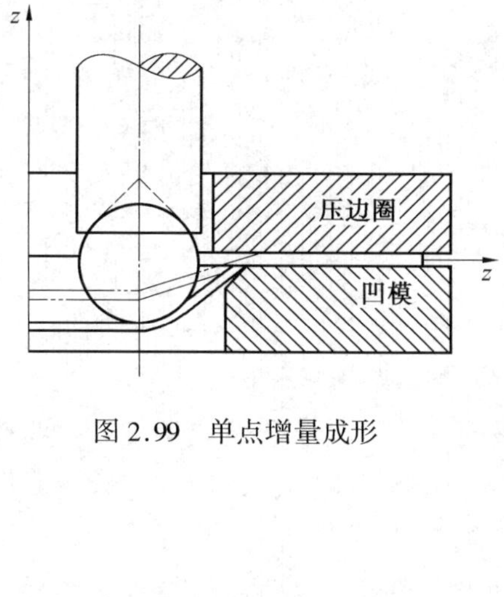

图 2.99 单点增量成形

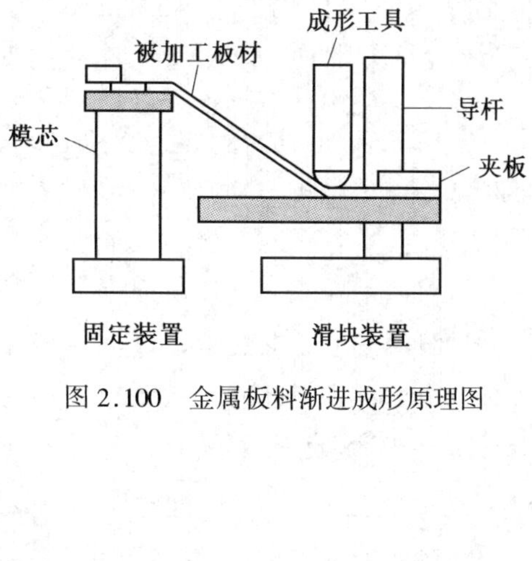

图 2.100 金属板料渐进成形原理图

金属板料渐进成形技术是将复杂的三维形状分解成一系列二维层,并在二维层上进行塑性加工,实现了设计与制造一体化的柔性快速制造。其加工基本原理如图2.100所示。渐进成形方法可以加工那些用传统工艺加工不出来的具有复杂曲面的工件。

2.4.3 提高成形精度

近年来"近无余量成形"(Near Net Shape Forming)很受重视,其主要优点是减少材料消耗,节约后续加工的能量,当然成本就会降低。提高产品精度一方面要使金属能充填模腔中很精细的部位,另一方面又要有很小的模具变形。等温锻造由于模具与工件的温度一致,工件流动性好,变形力小,模具弹性变形小,是实现精锻的好方法。粉末锻造,由于容易得到最终成形所需要的精确的预制坯,所以既节省材料又节约能源。

2.4.4 计算机技术在塑性成形中的应用

随着计算机技术的迅速发展,计算机在塑性成形领域的应用日趋广泛,为推动塑性成形的自动化、智能化、现代化进程发挥了重要作用。

1.CAD/CAM 技术在塑性成形中的应用

在锻造生产中,利用 CAD/CAM 技术可进行锻件和锻模的设计,材料选择、坯料计算、制坯工序、模锻工序及辅助工序设计,确定锻造设备及锻模加工等一系列工作。在板料冲压成形中,随着数控冲压设备的出现,CAD/CAM 技术得到了充分的应用。尤其是冲裁件 CAD/CAM 系统应用已经比较成熟,不仅使冲模设计、冲裁件加工实现了自动化,大幅度提高了生产率,而且对于大型复杂冲裁件,还省去了大型、复杂的模具,从而大大降低产品成本。我国模具 CAD/CAM 的研究开发始于20世纪70年代末,到目前为止,先后通过国家有关部门鉴定的有精冲模、辊锻模、锤锻模和注塑模等 CAD/CAM 系统。

2.计算机辅助工程(CAE)在塑性成形技术中的应用

计算机辅助工程(CAE)使热加工由过去的依赖"经验"和"试验"的状态,开始进入"定量分析"阶段。计算机辅助工程一般指的是应用有限元方法对塑性成形过程进行数值模拟,可以获得较精确的成形工件和模具的位移、速度、应变、应力和温度等场变量的分布,甚至可预测工件组织和性能的变化。计算机模拟技术使人们对工艺过程变化规律有更深入的了解,从而对优化工艺、采用新技术和开发新产品起到巨大的推动作用。

目前,CAD/CAE/CAM 技术已在板料冲压成形工序(如弯曲、胀形、拉深等)中得到了应用。尤其是应用在汽车覆盖件的成形中,给整个汽车工业带来了极为深刻的变革。利用 CAE(其核心内容是有限元分析、模拟)技术,对 CAD 系统设计的覆盖件及其成形模具覆盖件冲压成形过程模拟,将模拟计算得到的数据再反馈给 CAD 系统进行模具参数优化,最后送交 CAM 系统完成模具制造。这样就省去了传统工艺中反复多次的繁杂的试模、修模过程,从而大大缩短了汽车覆盖件的生产乃至整个汽车改型换代的时间。

3.计算机辅助工艺过程设计(CAPP)在塑性成形技术中的应用

CAPP 是模具 CAD/CAM 之间的一个连接桥梁。人工设计塑性成形工艺存在设计效率低、设计质量不稳定、不能对工艺方案进行优化、也不便于将工艺设计人员积累的设计经验和知识集中起来充分利用等缺点。而采用计算机辅助工艺过程设计就能克服以上缺点，并方便工艺文件的统一管理与维护。特别是在目前新工艺、新技术飞速发展的时代，小批量多品种的生产，在采用 CAPP 与 CAD/CAE/CAM 集成的一体化系统后，更能体现计算机辅助工艺过程设计的优势。

4.塑性成形中的柔性制造系统 FMS

柔性制造系统 FMS 是以计算机为中心的自动完成加工、装卸、存储、运输、管理的系统，具有监视、诊断、修复、自动更换加工产品品种等功能，具有一定的柔性和灵活性。计算机数控（CNC）设备是 FMS 的重要组成部分。从 1955 年世界上第一台数控（NC）冲孔压力机出现起，已开发 CNC 压力机、CNC 弯板机、CNC 液压弯管机、CNC 剪板机等设备，并在生产上得到应用。图 2.101 为一台数控冲模回转头压力机。它通过存放在回转头上的模具以及板料相对滑块中心沿 x、y 轴方向移动定位，完成圆孔、长孔、方孔、异形孔、圆周分布孔、栅格孔、直线或圆弧槽孔和中心孔等工序的加工。目前 CNC 压力机正向着高速度（步冲频率 1 000 次/min，工作台移动速度 105 m/min）、高精确度（定位精度为 ±0.01 mm）和高自动化程度方向发展。

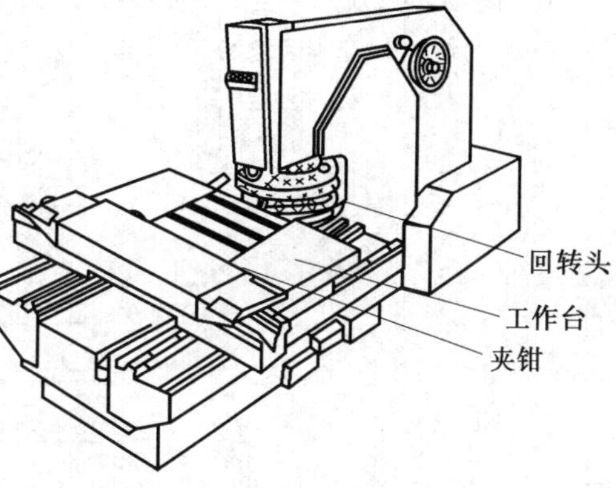

图 2.101　数控冲模回转头压力机

2.4.5　实现产品 - 工艺 - 材料一体化

过去，塑性成形往往是“来料加工”，近年来由于机械合金化的出现，可以不通过熔炼得到各种性能的粉末，塑性成形时可以自配材料经热等静压（HIP）再经等温模锻得到产品。

复合材料的成形，包括颗粒增强及纤维增强的复合材料的成形，已经历史的落到塑性成形的肩上。提高精密陶瓷制品的密度、增强韧性、探索研究新成形方法是塑性成形学科的前沿课题。材料工艺一体化正给塑性加工界带来更多的机会和更大的活动范围。

人们对客观世界的认识在不断地加深，人们发现世界的能力也在不断增强。例如汽车车轮制造方法先后出现的有冲压法、旋压法，新近在国外又出现了整体铸造 - 模锻法。可以毫不夸张地说，新的成形工艺将层出不穷，它的实用化程度将反映出一个国家制造业的水平。

思考题

1.什么是加工硬化，其对塑性成形加工有什么影响？在锻造温度范围进行的塑性加工过程中是否有加工硬化现象？

2. 什么是金属的锻造性能？影响锻造性能的因素是什么？

3. 模锻件上为什么要有模锻斜度和圆角？在锻模设计中为什么要设置飞边槽和冲孔连皮？

4. 简述摩擦压力机的工作原理。为什么在摩擦压力机上不宜进行多模膛锻造？

5．简述曲柄压力机的工作原理。

6．冲压基本工序包括哪些主要的形式？

7．拉深工序中容易出现哪些质量问题？如何防止？

8．试述图 2.102 冲压件的生产过程。

9．用 $\phi 50$ 冲孔模具来生产 $\phi 50$ 落料件能否保证冲压件质量？为什么？

10．金属挤压有哪几种类型？挤压工艺变形有何特点？

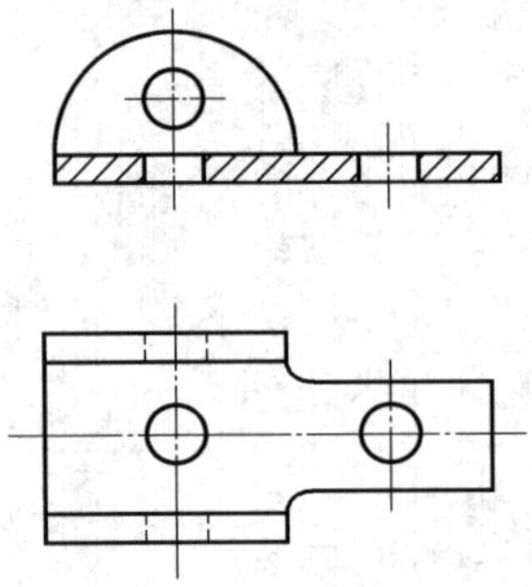

图 2.102

第 3 章　连接成形

将几个简单的零件或型材连接在一起,形成复杂零件或机器部件的工艺方法称为连接成形。根据连接成形原理的不同,连接成形可分为机械连接、冶金连接和物化连接。机械连接主要指利用螺钉、螺栓、键、销钉、铆钉等连接件形成的连接,多为可拆卸连接,常用于零件间的装配。冶金连接主要指通过加热或加压等手段,借助原子间的扩散和结合,使两物体连接在一起的方法,为不可拆卸连接,常用于金属材料的连接,称为焊接。物化连接主要指利用黏结剂,通过物理、化学作用使材料形成的连接,多为不可拆卸连接,称为胶接。

本章主要介绍焊接成形和胶接成形。不可拆卸的焊接和胶接与机械连接相比,结构简单,节省材料;接头的气密性好;成形工艺简单,生产效率高。当然,作为不可拆卸连接,更换修理不方便。另外,焊接过程容易产生一些焊接缺陷;胶接耐高温性差,有机胶黏剂还存在易燃、有毒等安全问题。

焊接成形按其物理特点可分为熔焊、压焊和钎焊,主要用于制造金属结构件,如锅炉、压力容器、船舶、桥梁、管道、车辆、起重机、海洋结构、冶金设备;生产机器零件(或毛坯),如重型机械和冶金、锻压设备的机架、底座、箱体、轴、齿轮等。

胶接在机械工业和电子工业上作用也很大,从产品制造到设备维修都可以采用,如各种管路的密封,磨损零件的修复,电器仪表的装配,工具、量具、模具、夹具,以及合成材料的胶接等。

3.1　焊接成形理论基础

3.1.1　熔焊的冶金原理

熔焊是采用局部加热的方法,使工件的焊接接头部位熔化,通常还须填充金属,构成共同熔池,熔池冷却结晶后,形成牢固的原子间结合,使分离的工件成为一体。熔焊的熔池可以看作是一个微型冶金炉,其内要进行熔化、氧化、还原、造渣、精炼及合金化等一系列的冶金化学反应。由于多数熔焊是在大气中进行,使得熔焊冶金过程复杂、激烈,从而影响焊缝的化学成分、组织及性能。

1. 氧化反应

在熔焊冶金反应中,金属与氧的作用对焊接质量影响最大。空气中的氧气在高温电弧作用下分解成氧原子,氧原子与多种金属及碳发生氧化反应,其反应式为:

$$Fe + O = FeO$$

$$Si + 2O = SiO_2$$

$$Mn + O = MnO$$

$$2Cr + 3O = Cr_2O_3$$

$$C + O = CO$$

氧化反应会使大量金属元素(如 Fe、Si、Mn、Cr 等)烧损,使焊缝金属含氧量大大增加,这些氧化物有的(如 FeO)能溶解在液态金属中,当熔池冷却时被析出,成为焊缝中的杂质,有的(如 SiO_2、MnO 等)则不溶于液态金属中,会浮在熔池表面形成熔渣。总之,金属元素的流失会使焊缝力学性能明显下降,尤其是低温冲击韧性急剧下降,引起冷脆等现象。

为了保证焊接质量,在焊接过程中,通常将一定量的脱氧剂(如 Ti、Si、Mn 等)加在焊丝、药皮等焊接材料中,进行脱氧,使其生成的氧化物不溶于金属液而成为熔渣浮出,从而净化了熔池。

2. 氢化与氮化反应

在熔焊冶金反应过程中,氢和氮与熔池作用对焊缝质量影响也很大。氢和氮在高温时能溶解于液态金属中。氢容易在焊缝中形成气孔,即使溶入的氢不足以形成气孔,在固态焊缝中也会因其聚集在微小空间中而形成较大的压力,使焊缝变脆(氢脆)。氮能与铁反应形成 Fe_4N 和 Fe_2N,其中 Fe_4N 呈片状夹杂物形式残留于焊缝中,增加了焊缝的脆性。

为防止氢化和氮化,一般采用焊条药皮、埋弧焊焊剂、气体保护焊保护气体等,使熔池与外界空气隔绝,防止空气进入。此外,焊前要对焊接接头处的锈斑、油污进行清理,焊条、焊剂烘干等,有效地防止有害气体进入熔池。

3. 合金化

合金化就是在熔焊过程中添加适当的金属元素,以补充烧损的元素,同时,清除已进入熔池的有害元素。其措施是通过焊接材料中的铁合金等进行脱硫、脱磷、脱氧、去氢和渗合金等,从而保证和调整了焊缝的化学成分。其反应式为:

$$Mn + FeO = MnO + Fe$$

$$Si + 2FeO = SiO_2 + 2Fe$$

$$MnO + FeS = MnS + FeO$$

$$CaO + FeS = CaS + FeO$$

$$2Fe_3P + 5FeO = P_2O_5 + 11Fe$$

熔焊焊缝的形成实质是一次金属再熔炼过程,但其与炼钢和铸造的冶金过程不同,一则金属熔池体积很小,金属液态时间很短,各种冶金反应都不很充分;二则熔池温度很高,金属元素蒸发及烧损比较严重,同时,熔池周围温度较低,容易使焊缝处产生应力和变形,严重时产生裂纹。

3.1.2 熔焊接头组织及性能

焊接接头是由焊缝和焊接热影响区组成。金属熔池凝固冷却后形成的区域称焊缝;焊缝两侧一定范围内,因受到焊缝热传导的作用而使组织、性能发生变化的区域称焊接热影响区。

熔焊使焊缝及其附近的母材经历了一个加热和冷却的过程。由于焊缝及周边温度分布的不均匀性，焊接接头区域相当于受到一次不同规范的热处理，必然引起相应的组织和性能的变化，直接影响焊接质量。

1.焊缝的组织及性能

熔焊焊缝的形成经历了局部加热熔化、产生共同熔池、各种冶金反应、凝固结晶、冷却等过程。金属熔池的结晶首先从半熔化状态的晶粒表面开始，晶粒沿着与散热方向的相反方向长大，由于受到相邻的正在长大的晶粒的阻碍，向两侧生长受到限制，因此，焊缝中晶粒的方向为指向熔池中心的柱状晶粒，也称为铸造组织，如图 3.1 所示。因为熔池冷却速度较大，所以柱状晶粒并不粗大，加上熔焊中合金元素的渗入，焊缝金属的力学性能与母材相比，变化不大。

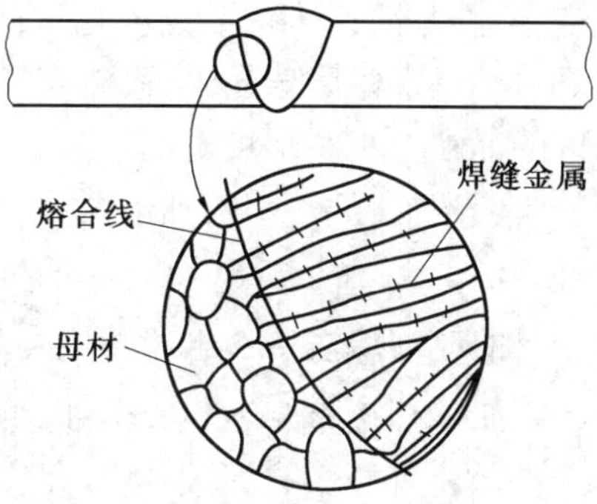

图 3.1　焊缝柱状晶粒组织

对低碳钢来说，经过一次结晶得到奥氏体组织，经过二次结晶后得到大量铁素体加少量珠光体，而且，珠光体的含量要比平衡组织中的珠光体含量多，而且晶粒比较细。可见，低碳钢焊缝金属的强度、硬度较母材有所升高，而塑性、韧性则有所下降。

2.热影响区的组织及性能

在焊接过程中，材料因受热的影响(未熔化)，而使组织和力学性能发生变化的区域称为热影响区。对于低碳钢，热影响区可分为熔合区、过热区、正火区和部分相变区，如图 3.2 所示。

(1)熔合区

焊接过程中由焊缝向热影响区过渡的区域称熔合区，此区域的温度在液相线与固相线之间。熔合区即有液态金属的结晶组织，又有加热至高温形成的奥氏体粗大晶粒组织，化学成分不均匀。因此塑性、韧性差，强度低，是焊接接头最薄弱的区域之一。对于低碳钢来说，该区域比较狭窄。

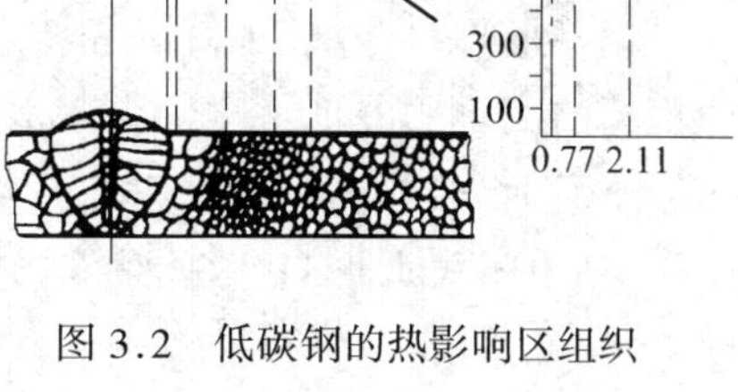

图 3.2　低碳钢的热影响区组织

(2)过热区

过热区是邻近熔合区外侧的区域，温度为固相线至 1 100℃之间。由于温度高，奥氏体晶粒急剧长大，形成过热粗晶组织。因此塑性、韧性大大降低，容易产生裂纹，也是焊接接头的一个薄弱区域。该区域较为宽大，通常是焊接接头断裂的主要区域。

(3)正火区

正火区处于过热区外侧，温度为 1 100℃至 A_3 线之间。由于在该温度下停留时间很短，奥氏体晶粒不会显著长大，所以正火区的室温组织是均匀细小的铁素体和珠光体，相当进行了一次正火处理。因此力学性能良好，是焊接接头中力学性能最好的区域。

(4)部分相变区

部分相变区处于正火区外侧，温度为 A_3 线至 A_1 线之间。因为只有部分组织发生转变，而部分铁素体来不及转变，故称为部分相变区。进行第二次结晶的部分组织获得细小晶粒的铁素体和珠光体，而没有发生相变的部分仍然保持原始组织状态，这样，部分相变区的晶粒大小是不均匀的，力学性能较差。

一般情况下，钢在加热至 A_1 线以下时，组织不发生变化，但对于进行冷塑性变形的钢件，则在 A_1 线至 450℃之间，还会发生再结晶，使塑性有所提高。

3.改善焊接接头组织及性能的措施

影响焊接接头组织和性能的因素主要有焊接材料、焊接方法和焊接工艺等。焊接工艺参数将直接影响焊接热循环，从而影响焊接热影响区的大小，以及焊接接头组织与性能。焊接工艺参数主要包括焊接电流、电弧电压、焊接速度等。

一般情况，低碳钢的焊接结构用焊条电弧焊或埋弧自动焊时，热影响区尺寸较小，对焊接产品质量影响较小，焊后可不进行处理；对于合金钢焊接结构，或用电渣焊焊接的结构，热影响区尺寸较大，焊后必须进行处理，通常是正火，细化晶粒，均匀组织，改善焊接接头的质量；对于焊后不能进行热处理的焊接结构，只能通过正确选择焊接方法，合理制定焊接工艺来减小焊接热影响区，如采用真空电子束焊，热影响区总宽度小于 1.44 mm。

3.1.3 熔焊缺陷及消除措施

金属经焊接成形后，经常会发现形状有所变化，有时还会出现裂纹，这是由于焊接时，局部加热和冷却不但引起焊接接头组织和性能变化，还会产生焊接应力与变形。这种应力与变形即使被焊接结构冷却到室温也不可能完全消失，其不但影响后续的机械加工精度，降低结构承载能力，还会因结构和尺寸的改变，导致焊件报废。

熔焊的缺陷主要包括焊接应力、焊接变形和焊接裂纹。

1.熔焊缺陷的产生原因

由于焊接应力是导致焊接变形和裂纹的主要原因，下面就焊接应力的产生原因进行分析。

以平板焊接为例，如图 3.3 所示，焊接时焊缝区的温度最高，其余区域的温度随离焊缝距离的变远而降低。由于金属具有热胀冷缩的物理现象，不同温度的区域具有不同的胀缩量。加热时，如果是自由伸长不受任何阻碍，则平板的长度变化应按图 3.3(a)中虚线所示，但由于平板是一个整体，各部分不可能实现自由伸长，最终只能相互协调伸长 ΔL。因此，被加热到高温的焊缝区金属因其自由伸长量受到两侧低温金属自由伸长量的限制而承受压应力，焊缝区以外的低温金属则承受拉应力。冷却时，如果是自由收缩应按如图 3.3(b)中虚线所示，焊缝区金属因温度高而具有较大的收缩量，两端低温金属收缩量较小，相互制约达成平衡收缩 ΔL，此时，焊缝处承受拉应力，两端金属承受压应力。

焊件在局部加热或冷却过程中，势必会因为焊接接头处低温金属的阻碍，产生焊接应力，它不仅降低了焊件的承载能力，严重时会导致出现裂纹。图 3.4 为平板对焊和圆筒环焊缝的焊接应力分布状况。

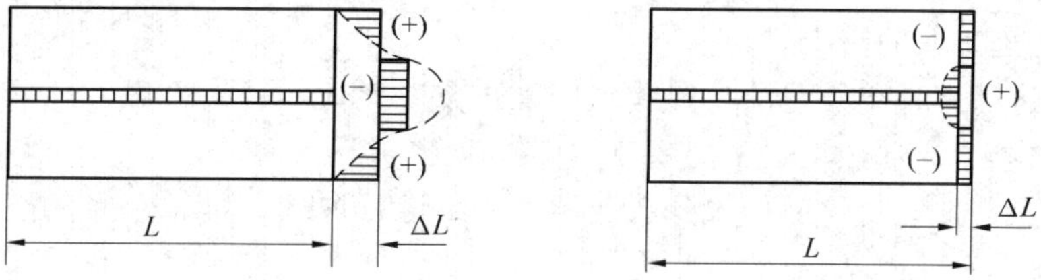

(a)加热时　　(b)冷却时

图 3.3　平板焊接应力的产生

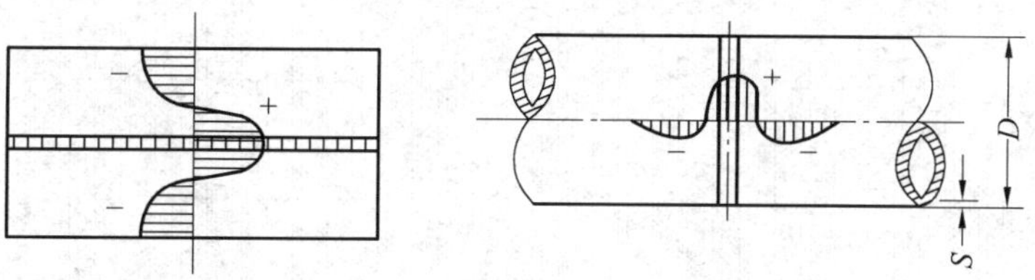

(a)平板对焊缝　　(b)圆筒环焊缝

图 3.4　焊接应力分布

另外,焊缝及热影响区在冷却后,可能会出现与母材不同的组织,或者组织相同而各相的相对含量不同,由于不同组织的比容不同,将会引起体积的变化,这必然受到焊接接头外区域金属的牵制,也会在焊件中产生焊接应力,也称组织应力。

2.常见焊接变形形式

由于焊接应力的存在,会引起焊件的变形,其常见变形形式如图 3.5 所示。

纵向和横向收缩为形　角变形　弯曲变形　扭曲变形　波浪变形

图 3.5　焊接变形的常见形式

收缩变形是焊后纵向(焊缝方向)和横向(垂直焊缝方向)收缩引起的变形。表现为尺寸的减小,常见于简单结构的小型焊件。

角变形是当采用 Y 型坡口对接时,由于焊缝截面上下尺寸相差较大,焊缝纵向收缩量不等而引起的变形。

弯曲变形是当焊接类似 T 形梁结构件时,由于焊缝布置不对称,焊缝纵向收缩引起的变形。

扭曲变形是当焊接类似工字梁焊件时,由于焊缝布置不对称,以及焊接顺序和焊接方向安排不合理而引起的变形。

波浪变形是当焊接薄板时,由于焊缝收缩使薄板局部产生较大压力而失去稳定引起的变形。

3.消除焊接缺陷的措施

(1)焊接前采取的措施

①合理进行焊件结构设计　焊缝的布置和坡口形式尽可能合理,焊缝的截面和长度尽可能小,以防止局部热量集中引起较大焊接应力。

②焊前预热法　将焊件预热到350~400℃后进行焊接,可以缩小焊缝与周围金属的温差,焊后又能缓慢冷却,有效减小焊接应力。

③反变形法　根据焊件变形的方向及大小,在焊前组装时给出相反方向的预变形,以抵消焊后产生的变形,也可用预留的收缩量来抵消尺寸收缩,如图3.6所示。

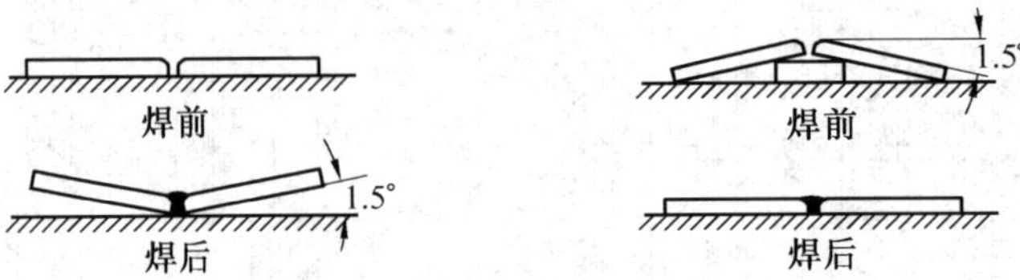

图3.6　平板焊接时反变形法

④刚性固定法　利用压铁或夹具来限制焊接变形的产生,如图3.7所示。但此法会产生焊接应力,不适合焊接淬硬性较大的钢结构件和铸铁件,常用于塑性较好的焊材。

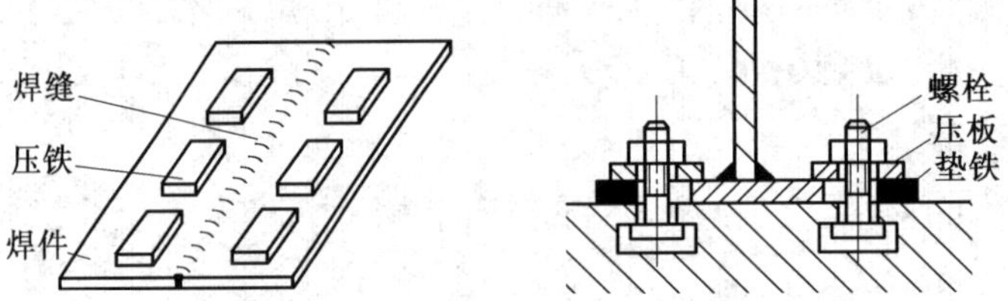

(a)用压铁　(b)用夹具

图3.7　刚性固定法

(2)焊接过程中采取的措施

①焊接顺序变换法　采用对称、分段倒退、跳焊等焊接顺序可以使焊接接头处温度分布比较均匀,如图3.8所示。另外,合理安排焊接顺序使开始焊接时产生的微量变形,能被后来部位产生的变形抵消,从而减小焊件变形,如图3.9所示。

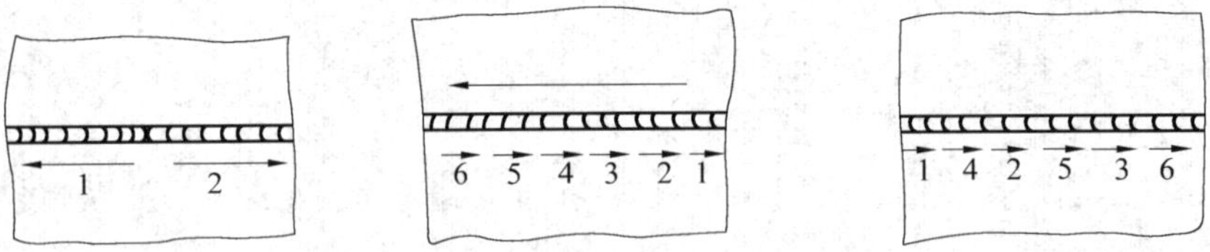

(a)对称法　(b)分段倒退法　(c)跳焊法

图3.8　焊接顺序变化法

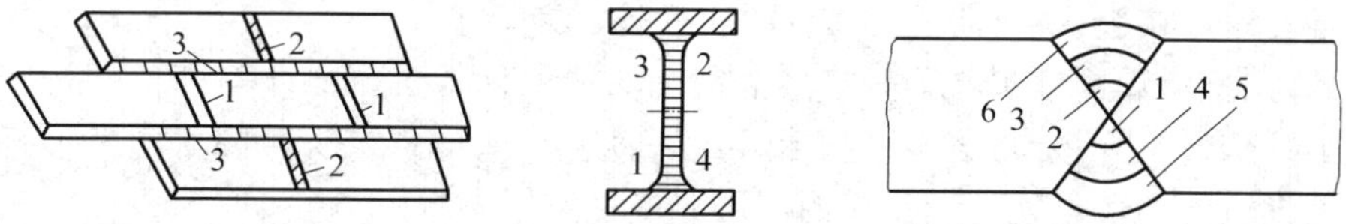

图 3.9　合理焊接顺序

②捶击焊缝法　在焊接过程中,用手锤敲击或碾压焊缝金属,以促使焊缝金属产生塑性变形,使焊接应力得以释放。捶击时用力要均匀,并且最好在金属具有较高塑性时捶击。

(3)焊接后采取的措施

①焊后热处理　焊后采用去应力退火,可以有效地消除焊接残余应力,以减小焊接变形的产生,这是一种最有效的方法。

②矫正法　焊后矫正的原理就是通过产生新变形抵消原来的焊接变形。常用机械矫正法和火焰加热矫正法。

机械矫正法是用机械加压或锤击等冷变形方法,产生塑性变形来矫正焊接变形,如图 3.10 所示。

火焰加热矫正法则是利用火焰局部加热后的冷却收缩,来抵消该部分已产生的伸长变形,如图 3.11 所示。

矫正法一般适用于塑性好的材料。

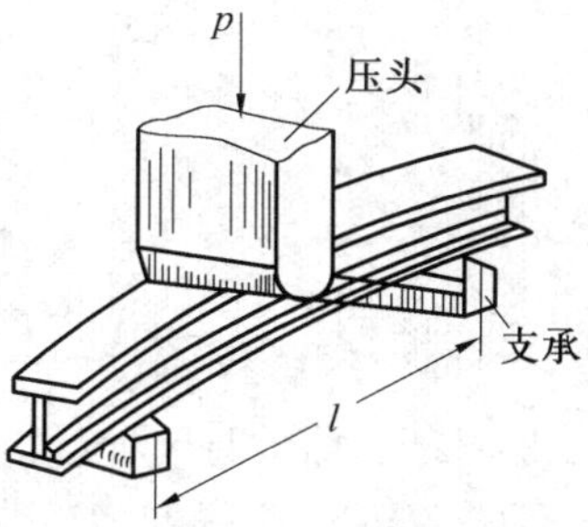

图 3.10　机械矫正

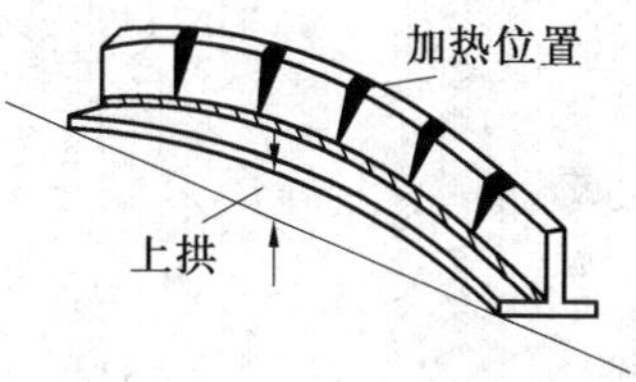

图 3.11　火焰加热矫正

3.1.4　金属的焊接性

1.焊接性的概念

金属材料的焊接性是指在一定的焊接工艺条件(焊接方法、焊接材料、焊接工艺参数和结构形式等)下,获得优质焊接接头的难易程度。它包括两方面内容,一是工艺焊接性,是指焊接接头产生缺陷的倾向,尤其是出现各种裂缝的可能性;二是使用焊接性,是指焊接接头在使用中的可靠性,包括焊接接头的力学性能及其他特殊性能(如耐热、耐蚀性能等)。

当焊接低碳钢时,很容易获得无缺陷的焊接接头,不需要采取复杂的工艺措施,说明低碳钢具有良好的工艺焊接性。如果用同样的工艺措施焊接铸铁,则常常会产生裂纹,得不到良好的焊接接头,说明铸铁的工艺焊接性比低碳钢差。

另外,完整的焊接接头并不一定具备良好的使用性能。例如,焊补铸铁时,即使未发现裂纹等缺陷,但是由于在熔合区和半熔合区容易形成白口组织,因此,会因不能加工和脆性大而无法使用。也就是说铸铁的使用焊接性不好。

金属材料的焊接性不是一成不变的。同一种金属材料采用不同的焊接方法、焊接材料与焊接工艺(包括预热和热处理等),其焊接性能会有很大差别。例如,化学活泼性极强的钛的焊接是比较困难的,曾一度被认为焊接性不好,但自从氩弧焊、真空电子束焊应用后,钛及钛合金的焊接结构已在航空等工业部门中得到广泛应用。随着新的焊接方法的相继出现,钨、钼、钽、锆等高熔点金属及其合金的焊接都已成为可能。

2.焊接性的评定

金属的工艺焊接性可由间接法(如碳当量法、冷裂敏感指数法、焊接热影响区最高硬度法等)和直接法(如化学、理化、裂纹、断裂实验等)来估算和验证。其中,碳当量法由于使用方便应用较为广泛。

(1)碳当量估算法

影响钢材焊接性的主要因素是化学成分。各种化学元素加入钢中以后,对焊缝组织、性能、夹杂物的分布以及对焊接热影响区的淬硬程度等影响不同,产生裂纹的倾向也不同。碳当量法就是把钢中合金元素(包括碳)含量按其对淬硬、冷裂及脆化等的影响换算成碳的相当含量,用它作为评定钢材焊接性的一种参考指标。国际焊接学会推荐的碳钢和低碳钢适用的碳当量计算公式为:

$$C_{eq}=w_C+\frac{w_{Mn}}{6}+\frac{w_{Cr}+w_{Mo}+w_V}{5}+\frac{w_{Ni}+w_{Cu}}{15}(\%)$$

式中化学元素的含量均为质量分数,并取其成分范围的上限。

当$C_{eq}<0.4\%$时,钢材塑性良好,热影响区淬硬和冷裂倾向较小,焊接性优良,在一般的焊接工艺条件下,焊件不会产生裂纹,但厚大件或较低温度下焊接时要考虑适当预热。

当$C_{eq}=0.4\%\sim0.6\%$时,钢材塑性下降,淬硬及冷裂倾向增加,焊接性变差。焊前需要采取保护性工艺措施,如焊前预热、焊后缓慢冷却等,才能防止裂纹的产生。

当$C_{eq}>0.6\%$时,钢材塑性较差。淬硬和冷裂倾向严重,焊接性不好。焊前必须高温预热,焊接时要采取减少焊接应力和防止裂纹的工艺措施,焊后需要进行适当热处理等,才能保证焊接质量。

利用碳当量法评价钢材的焊接性是粗略的,因为焊接性还要受结构刚度、焊后应力条件、环境温度等影响。例如,当钢板厚度增加时,结构刚度增大,焊后残余应力也较大,焊缝中心部位将出现三向拉应力,这时实际允许的碳当量值将降低。因此,在实际工作中确定材料的焊接性,除初步估算外,还要配合进行抗裂试验及焊接接头使用焊接性试验。

(2)抗裂试验法

抗裂试验法是将被焊金属材料做成一定形状和尺寸的试样,在规定的工艺条件下施焊,然后鉴定产生裂纹倾向的程度,或者鉴定接头是否满足使用性能(如力学性能)的要求。

3.2 焊接成形工艺

随着焊接技术的发展,目前焊接方法已达几十种之多,为了便于了解它们的原理和特点,通常按焊接过程的特点不同将焊接方法分为三大类,即熔焊、压焊和钎焊。常用焊接方法归类如下:

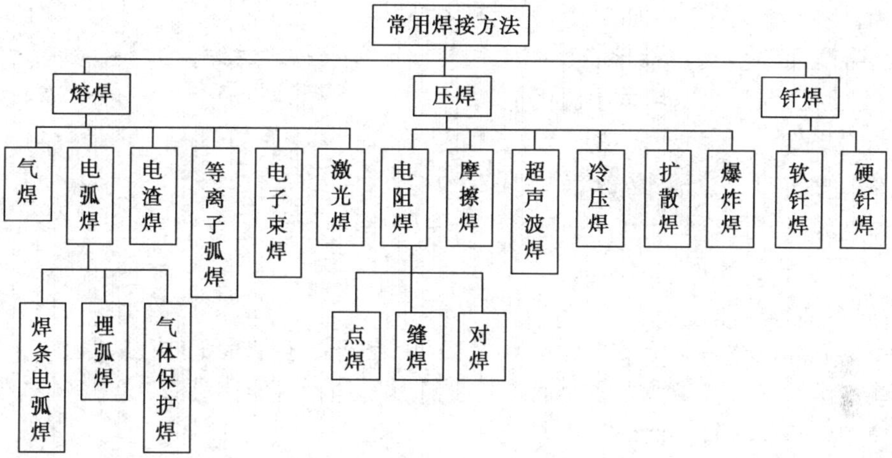

3.2.1 熔焊

熔焊是利用局部加热,将被焊金属接头处加热到熔化状态,同时加入填充金属,也可不加填充金属,冷却后获得牢固接头的焊接方法。

根据加热热源的不同,熔焊又分为电弧焊、电渣焊、气焊、等离子弧焊、激光焊、电子束焊等。

1.电弧焊

电弧焊是以焊接电弧做热源而进行的熔焊方法,常用的电弧焊有焊条电弧焊、埋弧焊和气体保护焊。

焊接电弧是在电极和工件之间的空气介质中产生的强烈而持久的放电现象,它是由阳极区、阴极区和弧柱区三部分组成,如图 3.12 所示。阴极区的热量主要是正离子碰撞阴极时,由正离子的动能和它与阴极电子复合时释放的位能转化而来的,热量占电弧总热量的 36%。阳极区的热量主要是电子撞入阳极时,由电子的动能和逸出功转换而来的。由于阳极不发射电子,也就不消耗发射电子所需要的能量,所以阳极的热量比阴极大,占总热量的 41%。弧柱区的热量为总热量的 21%。

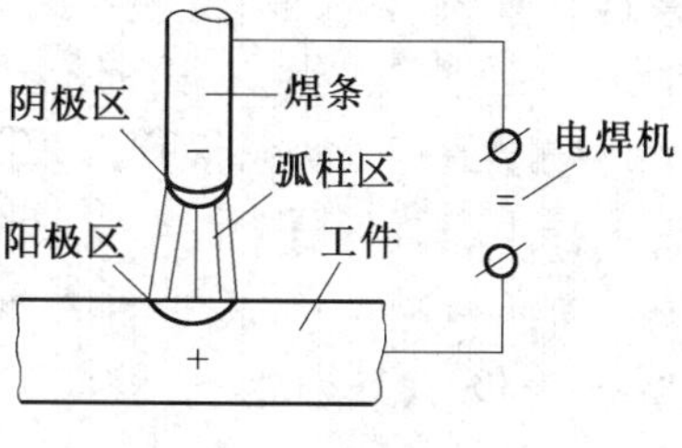

图 3.12　焊接电弧

电弧中阳极区和阴极区的温度因电极材料不同而有所不同。用钢焊条(焊丝)焊接钢材时,阳极区温度约为 2 600 K,阴极区约为 2 400 K,电弧中心温度最高可达 6 000 ~

8 000 K。

由于电弧产生的热量在各个区域上有一定的差异，因此，在使用直流电源时，有正接和反接两种接线方法。

正接是将工件接到电源的正极，焊条(焊丝或电极)接到负极；反接是将工件接到电源负极，焊条(焊丝或电极)接到正极，如图3.13所示。当焊接薄板时，如采用正接会因热量大温度高而产生烧穿缺陷；而当焊接厚板时，采用反接，则又会因热量小温度低而产生未焊透的缺陷。

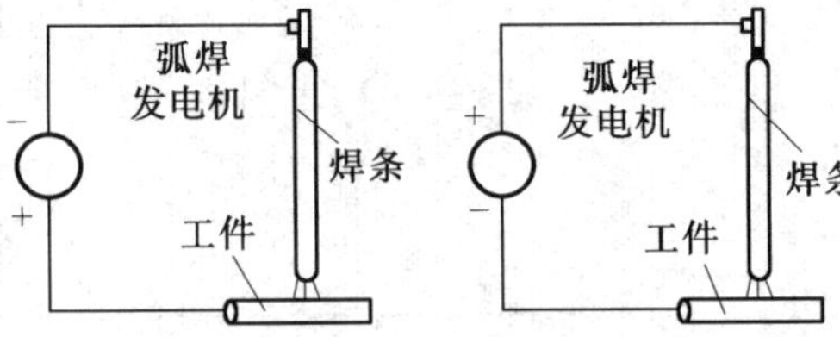

(a)正接　　(b)反接

图 3.13　直流电源的接线方法

当焊接使用的是交流电焊机(弧焊变压器)时，因电极每秒正负变化达 50 次之多，所以阴阳两极温度几乎一样，都在 2 500 K 左右，因此不存在正接和反接的问题。

(1)焊条电弧焊

焊条电弧焊也称手工电弧焊，是利用手工操纵焊条进行焊接的电弧焊方法。焊条电弧焊可在室内、室外、高空和各种空间方位进行，设备简单，操作灵活，可焊多种金属材料，是一种应用广泛的焊接方法。

①电焊条　电焊条充当焊条电弧焊时的电极和焊缝填充金属，它是由焊芯和药皮两部分组成的。其中焊芯为一段金属丝，其成分与焊件相似，主要担当电极、填充金属的作用；药皮是焊芯外层包裹的涂料，是由各种矿物质、铁合金和有机物等原料组成，主要起着造气、造渣、渗合金、改善工艺等保证焊缝质量的作用。

电焊条按成分和用途的不同分为 10 大类：结构钢焊条、钼和铬钼耐热钢焊条、不锈钢焊条、低温钢焊条、堆焊焊条、铸铁焊条、镍及镍合金焊条、铜及铜合金焊条、铝及铝合金焊条、特殊用途焊条等。

结构钢焊条按药皮性质不同可分为酸性焊条和碱性焊条两种。药皮熔渣中酸性氧化物(如 SiO_2、TiO_2、Fe_2O_3)比碱性氧化物(如 CaO、FeO、MnO)多的焊条为酸性焊条。此类焊条适合各种电源，操作性较好，电弧稳定，成本低，但焊缝的塑性、韧性稍差，渗合金作用弱，故不宜焊接承受动载荷和要求高强度的重要结构件。药皮熔渣中碱性氧化物比酸性氧化物多的焊条为碱性焊条。此类焊条一般要求采用直流电源，焊缝的塑性、韧性好，抗冲击能力强，但操作性差，电弧不够稳定，价格较高，故只适用焊接重要结构件。

焊条型号是国家标准中规定的焊条代号。结构钢焊条相应的国家标准是 GB/T5117—1995(碳钢焊条)和 GB/T5118—1995(低合金钢焊条)。标准规定，碳钢焊条型号由字母“E”和四位数字组成，其含义如下：

E 4 3 0 1
- 0 1 —— 第三和第四位数字组合表示药皮类型和电源种类
- 0 —— 表示焊条适用的焊接位置(“0”“1”适于全位置焊接，“2”适于平焊及平角焊，“4”适于立焊)
- 43 —— 表示熔敷金属最小抗拉强度，单位为 kgf/mm^2
- E —— 表示焊条

②焊接过程　焊条电弧焊的焊接过程如图3.14所示。电弧热使工件和焊芯同时熔化形成共同熔池，同时也使药皮熔化和分解。药皮熔化后与液态金属发生物理化学反应，所形成的熔渣不断从熔池中浮起；药皮受热分解产生大量的CO_2、CO和H_2等气体，围绕在电弧周围，熔渣和气体起着保护液态熔池的作用。当电弧向前移动时，工件和焊条不断熔化汇成新的熔池，原来的熔池和熔渣则冷却凝固，形成焊缝和渣壳。

(2)埋弧焊

埋弧焊是电弧在焊剂层下燃烧进行焊接的方法。焊接时，电弧的引燃、焊丝的送进和电弧沿焊缝的移动，是用设备自动完成的，也称埋弧自动焊。

①焊接过程　埋弧焊工艺过程如图3.15所示。焊接前，在焊件接头上覆盖一层40～60 mm厚的颗粒状焊剂，焊机头将焊丝自动送入电弧区，引弧并保证一定的弧长，电弧在颗粒状焊剂下燃烧，工件金属与焊丝被熔化成较大体积的熔池。焊机带着焊丝自动均匀向前移动，或焊机头不动，工件匀速运动，熔池金属被电弧气体排挤向后堆积形成焊缝。电弧周围的颗粒状熔剂被熔化成熔渣，部分焊剂被蒸发，生成的气体将电弧周围的气体排开，形成一个封闭的熔渣泡，具有表面张力的熔渣泡有效阻止空气侵入熔池，同时也阻止了熔滴向外飞溅。未熔化的焊剂可以回收重新使用。

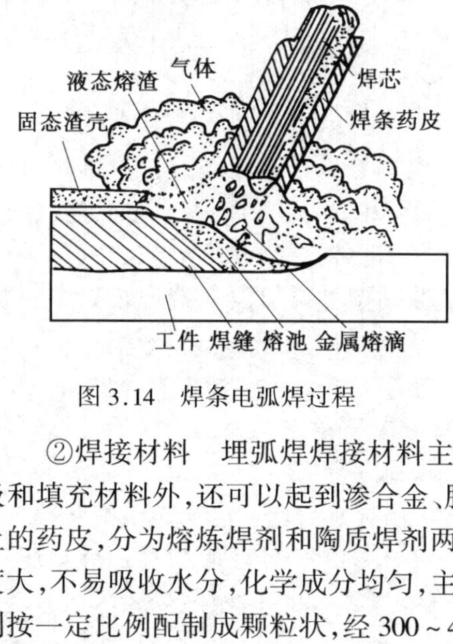

图3.14　焊条电弧焊过程

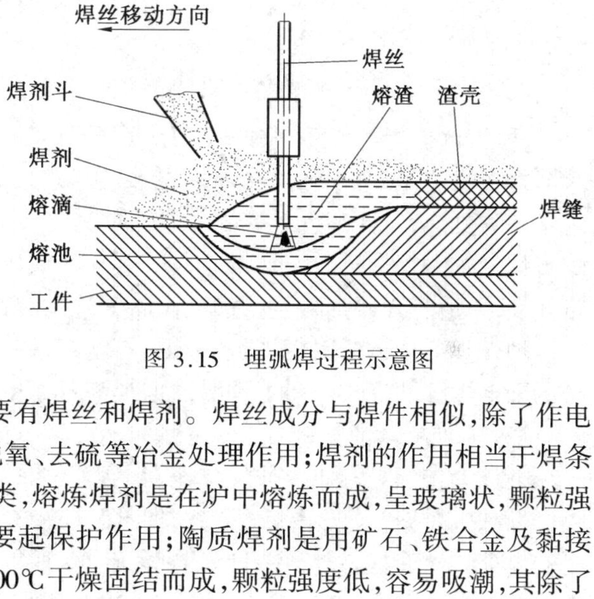

图3.15　埋弧焊过程示意图

②焊接材料　埋弧焊焊接材料主要有焊丝和焊剂。焊丝成分与焊件相似，除了作电极和填充材料外，还可以起到渗合金、脱氧、去硫等冶金处理作用；焊剂的作用相当于焊条上的药皮，分为熔炼焊剂和陶质焊剂两类，熔炼焊剂是在炉中熔炼而成，呈玻璃状，颗粒强度大，不易吸收水分，化学成分均匀，主要起保护作用；陶质焊剂是用矿石、铁合金及黏接剂按一定比例配制成颗粒状，经300～400℃干燥固结而成，颗粒强度低，容易吸潮，其除了起保护作用外，还有冶金处理作用。

③焊接工艺　埋弧焊一般是采用平焊位置，常用对接和T形接头，主要焊接长直焊缝和大直径环焊缝。焊接板厚在20 mm以下，可以采用单面焊接，如果焊接板厚超过20 mm或设计上有要求(如锅炉与容器)，可以采用双面焊接。

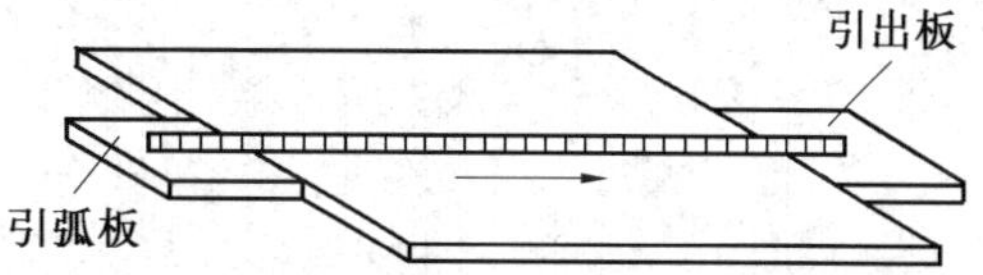

图3.16　引弧板和引出板

埋弧焊时,对工件的下料、坡口加工及清洗等要求都较为严格。为保证引弧处和断弧处质量,焊接前在焊缝两端焊上引弧板与引出板,如图 3.16 所示,焊后再去除。为了保持焊缝成形和防止烧穿,焊接第一条焊道时,可采用在焊件的接缝下面放置焊剂垫和垫板,如图 3.17 所示。

埋弧焊焊接大直径(>250 mm)筒体环焊缝时,工件以一定的焊接速度匀速旋转,焊丝位置不动。为防止熔池金属从筒体表面流失,焊丝位置应逆旋转方向偏离焊件中心线一定距离 α,如图 3.18 所示。其大小视筒体直径与焊接速度等而定。

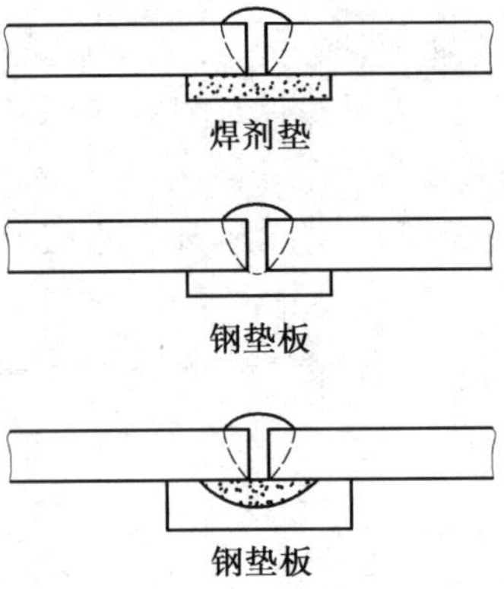

图 3.17 埋弧焊的焊剂垫和垫板

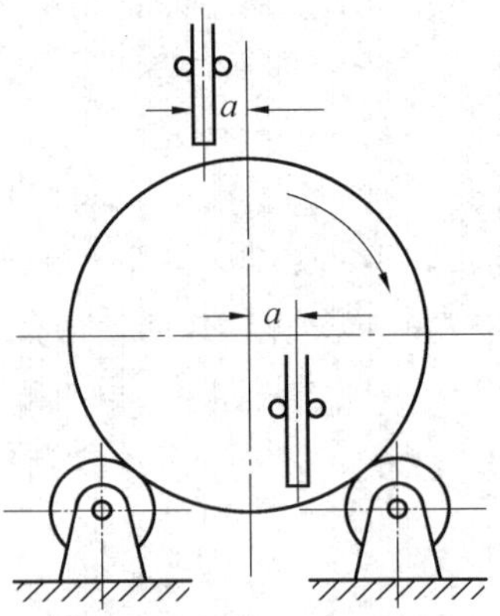

图 3.18 环形焊缝埋弧焊示意图

埋弧自动焊与焊条电弧焊相比,由于焊丝从导电嘴伸出长度较短,所以可以采用较大的焊接电流,加之电弧是在焊剂层下稳定燃烧,热量集中,焊接速度快。同时,焊接时无焊条头的更换,能提高生产率 5~10 倍。另外,熔池金属受到焊剂和熔渣泡的双重保护,焊接质量好。焊接时看不到弧光,烟雾也少,改善了劳动条件。但设备费用较高,工艺准备复杂,不适宜焊接结构复杂的有倾斜焊缝的焊件,焊接时不便检查焊缝质量。

埋弧焊适用于低碳钢、低合金钢、不锈钢、铜、铝合金等金属板材的长直焊缝和较大直径的环形焊缝的焊接。当工件厚度增加和批量生产时,其优点尤为显著。

(3)气体保护焊

气体保护焊是利用外加气体作为电弧介质并保护电弧和焊接区的一种电弧焊。

①焊接材料　气体保护焊的焊接材料主要是焊丝和气体。焊丝成分与焊件相似,除了作电极和填充材料外,还可以起到渗合金、脱氧、去硫等冶金处理作用。气体主要有活性气体(如 CO_2、$Ar+CO_2$ 或 $Ar+O_2$)和惰性气体(如 Ar 或 Ar+He 混合气体)两类,对于低碳钢、低合金高强度钢、不锈钢和耐热钢等,焊接时宜选用活性气体,而铝合金、钛合金、铜合金、镍合金、高温合金等容易氧化或难熔的金属,焊接时应选用惰性气体。

从生产效率方面看,在 Ar 气中加入 He、N_2、H_2、CO_2 或 O_2 等气体可以增加母材的热量输入,提高焊接速度。如焊接大厚度铝板,推荐选用 Ar+He 混合气体;焊接低碳钢或低合金钢时,在 CO_2 气体中加入一定量 O_2,或者在 Ar 中加入一定量的 CO_2 或 O_2,可产生明显的效果。采用混合气体保护,还可以增大熔深,消除未焊透、裂纹及气孔等缺陷。

保护气体必须与焊丝相匹配。对氧化性强的保护气体,需匹配高锰高硅焊丝,而对于惰性气体，则应匹配低硅焊丝。

②氩弧焊　氩弧焊以惰性气体氩气作为保护气体的电弧焊。氩弧焊按电极不同，分为熔化极氩弧焊和钨极氩弧焊，如图3.19所示。

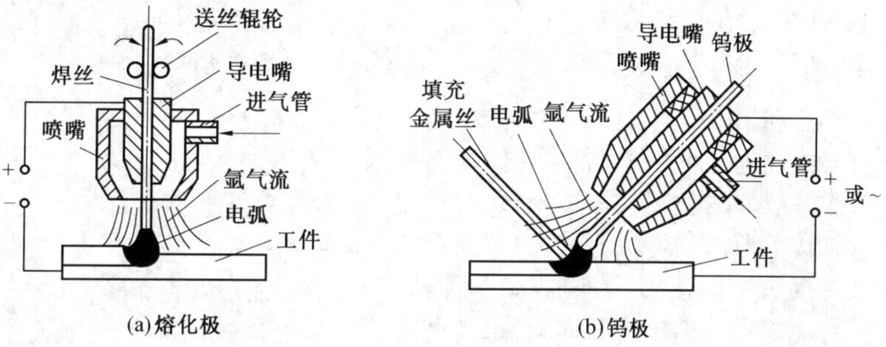

图3.19　氩弧焊示意图

熔化极氩弧焊是用连续送进的焊丝作为电极，当焊接电流较大时，熔滴常呈很细的颗粒"喷射"在焊件表面上，起到"阴极破碎"作用。熔化极氩弧焊通常采用直流反接，生产效率比钨极氩弧焊高几倍，适用于焊接厚度小于25 mm的中厚板。

钨极氩弧焊又称非熔化极氩弧焊，是以高熔点的铈钨棒作为电极，焊接时电极不熔化，需要外加填充金属，填充金属一般采用焊丝。为防止钨合金熔化，钨极氩弧焊焊接电流不能太大，一般只适用于焊接厚度小于4 mm的薄板。焊接钢材时，多用直流电源正接，以减少钨极的烧损。而在焊接铝、镁及其合金时，应采用直流反接或交流电源，此时可以利用钨极发射的正离子撞击焊件表面，使焊件表面的氧化膜破碎而去除(即阴极破碎)，有利于焊件熔合和保证焊接质量。

对于焊接厚度小于0.8 mm的薄板，可以采用脉冲钨极氩弧焊，由于焊接时电流的幅值按一定频率由高值到低值周期性变换，既可避免烧穿工件，又保证根部焊透。

氩弧焊的熔池机械保护效果很好，焊缝金属纯净，成形美观，质量优良；明弧可见，便于操作；适合焊接化学性质活泼的金属及其合金。但惰性气体价格较高，焊接成本高。

氩弧焊主要适用于有色金属及特殊性能钢的焊接。

③CO_2气体保护焊　CO_2气体保护焊是利用CO_2作为保护气体的电弧焊。其原理、特点与装置类似于熔化极氩弧焊，以连续送进的焊丝作为电极，靠焊丝和焊件之间的电弧熔化工件金属和焊丝，形成熔池，凝固后成为焊缝。如图3.20所示。

由于CO_2气体是氧化性气体，在高温下具有氧化金属的作用，会使合金元素烧损，所以不能焊接易氧化的有色金属。在焊接碳钢、低合金钢和不锈钢等时，为补偿合金元素的烧损和防止气孔，应采用具有脱氧和渗合金作用的特殊焊丝。焊接低碳钢常用H08Mn2SiA焊丝。另外，为了稳定电弧，减少飞溅，CO_2气体保护焊常采用直流反接。

CO_2气体保护焊由于焊丝是自动送入，焊接电流大，电弧热量集中，焊接速度较快，生产率比焊条电弧焊提高1～4倍；采用价廉的CO_2气体代替焊剂、焊条，焊接成本仅是埋弧焊和焊条电弧焊的40%左右；明弧焊接，方便操作，适合于各种位置的焊接。但焊接时，熔滴飞溅较为严重，因此焊缝成形不够光滑。

CO_2 气体保护焊主要适用于焊接低碳钢和强度级别不高的普通低合金结构钢焊件，焊件厚度最厚可达 50 mm(对接形式)。广泛用于造船、汽车、农用机械等工业部门。

2.电渣焊

电渣焊是利用电流通过液态熔渣产生的电阻热作为热源进行的熔焊方法。

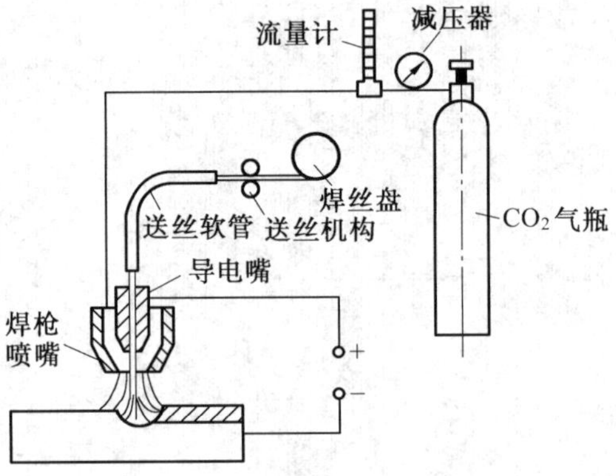

图 3.20　CO_2 气体保护焊示意图

电渣焊一般都是在垂直立焊位置进行焊接，因此，焊接前要对工件进行装配，首先使两个焊件的接头处具有 25 ~ 35 mm 的间隙，在工件下方应加焊引弧板和引入板，工件上方应加焊引出板，为固定两工件的相对位置，防止焊接收缩变形，在工件上常常焊上 Π 形“马”，如图 3.21 所示。

电渣焊焊接过程如图 3.22 所示。工件间隙两侧有两块通以冷却水的铜滑块，使被焊接处构成一个方柱形的空腔，焊丝与焊件接电源两极，焊剂堆放在引弧板上。焊丝引燃电弧后熔化焊剂，形成熔池和熔渣，待熔池有一定深度时，加大送入焊丝速度，并将焊丝插入液态熔渣中，电弧被熄灭。带电焊丝在液态熔渣中产生大量电阻热使渣池温度上升，控制电压和送丝速度，使渣池温度保持在 1 700 ~ 2 000℃，将焊丝和工件边缘母材熔化。随着熔池逐渐上升，冷却滑块上移，熔池开始自下而上的逐渐凝固形成焊缝。

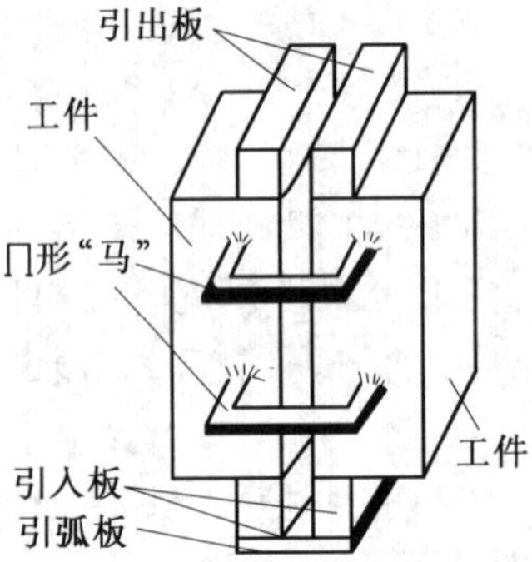

图 3.21　电渣焊工件装配图

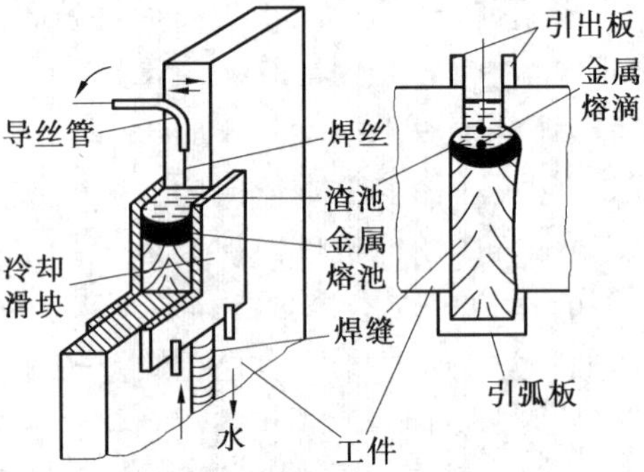

图 3.22　电渣焊焊接过程示意图

电渣焊可使很厚的焊件一次焊成，焊接速度慢，过热区大，接头组织粗大，因此，焊后要进行正火处理，以细化晶粒。

电渣焊由于渣池温度较高，工件不用开坡口，故生产率高、成本低；熔池有渣池的覆盖，空气不易进入，熔池存在时间长，低熔点夹杂物和气体容易排出，焊缝质量好。通常，单丝可焊厚度为 40 ~ 60 mm，而三丝摆动可焊厚度达 450 mm，焊剂消耗量是埋弧焊的 2% ~ 5%，电能消耗量是焊条电弧焊的一半。但焊接接头晶粒粗大，需焊后热处理。

电渣焊适用于厚壁压力容器的制造和铸 - 焊、锻 - 焊的复合结构的以小拼大，焊件厚度一般在 40 mm 以上，焊件材料常用碳钢、合金钢和不锈钢等。

3.气焊

气焊是利用气体燃烧的火焰作为热源进行的熔焊方法。

形成气焊火焰的可燃气体有乙炔、氢气、天然气、丙烷等。气焊常用的火焰是由乙炔和氧气按一定比例混合后,从焊炬喷嘴喷出,点燃后所形成的,也称氧乙炔焰。根据可燃气体乙炔和助燃气体氧的体积比的不同,火焰分碳化焰、中性焰和氧化焰三种,如图3.23所示。

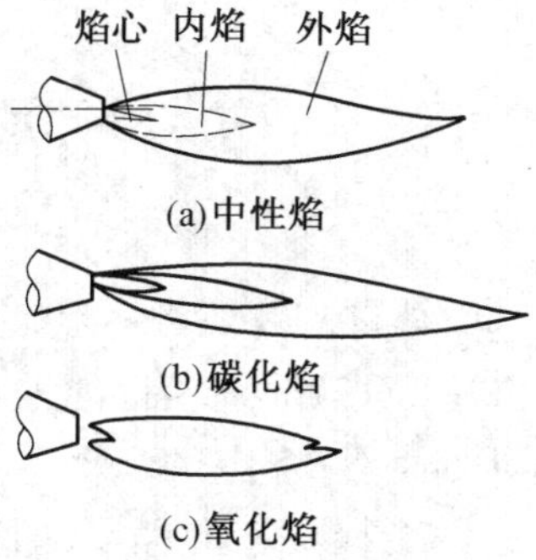

图3.23 气焊火焰

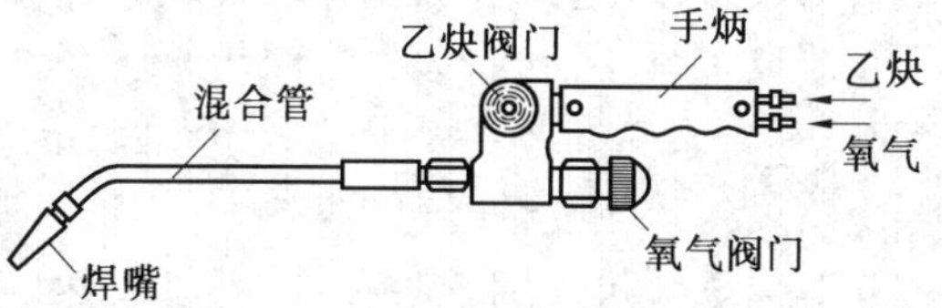

图3.24 气焊焊炬

碳化焰中有游离态的碳,有较强的还原作用,也有一定的渗碳作用。它主要用于焊接含碳量较高的高碳钢、高速钢、硬质合金等材料,也可用于铸铁的补焊,因为这种火焰可以补充焊接过程中碳的烧损。

中性焰是氧和乙炔充分燃烧,没有过剩的氧和乙炔,这种火焰用途最广。它主要用于焊接低碳钢、低合金钢、不锈钢、紫铜等材料。

氧化焰中氧过剩,焊接时对金属有氧化作用。它主要用于焊接黄铜、青铜等材料。因为氧化焰可在熔化金属的表面生成一层硅的氧化膜(焊丝中含硅),保护低熔点的锌、锡不被蒸发。

焊接碳钢时,可直接用焊丝焊接。而焊接不锈钢、铜合金、铝合金时,必须采用气焊焊剂,以防止金属氧化和消除已经形成的氧化物。

气焊焊炬是使乙炔和氧气按一定比例混合并获得气焊火焰的工具,如图3.24所示。先开氧气阀门,然后开乙炔阀门,两种气体在混合管内均匀混合,从焊嘴喷出点火燃烧。

一般焊炬备有3~5个大小不同的焊嘴,以便焊接不同厚度的焊件。

气焊是火焰加热,无需用电,设备简单,通用性强。但火焰的温度比电弧低,因此,加热速度缓慢,热影响区域宽大,焊接变形大。

气焊适合于薄壁件的焊接,主要焊接板厚在2 mm左右。

4.等离子弧焊

等离子弧焊属于高能焊中的一种,是利用等离子弧作为热源进行的熔焊方法。

等离子弧区别于自由电弧,是一种电离度很大、导电截面很小、热量非常集中的压缩电弧。等离子弧是在三种压缩效应下产生,如图3.25所示。一是使经高频振荡使气体产生电离形成的电弧通过喷嘴细孔道,弧柱被强迫压缩,称机械压缩效应。二是水冷喷嘴以及通入一定压力的冷气(氩气、氮气)使电弧外层冷却,迫使带电粒子流(离子和电子)向弧柱中心收缩,称热压缩效应。三是无数根平行导线(带电粒子在弧柱中的运动)所产生的自身磁场,使这些导线相互吸引,电弧被进一步压缩,称磁压缩效应。等离子弧温度可达2 400 ~ 5 000℃,电弧焰流速可达数倍声速,且具有强大的冲击力。

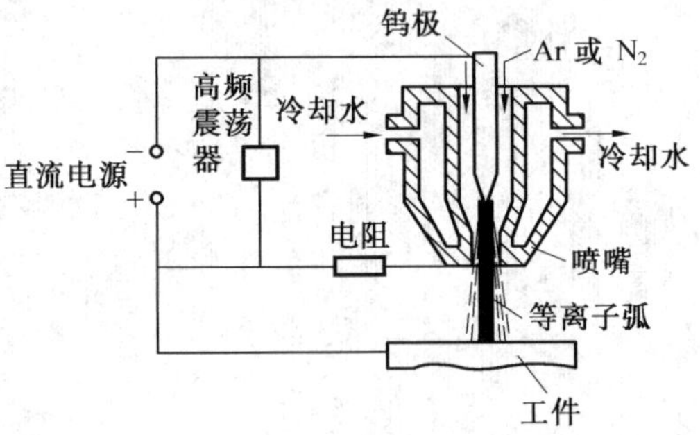

图 3.25　等离子弧焊示意图

等离子弧焊接时,常在等离子弧周围通以保护气体(氩气),以保护熔池和焊缝不受空气的有害作用,具有氩弧焊的优点。

等离子弧穿透能力较强,对于厚度在12 mm以下的焊件可不开坡口一次焊透,生产效率高;等离子弧在小电流状态下仍很稳定,可以焊接厚度为0.01 ~ 1 mm的箔材和薄板。但焊接设备比较复杂,气体消耗大,不适宜室外焊接,灵活性不及钨极氩弧焊。

等离子弧焊适用于各种难熔、易氧化以及热敏性强的金属材料的焊接,如钨、镍、钛、铜、钼、铝及其合金以及不锈钢、高强度钢等。

5.真空电子束焊

电子束焊是利用加速和聚焦的电子束轰击焊件表面所产生的热量进行的一种熔焊方法。焊件可以置于真空中,也可以在非真空中。在真空中进行的电子束焊称真空电子束焊,是目前应用最广泛的一种电子束焊。

真空电子束焊原理如图3.26所示。焊接时,电子枪的阴极被灯丝加热到高温,释放出大量的电子,这些电子在阴极与阳极(焊件)间的高压作用下,经电磁透镜聚焦成电子流束,以极大的速度射向焊件表面,使焊件迅速熔化或汽化。利用偏转线圈可以调整电子束射向焊件的方向,适当移动焊接台,即可以完成焊件的焊接。

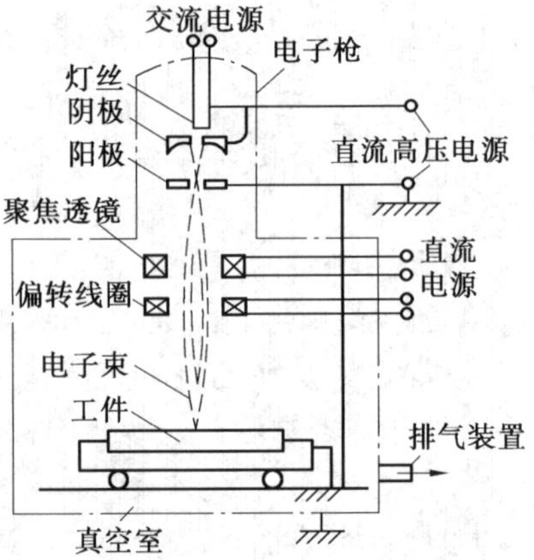

图 3.26　真空电子束焊原理示意图

真空电子束焊一般不用焊丝,若要求焊缝的正面和背面有一定堆高时,可在接缝处预加垫片。焊前必须严格除锈和清洗,不允许残留有机物。对接焊缝间隙不得超过0.2 mm。

真空电子束焊由于在真空中焊接,保护效果好,特别适于焊接化学活泼性强、纯度高、易被大气污染的金属;电子束能量密度高(约为电弧焊的5 000 ~ 10 000倍),穿透力强,焊接速度快,可焊接较厚的焊件,如钢板厚度可达200 ~ 300 mm,铝合金厚度可超过300 mm;电子束参数可以调节,焊接过程控制灵活,适应性强;焊接热影响区小,焊接变形也很小。但焊接设备复杂,造价高,且焊件外观尺寸受真空室限制。另外,对易蒸发的金属和含气量比较多的材料,如含锌较高的铝合金和铜合金，以及未脱氧处理的低碳钢，由于焊接时易于发弧，会妨碍焊接过程的进行，不能采用真空电子束焊接。

真空电子束焊解决了一般气体保护焊所不能解决的稀有金属的焊接等问题，在原子能、航空航天等尖端技术部门应用日益广泛。

6.激光焊

激光焊就是利用聚焦后的激光作为热源进行的一种熔焊方法。

激光是一种强度高、单色性好、方向性好的光束，聚焦后的激光束能量密度极高，可达 $10^5 \sim 10^{13}$ W/cm^2，在千分之几秒或更短的时间内，光能就能转换为热能，温度可达 10^4℃以上，可以用来焊接和切割。

激光是激光发生器利用固体、气体及其他介质受激辐射效应而产生。焊接中应用的激光器有固体和气体介质两种。固体激光器常用的激光材料有红宝石、钛玻璃等，气体激光器所用激光材料是二氧化碳。

激光焊的原理如图 3.27 所示。激光器受激产生平行的激光束，通过光学偏转聚焦系统聚焦，形成很小的能量很高的光斑，调整转台使光斑对准焊件进行加热。信号器可随时检测激光器的输出功率以及激光束横断面上的能量分布。

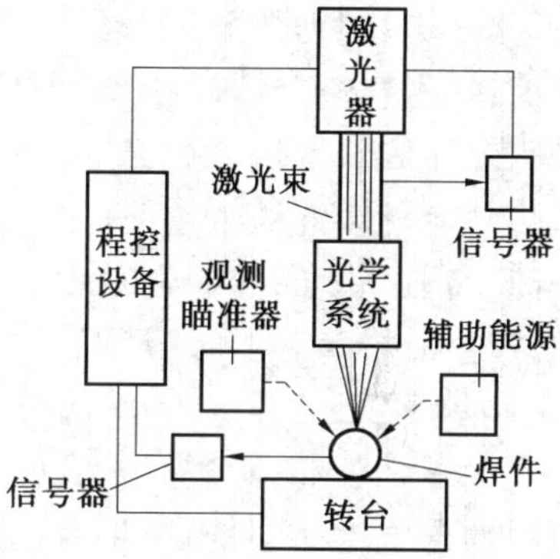

图 3.27　激光焊原理示意图

按激光器及其工作方式不同，激光焊可分为连续激光焊和脉冲激光点焊两种。连续激光焊在焊接时产生一条连续的焊缝，可进行薄板到 50 mm 厚板的多种焊接。脉冲激光点焊可形成一个个圆形的焊点，用以焊接金属箔材（厚度小于 0.5 mm）、薄膜（几微米到几十微米）、金属线材（直径小于 0.6 mm）等。

激光焊可以采用普通焊接方法的焊接接头形式，但由于激光的光斑很小，所以接头的间隙要小，装配要求严格。

激光焊由于激光能量密度高，热量集中，焊接速度快，效率高；焊接热影响区及焊接变形小；不需要气体或真空环境的保护，可在大气中进行焊接；通过偏转棱镜或光导纤维引导，可以对难以接近的部位进行焊接；激光还可以对绝缘导体直接焊接，而不必清除绝缘层。但激光焊接设备的功率较小，可焊接的厚度受到一定的限制，而且操作与维护的技术要求较高。

激光焊特别适合微型、精密、排列密集和热敏感材料的工件及微电子元件的焊接。

3.2.2　压焊

压焊是通过对焊件施加一定的压力（加热或不加热），使焊件接头处紧密接触，并产生一定的塑性变形，通过接触面上原子的重新结晶而将被焊件连接起来的焊接方法。根据焊接时是否加热，以及加热热源的不同，压焊分为电阻焊、摩擦焊、冷压焊、超声波焊、扩散焊、爆炸焊等。

1. **电阻焊**

电阻焊是利用电流通过接头的接触面产生的电阻热作为热源，并通过电极施加压力进行焊接的一种压焊方法。电阻焊具有生产效率高、焊接变形小、劳动条件好、焊缝不需填充金属、操作简便、易实现自动化等优点。但设备较一般熔焊复杂、耗电量大、适用的接头形式及可焊工件厚度(或断面)受到限制。

电阻焊按电极形式和接头形式分为点焊、缝焊和对焊。

(1)点焊

点焊是将焊件装配成搭接接头，并压紧在两柱状电极之间，利用电阻热加热焊件接触处，形成独立焊点的焊接方法。

点焊原理如图 3.28 所示。焊接时，首先将表面已清理好的焊件进行搭接，用柱状电极预压夹紧，使焊件接触面紧密接触。然后接通电源，这时在电极与焊件表面、焊件搭接接头之间的三处接触点电阻最大，产生的热量最多。由于电极本身有冷却水系统冷却，电阻热只能将焊件搭接处的接触点加热至半熔化状态，形成一个熔核，熔核周围的金属也被加热至塑性状态，切断电源后，在压力作用下使熔核结晶，得到组织致密的焊点。移动焊件或电极可以得到新的焊点。

当焊接新的焊点时，一部分电流要从邻近焊点流过，减少了电流强度，出现"分流"现象。为减小分流，两焊点之间要有一定的距离。其距离大小与焊接材料和厚度有关。一般材料导电性越强，厚度越大，分流现象越严重。

影响点焊质量的因素除了焊接电流、通电时间、电极压力等工艺参数外，焊件表面状态的影响也很大。因此，点焊前必须清理焊件表面氧化物和油污等。

点焊的焊接接头形式要充分考虑到点焊机电极要能接近焊件，做到施焊方便，加热可靠。几种常见的点焊接头形式如图 3.29 所示。

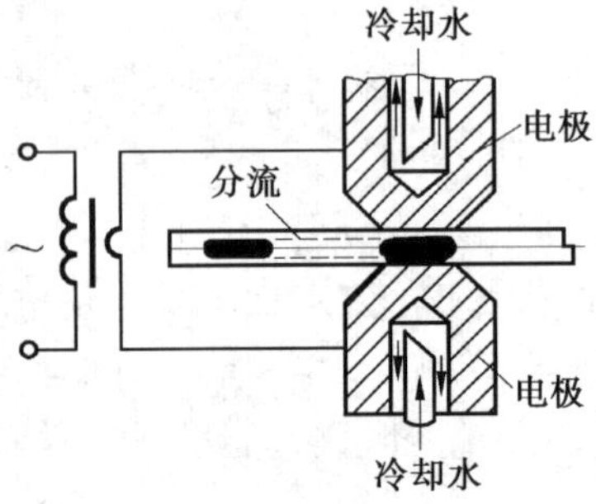

图 3.28　点焊原理示意图

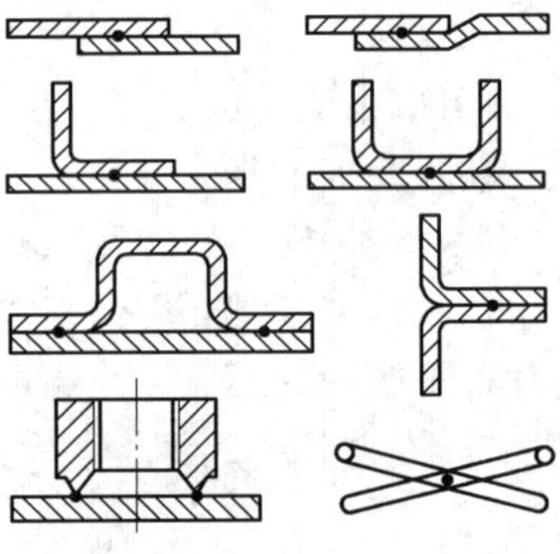

图 3.29　点焊接头形式

点焊主要用于薄板冲压件和钢筋的焊接，如汽车、飞机薄板外壳的拼接及装配，电子仪器、仪表等工业品。点焊工件常用厚度范围是 0.05 ~ 6 mm。适用材料为不锈钢、铜合金、钛合金和铝镁合金等。

(2)缝焊

缝焊的焊接过程与点焊相似，只是用旋转的圆盘状电极代替了点焊时用的柱状电极，如图 3.30 所示。焊接时，盘状电极压紧焊件并转动(同时带动焊件向前移动)，连续或断续通电,形成一条连续重叠的焊点,因此称为焊缝。

缝焊由于焊缝中的焊点相互重叠约 50%以上,因此密封性好。但焊缝分流现象严重,焊接相同厚度的工件时,所需焊接电流约为点焊时的 1.5 ~ 2 倍,因此只适用于厚度在 3 mm 以下的薄板结构。

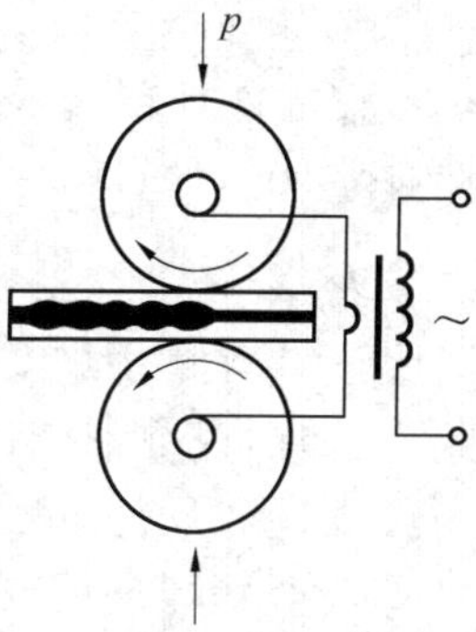

图 3.30　缝焊原理示意图

缝焊主要用于制造有密封性要求的薄壁结构,如油箱、小型容器和管道等。

(3)对焊

对焊是将焊件装配成对接接头进行的电阻焊方法。按工艺过程特点分为电阻对焊和闪光对焊两种。

①电阻对焊　将对接的焊件压紧在电极上,施加预压力并接通电源,这时接触处被迅速加热到塑性状态,然后增大压力并断电,使焊件接触处产生塑性变形并形成牢固接头。如图 3.31 所示。

电阻对焊要求焊接前接头端面要平整、清洁,否则会因接触面加热不均匀,氧化物夹杂等缺陷影响焊接质量。

电阻对焊操作方便,接头外形光滑无毛刺,但接头强度较闪光对焊低。一般用于截面简单、直径小于 20 mm 和强度要求不高的棒材和线材的焊接。

②闪光对焊　将欲对接的两焊件分别夹紧在电极上,然后接通电源,并使焊件缓慢接触,如图 3.32 所示,由于工件表面不平,接触点少,其电流密度很大,接触点金属迅速达到熔化、蒸发、爆破,有火花从接触处飞射出来,形成"闪光"。随着焊件不断送进,经多次闪光加热后,端面达到均匀半熔化状态,同时多次闪光将端面氧化物清理干净。待端面金属熔化至一定深度时,迅速加压并断电,使熔化金属从结合面挤出,并产生大量塑性变形而使焊件焊合。

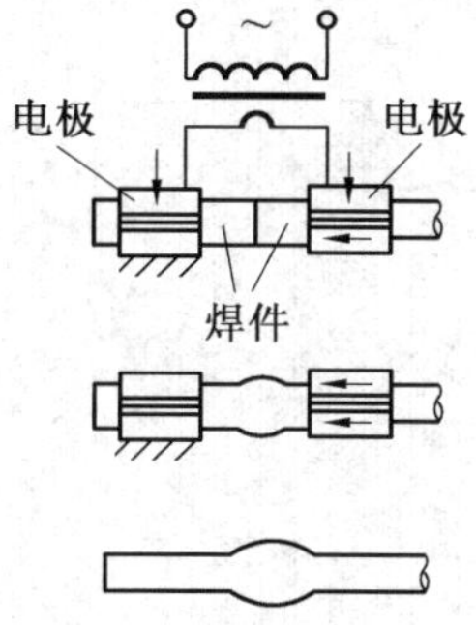

图 3.31　电阻对焊示意图

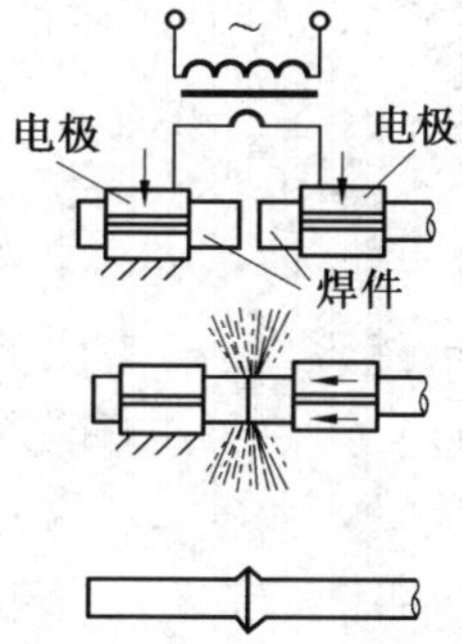

图 3.32　闪光对焊示意图

闪光对焊过程中,由于工件端面的一些杂质及氧化物部分会随闪光火花带出,一部分会在加压时随液态金属挤出,所以,焊接接头质量高,但金属损耗大,接头有毛刺。

闪光对焊接头强度较大,适用于承受较大载荷或重要零件的焊接。

对焊要求焊件接触处的端面形状尺寸相同或相近,以保证焊件接触处受热均匀,如图 3.33 所示。

对焊主要用于制造封闭形零件、轧材的接长、制造异种材料的零件等，如自行车车圈、钢轨、刀具等。

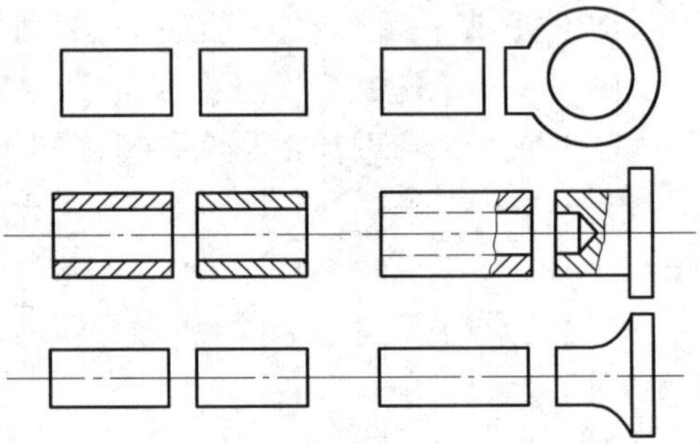

图 3.33　对焊接头举例

2.摩擦焊

摩擦焊是利用焊件表面相互摩擦产生的热量，使端面达到热塑性状态，然后迅速加压而进行的一种压焊方法。

摩擦焊焊接过程如图 3.34 所示，先将两焊件夹在焊机上，使一个焊件高速旋转，另一个焊件以较大的压力压向旋转的焊件，使之摩擦加热。当接触处加热到塑性状态时，焊件迅速停转，同时保持或加大轴向压力进行顶锻，直到焊接完成。

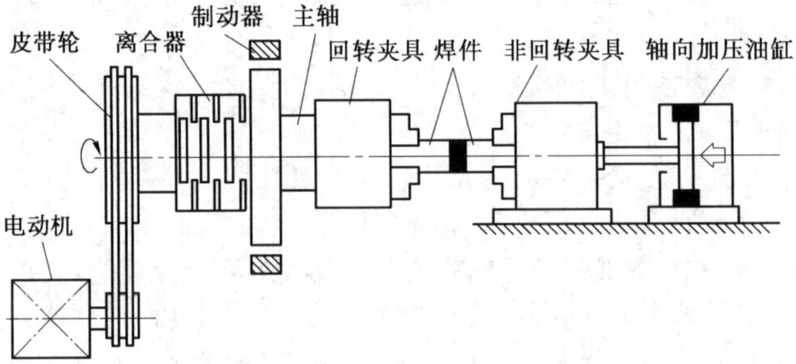

图 3.34　摩擦焊示意图

摩擦焊接头一般为等断面，特殊情况下也可以是不等断面的。但需要至少有一个焊件应为圆形或管状，即为回转件。摩擦焊可用的接头形式如图 3.35 所示。

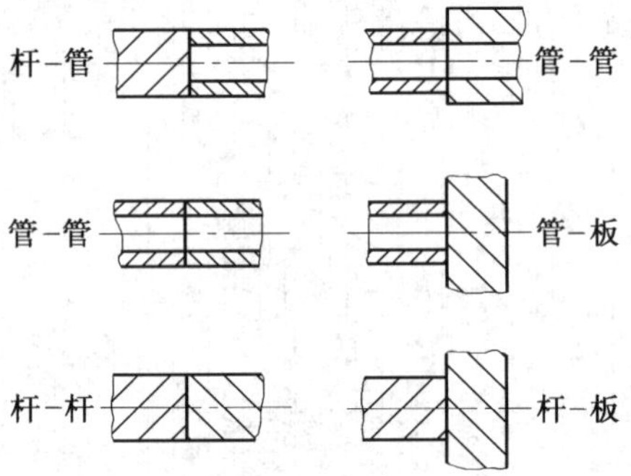

图 3.35　摩擦焊接头形式

在摩擦焊过程中，焊件接触表面的氧化膜与杂质易被清除，接头处不易产生气孔、夹渣等缺陷，故组织致密，接头质量较好；可焊的材料范围较广，不仅可以焊接同种金属，也可以焊接异种材料，如碳素钢和不锈钢、铝和铜、铝和陶瓷等；设备简单（可用车床改装），耗电少（只有对焊的 1/10 ~ 1/15），操作方便，不需焊接材料，易实现自动化，生产效率高。但刹车及加压装置要求灵敏。

摩擦焊广泛用于圆形工件、棒料及管类件的焊接。可焊实心工件的直径为 2 ~ 100 mm，管类件外径可达 150 mm。

3.冷压焊

冷压焊是利用机械加压使接头金属产生塑性变形，而使焊接件连接在一起的方法。

这种焊接方法不需要对焊件进行加热,因此冷压焊接头不存在热影响区。

常用冷压焊的方法有搭接冷压焊和对接冷压焊。

搭接冷压焊是将工件装配成搭接形式,如图 3.36 所示,用钢制钳口加压于搭接部位,钳口将金属压凹一定程度时,界面金属变形所需压力与其屈服应力成正比,即变形力 = 接触面积 × 屈服应力。搭接形式冷压焊分冷压点焊和冷压缝焊,主要应用焊接箔片和薄板材。

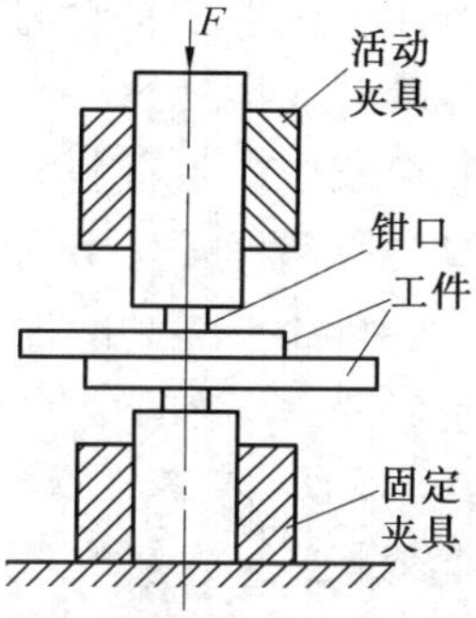

图 3.36　搭接冷压焊示意图

对接冷压焊是将工件放入对接钳口中夹紧,留出足够的变形量,如图 3.37 所示,施加顶锻力,使伸出部分产生塑性变形,将界面中破碎的杂质挤出,使纯洁金属紧密接触形成焊缝。对接冷压焊主要焊接金属丝材、管材和棒材等。

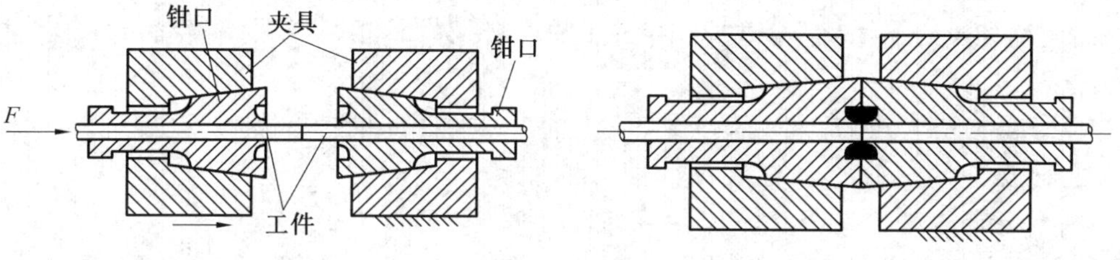

(a)焊接开始　　(b)焊接后期

图 3.37　对接冷压焊示意图

影响冷压焊质量的主要因素有金属的塑性变形和焊接压力。焊接所需的压力与材料的强度、工作断面和夹具结构有关。在实际焊接过程中,末期所需的压力比初期大得多。

冷压焊不需要热源、焊丝和焊剂等,成本低,生产效率高;设备简单,易于操作;焊接接头质量稳定,抗腐蚀能力强;可以焊接异种金属。但对焊前工件表面处理要求比较严格,尤其是搭接冷压焊。

冷压焊主要适用硬度不高,塑性好的金属薄板、丝、管材和棒材的焊接。

4.超声波焊

超声波焊是利用超声波的高频振荡对焊件接头进行局部加热和表面清理,然后施加压力实现点焊或缝焊的一种压焊方法。

超声波是频率超过 20 kHz 的弹性波,其波长短而频率高,故能量高度集中。超声波焊接既适用于同种或异种金属焊接,也适用于非金属(如塑料)的结合。

超声波焊接除了给焊接处提供超声振动外,其加压及焊接方式与一般点焊和缝焊方法相同。

超声波点焊如图 3.38 所示,超声波发生器输出的超声波,经过聚能器增大振幅后加载到耦合杆上,耦合杆的机械振动通过声极头在焊接区产生一种振动的剪切力,同时在声极头上施加一定的垂直压力。在这两种力的综合作用下,工件结合面产生摩擦功、变形能,这一作用使金属接触表面膜破碎并分散,从而使各点形成金属与金属间的接触。连续的振动消除了表面凸凹不平，使接触面不断增大直至形成一个连续的焊接区，同时焊接区的温度有一定的升高。接头的冶金结合是在焊接区不发生任何熔化现象下实现的。

超声波焊由于不需要附加热源，因此金属不会受到高温影响而发生不良的化学反应和组织改变，焊接处变形比点焊和冷压焊小；适合多种材料的焊接，包括热导率高的金属，如金、银、铜等。但因焊接所需功率会随工件厚度、硬度的提高呈指数增加，因而只限于焊接丝、箔、薄片及非金属材料等。

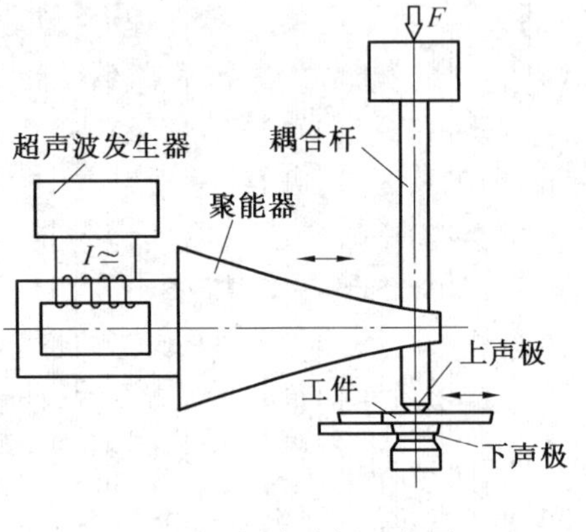

图 3.38　超声波焊示意图

5. **扩散焊**

扩散焊是在真空或保护气氛中，使焊件接触面在一定温度和压力下保持一段时间，通过接触面之间原子相互扩散而实现结合的一种压焊方法。

扩散焊的加热方法常采用感应加热或电阻辐射加热，加压可以利用高压气体、液压或机械加压方式。

利用高频加热和高压气体加压，对管子和衬套进行真空扩散焊如图 3.39 所示，焊接前将管壁内表面和衬套进行清理、装配，管子两端用封头封固，然后放真空室加热，同时向封闭的管子中通入一定压力的惰性气体，使衬套和管壁紧密接触，产生原子间相互扩散而实现焊接。

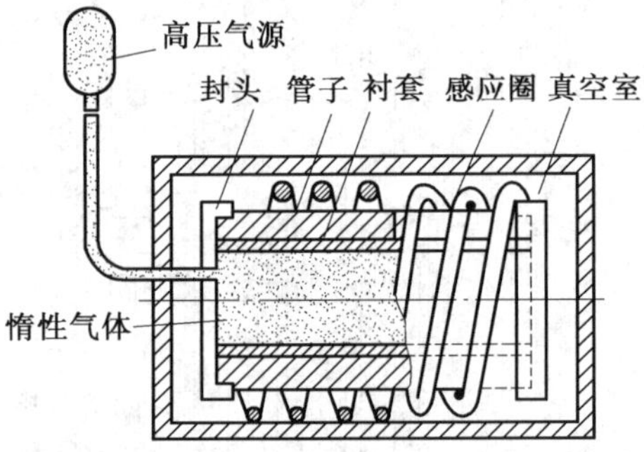

图 3.39　真空扩散焊示意图

扩散焊加热温度低，焊接变形小，焊接质量好；可以焊接塑性差或熔点高的同种材料，也可以焊物理化学性能差异很大的、熔焊时易产生脆性金属化合物的异种材料；可以焊接复杂的截面，也可以对特厚、特薄的焊件进行焊接。但焊接时间长、生产效率低，焊前对焊件的加工及装配要求较高，设备投资大。

扩散焊主要适用于熔焊、钎焊难以满足质量要求的小型、精密、复杂的焊件。近年来，在核能、航天等尖端技术领域中得到广泛的应用。

6. **爆炸焊**

爆炸焊是利用炸药爆炸产生巨大的冲击力使待焊金属表面高速碰撞而连接在一起的方法。

爆炸焊一般在大气中进行，也可以在水中或低真空条件下进行。

典型爆炸焊如图 3.40 所示。待焊的基板放在固定的支座上，另一待焊覆板平行或倾斜地放在基板上方。当炸药引爆时，瞬间释放的化学能传递到覆板并转化为冲击力，覆板以极高的速度冲向基板，使两金属板表面相互碰撞。于是，一方面来自于炸药的碰撞动能转化为热能，使接触面温度升高至产生局部熔化；另一方面巨大的冲击力(达到 10^3 MPa 数量级)和局部升温破碎了接触面上的氧化膜及其他污染物，为两金属表面间的连接创造了条件。在引爆过程中，引爆方向产生的冲击压力波不但使覆板弯曲变形、碰撞点快速推进，而且还使相互接触面上产生两股运动方向相反的金属射流，金属射流形成旋涡状锁合，使金属形成冶金结合。由于炸药沿覆板表面逐步引爆，使金属间的碰撞点依次向前推进，随着接触面发生塑性变形、蠕变、结合，而形成了连续的焊接结合面。

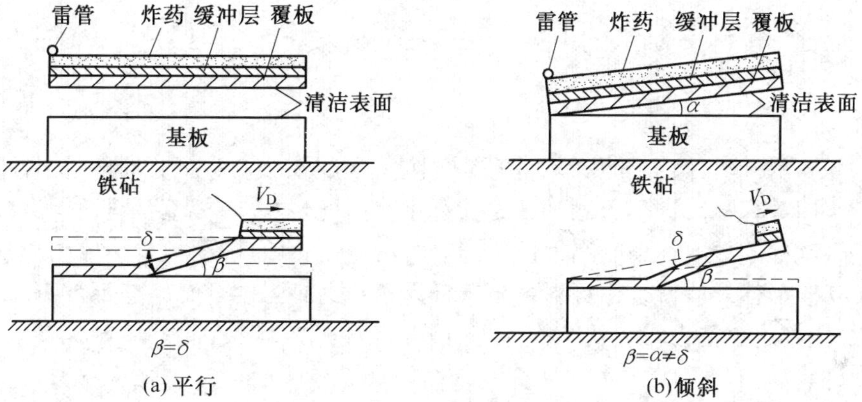

图 3.40　爆炸焊示意图

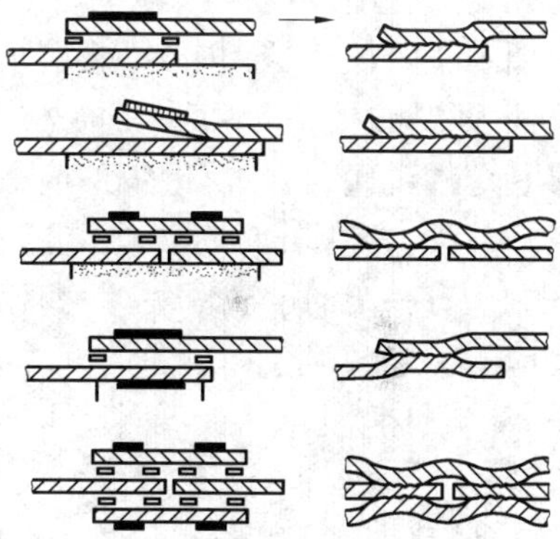

图 3.41　爆炸焊接头形式

爆炸焊常见的接头形式如图 3.41 所示。当采用低速或中速炸药时，选用平行间距，炸药与覆板之间可不用缓冲材料；当采用高速炸药时，炸药与覆板间要使用橡皮、水垫、底板等作缓冲材料。倾斜间距焊接小面积焊缝时，采用搭接、T 型接头比较合适。

爆炸焊能焊接同种或异种金属，特别是异种金属大面积复合板的焊接；设备简单，热源为炸药，故成本低，工艺简单，操作方便。但焊接前工件表面部需要繁重的清理，由于焊接机理复杂，需要控制碰撞条件，因此仅限于焊接一些形状简单的工件。

3.2.3　钎焊

钎焊是利用熔点低于焊件的钎料作填充金属，加热使钎料熔化，焊件不熔化，通过液态钎料填充间隙，并与母材相互扩散进行的一种焊接方法。由于钎料熔点不同，钎焊分为硬钎焊和软钎焊。

钎焊过程如图 3.42 所示。将表面清理好的焊件以搭接形式装配在一起，把钎料放在接头的间隙附近或接头的间隙中，加热使钎料熔化并渗入到接头间隙中。为改善钎料的流动性和吸附性，以及去除钎料及母材表面的氧化膜、油污，钎焊时需要加入适量钎剂，以保证液态钎料能与焊件金属相互扩散溶解，冷凝后形成钎焊接头。

钎焊加热的方法主要有火焰加热、电阻加热、感应加热、炉内加热、盐浴加热以及烙

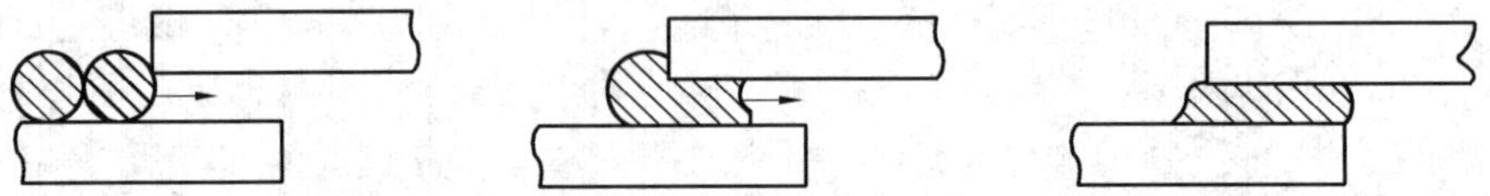

(a)在焊件接头处安置钎料并进行加热　(b)溶化的钎料开始流入焊件接头间隙内　(c)钎料填满间隙后，与母材扩散、凝固形成钎焊接头

图 3.42　钎焊过程示意图

铁加热等。具体加热方法可根据钎料种类、焊件形状、接头数量、质量要求及生产批量等综合考虑进行选择。

1.硬钎焊

硬钎焊的钎料熔点高于450℃,所获焊接接头强度在200 MPa以上。常用钎料有镍基、铝基、银基和铜基等,钎剂有硼砂、硼酸、氟化物、氧化物等。银基钎料钎焊的接头具有较高的强度、良好的导电性和耐腐蚀性,工艺性好,应用比较广泛,但价格较高。常用于钎焊钢、铜及其合金件。镍铬合金钎料可用于钎焊耐热的高强度合金钢与不锈钢。

硬钎焊主要用于受力较大的结构件、工具以及刀具的焊接。

2.软钎焊

软钎焊的钎料熔点低于450℃,所获焊接接头强度较低,一般不超过70 MPa。常用钎料是锡铅合金,所以通称锡焊。钎剂有松香、氧化锌溶液等。软钎焊主要用于受力不大的常温工作的仪表、导电元件的连接。

钎焊的接头可以采用板材对接、搭接和套件镶接等方式,接头处应具有较大的钎接面,以弥补钎料强度低的不足,保证接头有一定的承载能力。另外,接头之间应有良好的配合和适当的间隙,间隙太小,影响钎料的渗入与湿润,达不到全部焊合;间隙太大,不仅浪费钎料,也会降低接头强度。一般钎焊接头的间隙为0.05~0.2 mm。如图3.43所示,几种钎焊接头形式的比较。

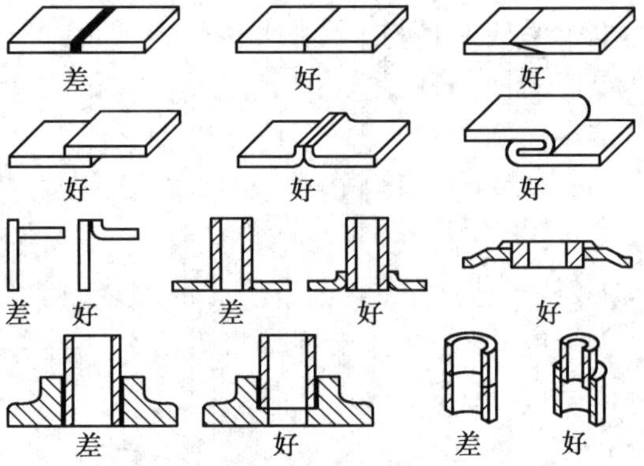

图 3.43　钎焊接头形式比较

钎焊过程加热温度低,接头组织和力学性能变化小,工件尺寸精确;可以同时焊接多件、多接头,生产效率高;可以焊接性能差异很大的异种金属,对工件厚度的差别没有严格的限制。但接头强度尤其是动载强度低,耐热性差,且焊前清理及组装要求较高。

3.3　焊接件结构及工艺设计

焊接件结构及工艺设计是根据产品的使用性能要求(如负载大小、载荷性质、使用环境等),结合生产实际条件,确定焊接生产方法和程序的过程。包括合理选择焊接结构件材料、焊接材料、焊接方法、焊接工艺参数和焊接接头设计等。当然，还应考虑到制造单位的管理水平、产品检验技术等相关问题，只有这样，才能保证生产出高质量、低成本的焊接件。

3.3.1 焊接结构材料的选择

焊接结构件的材料对于保证焊接质量、简化焊接工艺、降低焊接成本，以及提高焊接生产效率影响很大，因此，选择上除了考虑各种材料的焊接性外，还要考虑焊接方法、焊接工艺对材料选择的要求。

1.常用金属的焊接性

焊接结构材料应该是在满足使用性能要求的前提下，尽量选择焊接性较好的材料。根据焊接性的概念可知，碳当量小于0.4%的金属具有良好的焊接性，设计时应尽量选用；碳当量大于0.6%金属，焊接性不好，一般不宜作焊接结构件材料。下面介绍一下常用金属的焊接性。

(1)碳钢和低合金结构钢

①低碳钢　低碳钢碳的质量分数小于0.25%，碳当量小于0.4%，淬硬倾向小，焊接性优良，通常选用任意一种焊接方法和最普通的焊接工艺都能获得优良的焊接接头。但在环境温度低于-10℃，或焊接板材厚度大于30 mm时，需要将焊件预热至100~150℃。

另外，含氧较高的沸腾钢，组织成分不均匀，P、S等杂质含量较高，焊接时裂纹倾向较大，因此，重要结构应选用镇静钢焊接。

②中碳钢　中碳钢碳的质量分数为0.25%~0.6%，碳当量大于0.4%，淬硬倾向较大，焊接性比低碳钢差，因此焊前必须进行150~250℃预热。当焊件厚度较大、焊接工艺不当时，焊件很容易产生冷裂纹。同时，焊接接头有一部分碳要溶入焊缝熔池，使焊缝金属的碳当量增高，降低焊缝的塑性，容易在凝固冷却过程中产生热裂纹。

焊接中碳钢常用焊条电弧焊，并采用细焊条、小电流、开坡口、多层焊的工艺，厚大焊件可以考虑采用电渣焊，以提高生产效率，但焊后要进行相应的热处理。

③高碳钢　高碳钢的质量分数大于0.6%，碳当量大于0.6%，焊接性差，一般限于对工件的缺陷进行修补，采用焊条电弧焊和气焊的方法。

④低合金结构钢　低合金结构钢中强度级别较低的，合金元素少，碳当量小于0.4%，焊接性较好，一般不需要采取预热等特殊的工艺措施，只有当环境温度很低或焊接板厚很大时，才进行焊前预热和焊后热处理。

低合金结构钢中强度级别较高的，淬硬、冷裂倾向增加，焊接性较差。一般焊接前要预热，并对焊件和焊接材料进行严格清理和烘干，同时制定规范合理的焊接工艺，以及适宜的焊接方法。

低合金结构钢一般采取焊条电弧焊和埋弧自动焊，强度级别低的还可以采用CO_2气体保护焊，厚度大的可以采用电渣焊。

(2)铸铁

铸铁的焊接性很差,这是因为它的碳当量很大,而且组织中又有相当于裂纹作用的石墨。在焊接铸铁时,虽然铸铁中含有较多的石墨化元素碳和硅,但是在焊接过程中由于电弧的高温作用和气体的侵入,使碳和硅严重烧损,加上冷却速度较快,所以焊缝容易形成白口组织。另外,由于铸铁的塑性极差,抗拉强度又低,当焊件因局部加热和冷却造成较大的焊接应力时,就容易产生裂纹。

由于铸铁的焊接性差,所以不宜作为焊接结构材料,当铸铁件出现局部损坏时可以通过焊条电弧焊和气焊的方法进行修复性补焊。

(3)有色金属

①铝及铝合金　铝极容易与氧生成熔点很高的 Al_2O_3,在焊接时常夹杂于金属液内,使焊缝产生夹渣缺陷,降低焊接质量。另外,氢能大量溶于液态铝,但不能溶于固态铝,会使焊缝中产生气孔。铝及铝合金由固态转变为液态时,没有明显的颜色变化,所以不易判断熔池的温度,焊接时,时常会因温度过高产生烧穿现象。因此,铝及铝合金的焊接性较差。

在进行铝及铝合金焊接时,首先要清除焊件坡口和焊丝表面的氧化物,焊接过程中采用氩气保护;在气焊时,采用熔剂,并在焊接过程中不断用焊丝挑破熔池表面的氧化膜。

②铜及铜合金　铜的导热性比较好,焊接时有大量的热被传导散失,母材难于实现局部熔化,焊接容易产生未焊透等缺陷。另外,铜在接近熔点时,氧化能力强,生成的氧化亚铜在焊缝金属结晶时与铜形成低熔点的共晶组织,分布在铜的晶界上,显著降低焊接接头的力学性能。与铝相同,铜也容易吸氢,造成焊缝处产生气孔。因此,铜的焊接性较差。

铜及铜合金通常采用氩弧焊、气焊和钎焊进行焊接。在工艺上,要严格控制母材和填充金属中的有害成分;清除焊件、焊丝等表面上的油、锈和水分,以减少氢的来源;焊前预热以弥补热传导损失,并改善应力分布状况;焊后进行再结晶退火,以细化晶粒和破坏晶界上的低熔点共晶体。

③钛及钛合金　钛是化学活泼性非常强的元素,在焊接时极易吸收氧、氢、氮等气体,使焊接接头变脆,还使焊缝处出现气孔。钛及钛合金熔点高,导热性差,所以焊接时熔池具有积累热量多,高温停留时间长和冷却速度慢等特点,易使焊接接头产生过热组织,晶粒变粗大,脆性严重和出现裂纹。因此,钛及钛合金焊接性较差。

钛及钛合金的焊接需对焊接区域采取有效的保护措施。不能用气焊、焊条电弧焊及 CO_2 气体保护焊等方法,而应采用氩弧焊、等离子弧焊、真空电子束焊、点焊等方法。

2.焊接方法与常用金属材料焊接性

金属材料的焊接性不是一成不变的,当采用不同的焊接方法、焊接材料与焊接工艺时,其焊接性能会有很大差别。表 3.1 列出了常用金属材料在不同焊接方法下的焊接性能。

表 3.1　焊接方法与常用金属材料焊接性

金属材料	焊接方法										
	气焊	焊条电弧焊	埋弧焊	CO_2保护焊	氩弧焊	电子束焊	电渣焊	点焊缝焊	对焊	摩擦焊	钎焊
低碳钢	A	A	A	A	A	A	A	A	A	A	A
中碳钢	A	A	B	B	A	A	A	B	A	A	A
低合金钢	B	A	A	A	A	A	A	A	A	A	A
不锈钢	A	A	B	B	A	A	B	A	A	A	A
耐热钢	B	A	B	C	A	A	D	B	C	D	A
铸钢	A	A	A	A	A	A	A	(—)	B	B	B
铸铁	B	B	C	B	B	(—)	B	(—)	D	D	B
铜及其合金	B	B	C	C	A	B	D	D	D	A	A
铝及其合金	B	C	C	D	A	A	D	A	A	B	C
钛及其合金	D	D	D	D	A	A	D	B~C	C	D	B

注：A 为焊接性良好；B 为焊接性较好；C 为焊接性较差；D 为焊接性不好；(—)为很少采用

3.焊接工艺对焊件选材的要求

(1)尽量选择同一种材料进行焊接

对于由强度和性能不同的材料进行拼焊而成的复合结构件，要注意材料间焊接性的差异。要求接头强度不低于被焊钢材中强度较低者，并应在焊接工艺设计时提出要求，对焊接性较差的材料采取相应措施(如预热、焊后热处理等)。

(2)应尽量选择型材(如工字钢、角钢、槽钢等)

应用型材可以降低结构质量，减少焊缝数量，简化焊接工艺，增加结构件的刚性和强度。对于形状复杂的部分，还可以选用铸钢件、锻件或冲压件来焊接。如图 3.44 所示为合理选材与简化工艺的几个示例。

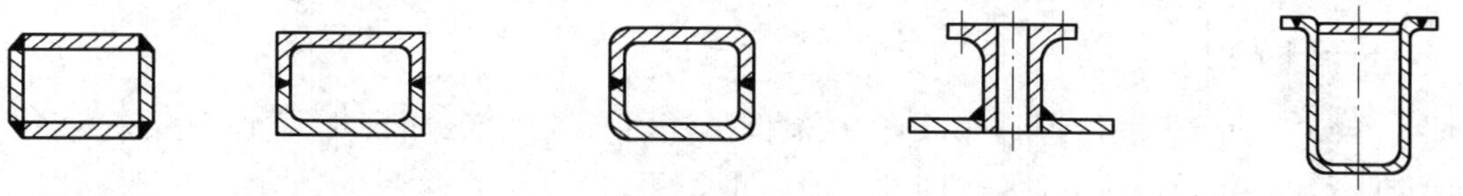

(a)用四块钢板焊成　(b)用两根槽钢焊成　(c)用两块钢板弯曲后焊成　(d)容器上的铸钢件法兰　(e)冲压后焊接的小型容器

图 3.44　合理选材与简化工艺

3.3.2　焊接材料的选择

焊接材料是指焊接时为了提高焊接质量而附加的保护物质，包括焊条、焊丝、焊剂、保护气体、钎剂和钎料等。焊接材料的质量对保证焊接过程的稳定和获取满足使用要求的焊缝金属起着决定性的作用。

1.电焊条的选择

焊条的选择是在确保焊接结构安全、可靠的前提下，根据被焊材料的化学成分、力学性能、板厚、接头形式、焊接结构特点、受力状态、结构使用条件对焊缝性能的要求、焊接施工条件和技术经济效益等综合考查后，有针对性地选用焊条。焊条选择通常考虑以下几方面。

(1)强度

对于同种钢材焊接时，要求焊缝金属与母材等强度，应选用抗拉强度等于或稍高于母材的焊条；对于异种钢材焊接时，要求焊缝金属或接头的强度不低于两种被焊金属的最低强度，应按两者之中强度级别较低的钢材选用焊条，但应按强度级别较高、焊接性较差的钢种确定焊接工艺。只有在焊接结构刚性大、接头应力高、焊缝易产生裂纹的不利情况下，才考虑选用比母材强度低的焊条。

(2)成分

对于特殊用途钢(耐热钢、低温钢、不锈钢等)的焊接，要求焊缝金属的主要合金成分与母材相同或相近，以保证接头的特殊性能。对在高温、低温、耐磨或其他条件下工作的焊件，应选用相应的耐热钢、低温钢、堆焊或其他特殊用途焊条；对灰铸铁的焊补，应选用相应的铸铁焊条。

(3)抗裂性

同种的结构钢焊件焊接，对结构形状复杂、刚性大的厚大焊接件，或当母材中碳、硫、磷等元素的含量偏高时，焊缝中容易产生裂纹，应选用抗裂性好的碱性低氢型焊条；异种的低合金钢和不锈钢的焊接，为避免因产生脆性组织而导致的裂纹，应选用铬、镍含量较高的、抗裂性较好的奥氏体钢焊条。

(4)工艺性

对于焊接部位难以清理干净、容易产生气孔的焊件，应选用对铁锈、氧化皮、油污不敏感的酸性焊条；对于受条件限制不能翻转的焊件，应选用适于全位置焊接的焊条。

(5)经济性

酸性焊条的价格比碱性焊条低，在都能满足要求的前提下应为首选。

2.焊剂的选择

焊剂一般用于埋弧焊和电渣焊，按制造方法可分为熔炼焊剂和陶质焊剂两大类，目前熔炼焊剂的用量较大。焊剂选用的一般要求如下。

(1)冶金性能

焊接时配以适当的焊丝和合理的焊接工艺，焊缝金属应能得到适宜的化学成分和良好的力学性能。

(2)工艺性

保证电弧稳定燃烧，熔渣具有适宜的熔点、黏度和表面张力。

(3)颗粒度

焊剂应具有一定的颗粒强度，利于多次回收使用。

(4)抗潮性

应具有较低的含水量和良好的抗潮性。

(5)较低的S、P含量。

3.焊接保护气体的选择

用于焊接的保护气体可以是惰性气体(如Ar、He)、活性气体(如CO_2)或者是二者的混合气体。保护气体的选择首先应考虑焊件的材料,其次是熔滴过渡类型。有色金属焊接一般采用纯氩气保护,由于氦气电弧的电弧稳定性差,因此仅用于特殊场合;碳钢、低合金钢和不锈钢等黑色金属多采用混合气体,因为具有氧化性的混合气体具有下列作用:

①提高熔滴过渡的稳定性。

②提高电弧燃烧的稳定性。

③增大电弧的热功率。

④降低焊接成本。

4.钎料的选择

钎料选择要考虑与焊件材料的匹配、焊件使用要求及经济性等方面。

(1)匹配性

钎焊时要求钎料与焊件材料必须匹配,这样才能保证焊接质量。如钢和镍钎焊时不能选用铜磷钎料,铜及其合金钎焊时不能选用镉基钎料,不锈钢钎焊时不能选用镍基钎料等,因为钎料与焊件材料作用的结果,生成脆性化合物,使接头变脆。

(2)使用性

对钎焊接头强度要求不高和在低温工作环境下的,可选用含锡量低的钎料,但要求高温强度和抗氧化性好的接头要选用镍基钎料;要求抗腐蚀性好的铝钎焊接头,应选用铝硅钎料;要求导电性好的电气元件,应选用含锡量高的锡铅钎料,或银基钎料。

(3)经济性

选用价格便宜的钎料,如铜管钎焊时采用铜磷银或铜磷锡钎料就比银基钎料便宜得多。

3.3.3 焊接方法的选择

各种焊接方法都有各自的特点及适用范围,只有选择了正确的焊接方法才能既保证焊接质量,又降低生产的成本。焊接方法的选择要考虑焊接材料的焊接性、接头形式、焊件厚度、焊缝空间位置、焊接结构形式以及现有设备等,在进行质量、经济性和工艺可行性分析之后,最终确定适宜的焊接方法。下面是焊接方法选择时通常依据的原则。

1.质量原则

选择焊接方法首先要保证能满足焊接接头的使用性能要求,要考虑材料的焊接性、焊件厚度及焊件结构技术要求等因素。如焊接低碳钢和低合金结构钢材料时,各焊接方法均适用;焊接合金钢、不锈钢、有色金属等材料时,应采用氩弧焊;焊接稀有金属或高熔点金属材料时,应采用等离子弧焊、激光焊、氩弧焊、真空电子束焊等;中等板厚可采用焊条电弧焊、埋弧焊、气体保护焊等;超厚板可采用电渣焊,薄板可采用气焊、脉冲氩弧焊、点焊、缝焊、电子束焊等，如有密封要求应采用缝焊，如要求变形小，就不宜选用气焊。

2.工艺原则

选择焊接方法要考虑现有的设备条件、焊缝的空间位置、接头形式及焊接工艺能否实现等。如焊缝短曲而处于不同空间位置，采用焊条电弧焊最为方便；电渣焊适用立焊；埋弧焊适用平焊；摩擦焊、对焊适用对接接头；点焊、缝焊适用搭接接头等。对于无法采用双面焊工艺又要求焊透的工件，采用单面焊工艺时，若先用脉冲氩弧焊打底焊接，更易于保证焊接质量。

3.高效率、低成本原则

选择焊接方法还要考虑生产批量、各种焊接方法的费用投入及生产率情况等。如氩弧焊虽然可以焊接各种金属及合金，但成本较高，一般主要用于焊接有色金属及合金；长直焊缝或圆周焊缝，批量生产，一般采用埋弧自动焊，效率较高；若焊件是单件生产，选焊条电弧焊为好。常用焊接方法的应用范围见表3.2。

表3.2　常用焊接方法的适用范围

焊接方法		材料		接头形式			可焊空间位置	板厚			生产率	费用	
		钢铁	有色金属	对接	搭接	T型接头		薄板	厚板	超厚板		设备费用	焊接费用
熔焊	焊条电弧焊	A	B	A	A	A	全	B	A	B	中	少	少
	气焊	A	B	A	A	A	全	A	B	D	低	少	中
	埋弧焊	A	B	A	A	A	平焊	C	A	A	高	中	少
	CO_2 焊	A	D	A	A	A	全	C	A	B	高	中	少
	氩弧焊	B	A	A	A	A	全	C	A	A	中	大	大
	电渣焊	A	D	A	B	A	立焊	D	C	A	高	大	少
	电子束焊	A	A	A	B	A	立焊	A	B	B	高	大	中
压焊	点焊	A	A	D	A	C	全	A	C	D	高	大	中
	缝焊	A	B	D	A	D	平焊	A	C	D	高	大	中
	闪光对焊	A	B	A	D	C	平焊	C	A	C	高	大	少
钎焊		A	B	C	A	C	平、立焊	A	B	D	高	少	中

注：被焊材料主要指一般钢材。A为最佳；B为佳；C为差；D为极差。

3.3.4　焊接接头的设计

焊接接头的设计应根据焊件结构形状、强度要求、工件厚度、焊后变形要求、焊接材料消耗量、坡口加工难易程度、焊接方法等因素综合考虑。常用的焊接接头形式有对接接头、搭接接头、角接接头、T型接头等；坡口形式有I形、Y形(V形)、双Y形(X形)、U形等，如图3.45所示。

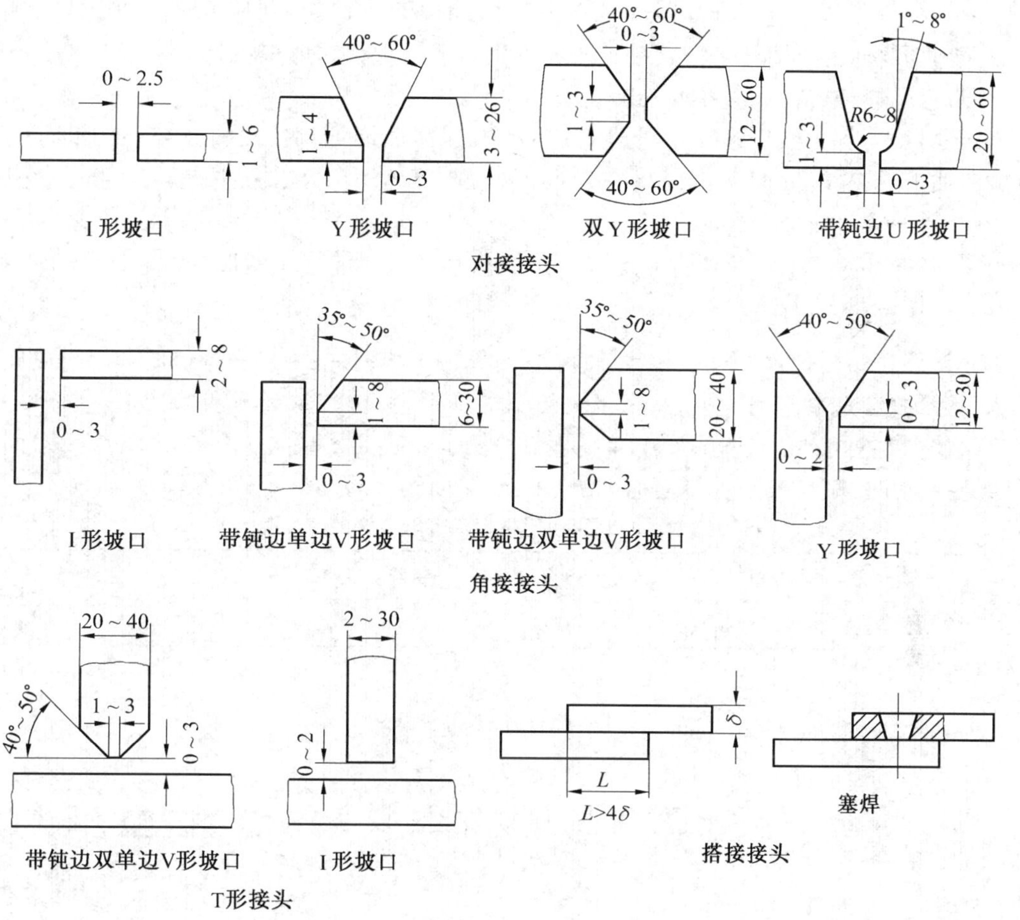

图 3.45　焊接接头形式与坡口形式

1.接头形式的选择

对接接头受力均匀,在静载和动载作用下都具有很高的强度,是常用的接头形式,重要受力焊缝应尽量选用。搭接接头焊前准备简便,装配时尺寸要求不高,但因两焊件不在同一平面,受力时将产生附加弯矩,而且金属消耗量也大,一般应避免采用。对于受力不大的平面连接与空间架构,采用搭接可以节省工时。角接接头通常只起连接作用,其受力情况比对接要复杂,接头成一定角度连接时必须采用这种接头形式。T型接头广泛用于空间类焊件上,具有较高的强度。

2.坡口形式的选择

为了使焊接接头根部能够焊透,使焊缝成形美观,常用热切割或冷加工的方法将金属材料边缘加工成一定形状的坡口,通过坡口大小还可以调节母材金属和填充金属比例,达到调整焊缝成分的目的。焊接坡口选择原则如下。

(1)考虑接头承载状况及板厚

承载的连续焊缝无焊透要求时,厚度即使大于 30 mm 也可以采用 I 形坡口。对于大多数承载的对接接头,为了保证焊透,要根据焊接方法选择坡口形式。焊条电弧焊板厚小于 6 mm 时、埋弧焊板厚小于 14 mm 时，一般可采用 I 形坡口，否则随板厚增加应依次选用 Y、U、双 Y 形坡口；角接和 T 型接头只有在特别重要时才强调坡口设计。

(2)考虑焊接材料的消耗量及加工条件

板厚相同的 U、双 Y 坡口分别比 Y、U 形坡口节省较多的焊接材料、能耗及工时。但 U 形坡口加工效率较低，而 Y、双 Y 形坡口可用气割、等离子切割等方法在下料的同时完成。

(3)考虑焊接应力及变形

单面的 U、Y 形坡口焊接后会比双 Y 形坡口具有较大的焊接变形。

3.接头过渡形式的选择

设计焊接结构件最好采用相等厚度的金属材料，否则，由于接头两侧的材料厚度相差较大，接头处会造成应力集中，又因接头两侧受热不匀，易产生焊不透的缺陷。对于不同厚度金属材料对接时，允许的厚度差见表 3.3。如果 $\delta_1-\delta$ 超过表中规定值或者双面超过 $2(\delta_1-\delta)$ 时，应在较厚板料上加工出单面或双面斜边的过渡形式，如图 3.46 所示。

表 3.3　不同厚度金属材料对接时允许的厚度差

较薄板的厚度/ mm	2~5	6~8	9~11	≥12
允许厚度差($\delta_1-\delta_2$)/mm	1	2	3	4

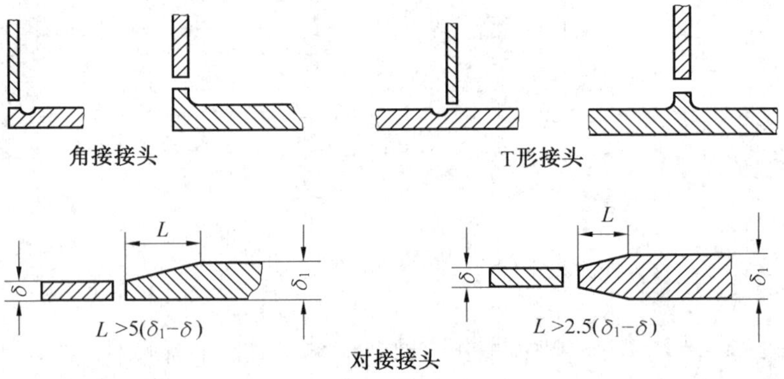

图 3.46　接头的过渡形式

4.焊缝位置的选择

焊缝位置的选择也是焊接件结构设计的关键，其与产品质量、生产率、成本及劳动条件密切相关。选择焊缝位置时应考虑下列原则：

(1)焊缝应避免交叉或密集

焊缝交叉或密集会使焊接热影响区范围增大，使接头处力学性能下降。一般两条焊缝的间距要求大于 3 倍板厚，且不小于 100 mm。如图 3.47 所示。

(2)焊缝尽量对称分布

焊缝对称于焊件中心面布置，可以使各条焊缝产生的焊接变形相互抵消，这对于梁、柱、箱体等结构的设计很重要。如图 3.48 所示。

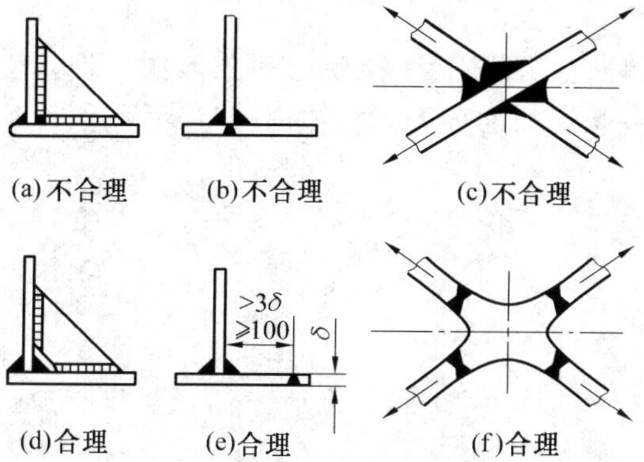

图 3.47　避免交叉和密集

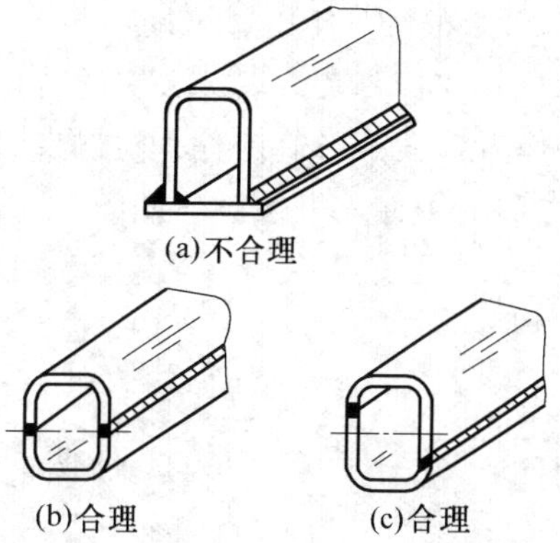

图 3.48　焊缝对称分布

(3)焊缝应尽量避开最大应力和应力集中的位置

在设计受力的焊接结构时,对于受力较大、结构复杂的焊接件,在最大应力和应力集中的位置不应该布置焊缝。如图 3.49 所示。

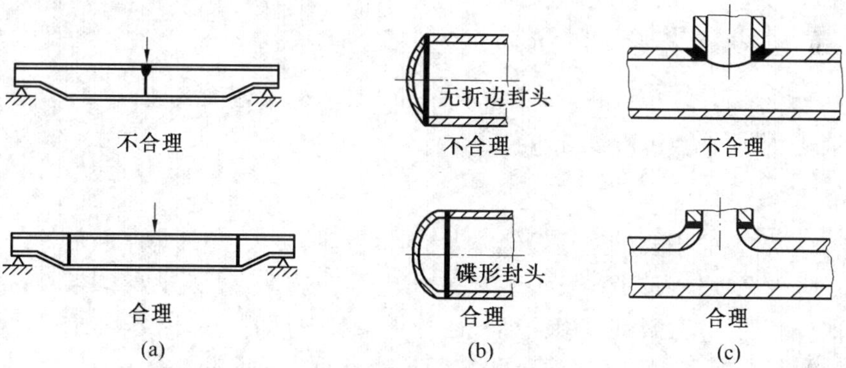

图 3.49　焊缝避开最大应力和应力集中

(4)焊缝应尽量避开机械加工表面

若焊接结构在某些部位有较高的精度要求,且只能在加工后进行焊接时,为避免焊接变形对加工精度的影响,焊缝应远离加工表面。如图 3.50 所示。

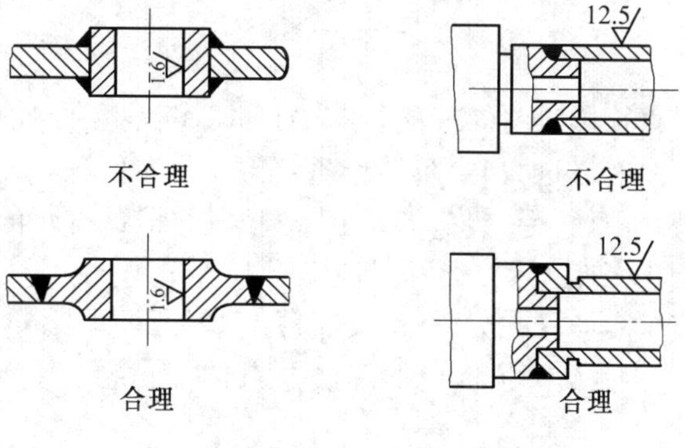

图 3.50　焊缝避开机械加工表面

(5)焊缝布置应便于焊接操作

布置焊缝时，要考虑焊接方法的特点，如焊条电弧焊结构，要保证焊条能正常伸入焊缝处，操作者视线不被遮挡等；埋弧焊结构要考虑焊剂的存放和熔池保持等问题；点焊与缝焊应考虑电极伸入方便等。如图 3.51 所示。

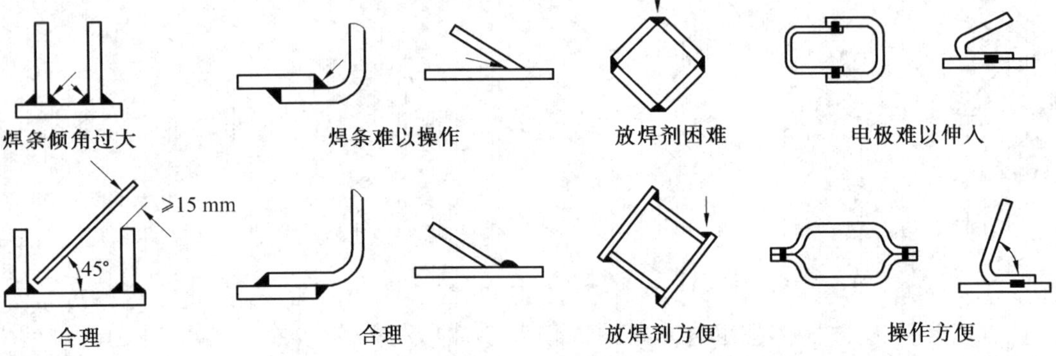

图 3.51　焊缝便于焊接操作

3.3.5　焊接工艺参数的选择

焊接工艺参数是指焊接时，为保证质量而选定的各物理量(如焊条直径、焊接电流、焊接速度、电弧长度、预热温度等)的总称。

1.焊条直径

焊条直径选择的主要依据是焊件厚度、焊接位置、接头形式、焊接层数等进行选择的。一般来说，焊件厚度较大，搭接及 T 型接头的焊缝，应选择直径较大的焊条；对于小坡口焊件，为了保证底层的熔透，宜采用较小直径的焊条。平焊时可以选择直径较大的焊条，立焊和仰焊时，焊条直径比平焊时要小些。焊条直径的选择见表 3.4。

表 3.4　焊条直径的选择

焊接厚度/mm	2	3	4 ~ 7	8 ~ 12	> 12
焊条直径/mm	1.6 ~ 2.0	2.5 ~ 3.2	3.2 ~ 4.0	4.0 ~ 5.0	4.0 ~ 5.8

2.焊接电流

焊接电流的选择直接影响着焊接质量和生产率，是焊接主要的工艺参数。焊接电流越大，焊接效率越高，但电流过大时，容易产生烧穿、变形等焊接缺陷。因此，焊接电流的选择应根据焊条类型、焊条直径、接头形式、焊缝位置、焊接层数等因素综合来考虑。焊件较厚、T 型接和搭接，以及低温焊接时，因导热较快，应采用大电流；焊条直径越大，焊接电流越大，通常按 $I = (30 \sim 60)d$ (d 为焊条直径)选取；平焊比非平焊位置焊接电流大 10% ~ 20%；打底焊道和盖面焊道选用的焊接电流要比填充焊道时小。

3.焊接速度

焊接速度是焊接过程中焊条沿焊接方向的移动速度，即单位时间内完成的焊缝长度。

焊接速度过快会造成焊缝的熔池浅,焊缝宽度小,焊缝表面凸凹不平,甚至可能产生夹渣和焊不透的缺陷;焊接速度过慢,熔池较深,焊缝宽度增加,特别是薄件易烧穿,还会降低焊接效率。通常,焊接速度根据焊件材料的淬硬性倾向来选择。

4.焊接弧长

焊接弧长是指焊接电弧的长度。焊接弧长过长,燃烧不稳定,熔池减小,空气易侵入产生缺陷。一般情况下,尽量采用短弧操作,弧长一般不超过焊条直径,大多为2~4 mm。

5.预热温度

预热可以减小焊后冷却速度,避免产生淬硬组织,减小焊接应力和变形。预热温度一般根据焊件材料的化学成分、性能、厚度、焊接接头和环境温度等因素综合来考虑。预热温度越高,防止裂纹产生的效果越好,但温度过高,会使热影响区加大,降低接头质量。普通碳钢和低合金钢焊接时预热温度一般根据碳当量来确定,见表3.5。

表3.5　焊前预热温度

碳当量/%	预热温度/℃
$C_{eq}<0.45$	可不预热
$0.45\leqslant C_{eq}<0.6$	100~200
$C_{eq}>0.6$	200~370

3.3.6　焊接工艺设计举例

结构名称:乙炔气瓶(如图3.52所示)

组　成:瓶颈、易熔座、瓶体

壁　厚:4.5 mm

设计压力:6 MPa

生产类型:大量生产

设计内容:

1.选择乙炔气瓶材料

瓶颈和易熔座要经切削加工后焊到瓶体上,因此选用20钢。上下封头用钢板冲压成形,筒体用钢板卷圆后焊成。根据产品的使用要求,考虑冲压、焊接工艺的要求,选用塑性和焊接性较好的低合金结构钢16Mn。

2.确定焊缝位置

瓶体焊缝位置有两种选择,如图3.53所示。a方案瓶体由上、下两部分经冲压成形后焊在一起,只有一条环焊缝,焊接工作量小,但由于瓶体较长,难以冲压成形。b方案瓶体由上、下封头及筒体三部分组成,共有三条焊缝(两条环焊缝和一条纵焊缝),焊接工作量大,但上、下封头容易冲压成形,故选择b方案。

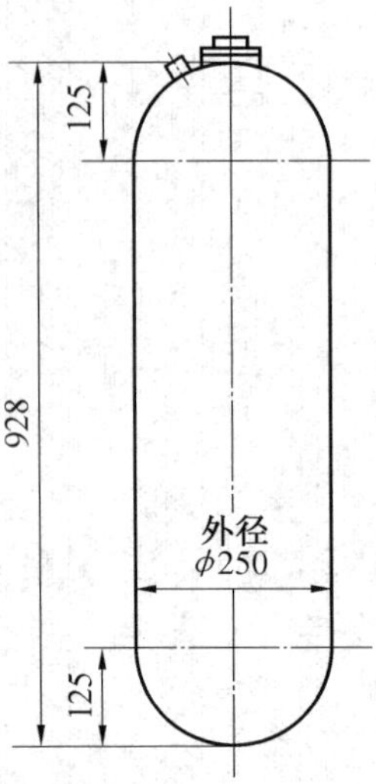

图 3.52　乙炔气瓶

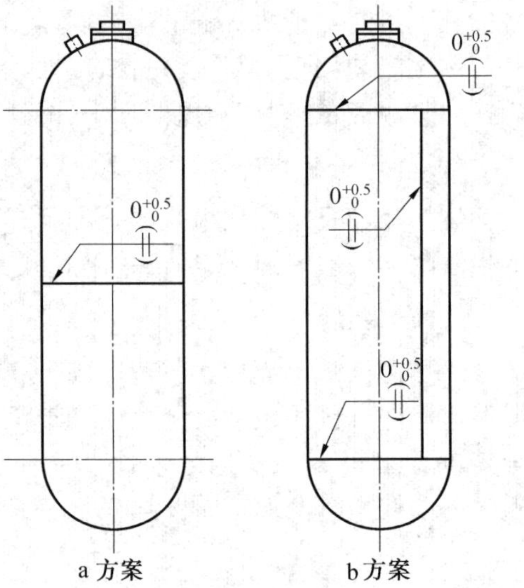

图 3.53　工艺方案简图

3.**设计接头形式**

瓶颈、易熔座与瓶体的焊缝采用不开坡口的角焊缝。气瓶为压力容器，又装有可燃气体，为保证质量，筒体上的两条环焊缝和一条纵焊缝均采用 I 型接头双面焊。

4.**选择焊接方法和焊接材料**

瓶颈、易熔座与瓶体的焊接，由于板厚 4.5 mm，焊缝直径又不大，故采用焊条电弧焊，电焊条为 E5015。筒体上的环焊缝和纵焊缝，考虑到大量生产，而且产品承受压力较大，为保证焊接质量稳定，故选择埋弧自动焊，焊丝为 H08A、H08MnA 或 H10Mn2 配合焊剂 HJ431。

5.**主要工艺过程**

瓶　颈：下料（圆钢）→ 切削加工

易熔座：下料（圆钢）→ 切削加工

瓶　体：

剪板下料 → 封头：落料 → 拉深 → 切边 → 除锈 → 钻瓶颈孔、易熔座孔 → 焊易熔座

剪板下料 → 筒体：卷筒 → 焊内外焊缝 → 与下封头对焊 → 与上封头对焊 → 焊瓶颈

→ 去应力退火 → 水压试验 → 气密性试验

6.**气瓶装配简图如图 3.53b 所示。**

3.4 胶接成形工艺

胶接成形是通过胶黏剂将同种或不同种的材料黏合在一起，并在连接处产生一定的强度，具有固定、密封、补漏、修复等作用。胶接已与铆接、焊接并列为三种主要连接工艺。

胶接与焊接、铆接相比，具有如下优点：

①能连接同种的或不同种类的、软的或硬的、脆性的或韧性的各种材料，特别是异种材料连接，如塑料与金属、金属与玻璃、金属与陶瓷等之间的连接。

②能获得刚性好、强度大、重量轻的结构。例如一架重型轰炸机用胶接代替铆接，重量可下降34%左右。

③可以一次完成复杂结构的制造，效率高，设备简单，成本低。

④胶接件表面光滑，应力分布均匀，并能获得某些特殊性能（如密封、防腐、导电、绝缘、导热、隔热、减振等）。

但胶接也存在一些不足，如在湿热、冷热交变、冲击等复杂环境下的工作寿命不够高；有机胶黏剂构成的胶接接头耐热性较差，并存在易燃、有毒等安全问题；虽有较高的剪切强度，拉伸强度，但剥离强度很低。

近30年来，国内外胶黏剂和胶接技术发展十分惊人，合成胶黏剂的品种和产量急剧增加。在极薄材料、极硬材料、特种复合材料和夹层结构材料等连接加工中，胶接技术发挥了无法替代的作用。

3.4.1 胶接的理论基础

胶接理论涉及表面物理、表面化学、高分子化学、无机化学等多个学科，很难以某一种理论全面地分析说明胶接的问题。下面以几种理论分别从不同的角度解释胶接机理。

1. 吸附理论

吸附理论认为，当胶黏剂和被胶接物的分子在两相界面上接触时，胶黏剂中的聚合物高分子自溶液或熔融体迁移至被胶接物表面，使聚合物高分子的极性基团逐渐接近被胶接物表面的极性基团，当它们二者官能团和被胶接物表面之间的距离与分子间力的作用半径大小差不多时，聚合物高分子被吸附，并达到平衡。若胶黏剂的分子极性大，则吸附力大。

2. 扩散理论

扩散理论认为胶接是由于胶黏剂中聚合物高分子的端头或链节穿过最初接触面的扩散形成的。对于聚合物高分子来说，扩散的实质就是它们的溶解。因此，可以根据聚合物的相容性来确定其胶接能力。

3. 化学键理论

化学键理论认为，胶黏剂与被胶接物通过化学反应形成化学键而牢固黏接，由于化学键的强度比分子间的作用力高许多倍，故形成化学键的黏附力最强，是最理想的胶接连接。

4. 机械理论

机械理论认为,液态胶黏剂渗入被胶接物的微观多孔的表面,经固化后胶黏剂与被胶接物之间相互咬合形成牢固连接。机械理论要求被胶接物的表面应存在不平的粗糙度,而光滑的表面胶接时机械咬合作用不大。

由上述理论可知,胶接接头的强度直接与被胶接物的接头表面质量和接头面积有关。接头表面质量是指胶黏剂是否能很容易地在材料表面扩散开来,并紧紧地附着在被胶接物的表面上,形成一层均匀的薄膜,这种现象称为"浸润"。接头面积是指实际需要涂胶的接头面积。接头面积越大,分子间总的作用力或相互渗透区就越大,接头的承载能力也就越高。

3.4.2 胶结剂的组成及分类

1.胶结剂的组成

胶黏剂主要由黏料、固化剂和各种添加剂组成。黏料在胶接工艺中起黏附作用,有天然与合成、无机与有机之分。固化剂的作用是加速固化,使之产生一定的胶接强度。各种添加剂主要用来改善胶黏剂的各种性能,如增韧剂、增黏剂、稳定剂、阻燃剂、抗老化剂和防腐剂等。

2.胶结剂的分类

按化学成分类型分,胶黏剂可分为有机胶黏剂和无机胶黏剂两大类。有机胶黏剂又分为天然胶黏剂(骨胶、松香、糨糊等)和合成胶黏剂(树脂、橡胶等);无机胶黏剂包括硅酸盐类、磷酸盐类、陶瓷类等。

按接头的用途分,胶黏剂可分为结构胶和非结构胶(通用胶)两大类。结构胶就是用来连接具有较高的强度、承受较大载荷的结构件;非结构胶主要用来修补和密封,或连接承载不大的结构件。

按胶接工艺分,有厌氧胶、热熔胶、常温固化胶、中温固化胶和高温固化胶等。

按外观形态分,有糊状、粉状、胶棒、胶带、溶剂型胶液和液态胶等。

3.常用胶结剂

(1)结构胶黏剂

如酚醛树脂胶黏剂、环氧胶黏剂、无机胶黏剂等。酚醛树脂胶黏剂是发展最早、价格最低廉的合成胶黏剂,最初主要用于胶接木材,后来加入了橡胶或热塑性树脂进行改性,制成韧性好、耐热、耐油水、耐老化、强度大的结构胶黏剂,被广泛用于飞机制造、尖端技术和各生产领域。

(2)非结构胶黏剂

如丙烯酸酯胶黏剂、聚氨酯胶黏剂、不饱和聚酯胶黏剂、有机硅胶黏剂、橡胶胶黏剂、热熔胶黏剂、厌氧胶黏剂等。丙烯酸酯胶黏剂的特点是不需称量和混合,使用方便,固化迅速,强度较高,适用于胶接多种材料,其品种很多,性能各异,如工业上常用的502胶、501胶等。

(3)密封胶黏剂

密封胶黏剂是以合成树脂或橡胶为基料,制成黏稠液态或固态物质,涂于各种机械接合部位,防止渗漏、机械松动或冲击损伤等,起到密封作用。密封胶可分为非黏结型与黏结型两类,可用于汽车、机床及各类机械设备的零部件,如法兰、轴承、管道、油泵等的密封,螺纹铆接、镶嵌、接插处缝隙的密封,以及电子元件的灌封、绝缘密封等。

3.4.3 胶接接头设计

胶接接头的设计包括接头的几何形状、搭接形式、搭接长度和宽度、对称性等。

1.接头设计的基本原则

(1)尽量使接头承受均匀的拉应力或切应力

因为当接头承受拉应力或切应力时,整个接头面积上都参与承受应力,承载能力较强,有效防止接头被剥离或劈裂。如图 3.54 所示。

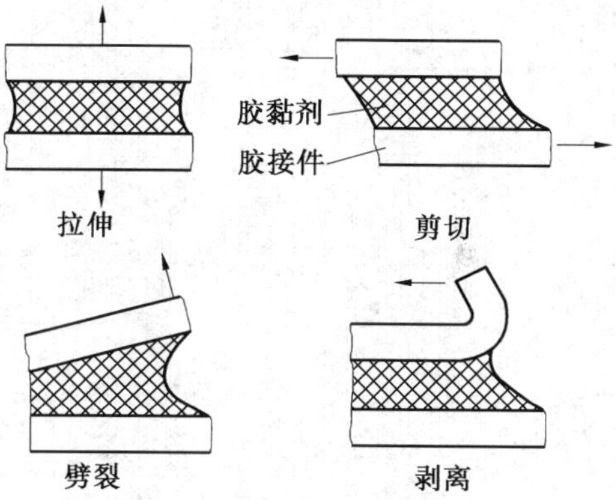

图 3.54 胶接接头的受力形式

(2)尽可能获得最大的胶接面积

为提高接头处的承载能力,尽量避免采用焊接中的 I 形对接、角接接头形式。

(3)膨胀系数要相近

对在一定温度下工作的胶接件,胶黏剂的膨胀系数与被胶接材料的膨胀系数应尽可能接近,以减小接头处的热应力。

(4)胶接层要薄

胶接层压材料时,要避免因材料局部受力而引起分层。

2.常用接头形式

常见的接头形式有对接、斜接、搭接、嵌接、角接、T 型接等,如图 3.55 所示。

3.提高接头承载能力的方法

除了选用高性能胶黏剂和增加接头处接触面积之外,还可以采用下列几种方法来提高接头处的承载能力。

(1)采用焊接、铆接、螺纹连接与胶接相结合的复合式接头形式,如图 3.56 所示。

(2)采用镶金属键与胶接相结合的复合式接头形式,如图 3.57 所示,在厚大件的接头处镶一个金属键。

(3)采用机械夹固与胶接相结合的接头形式,如图 3.58 所示,燕尾槽与胶接结合的接头。

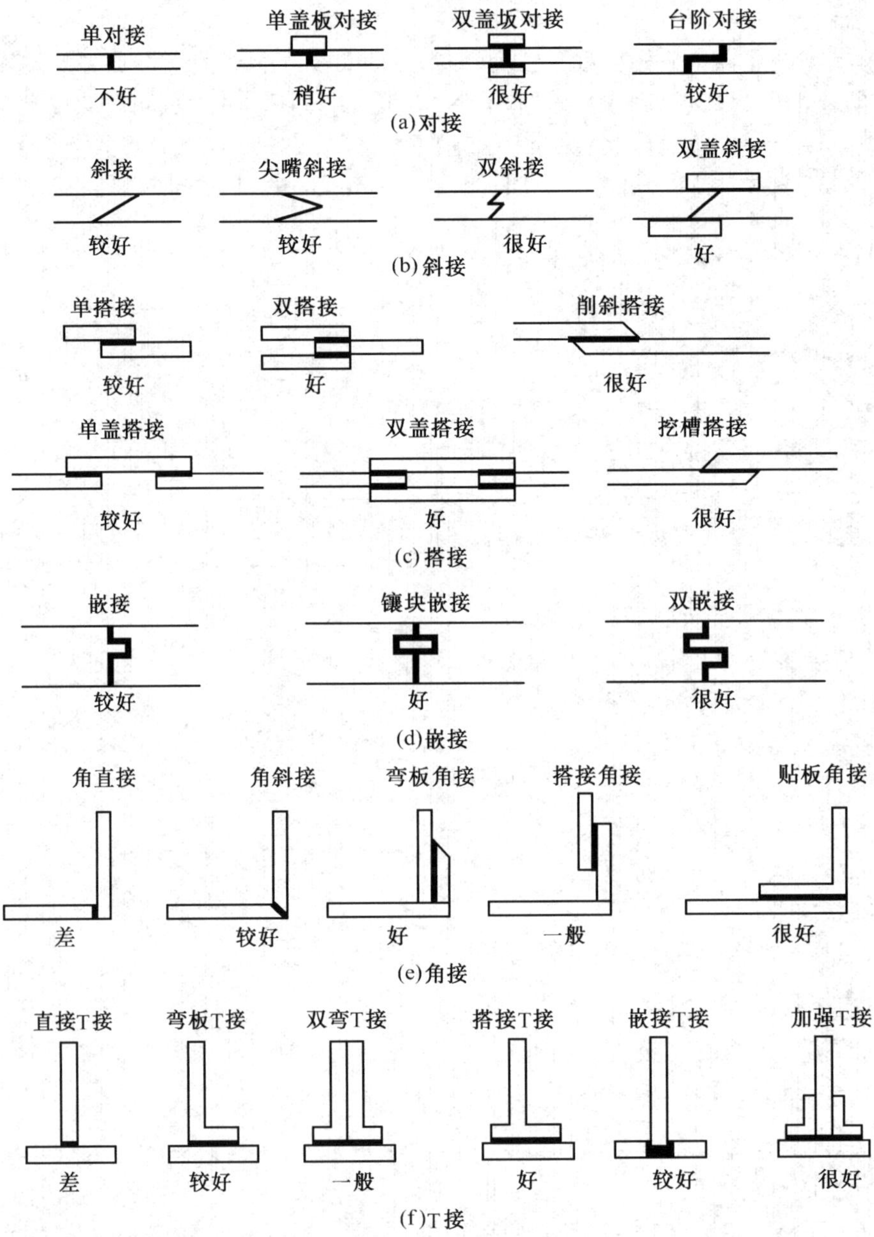

图3.55　常见胶接接头形式

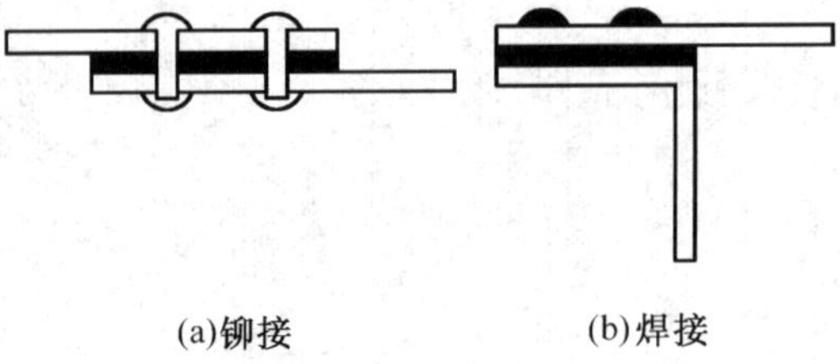

图3.56　其他连接方法与胶接的结合

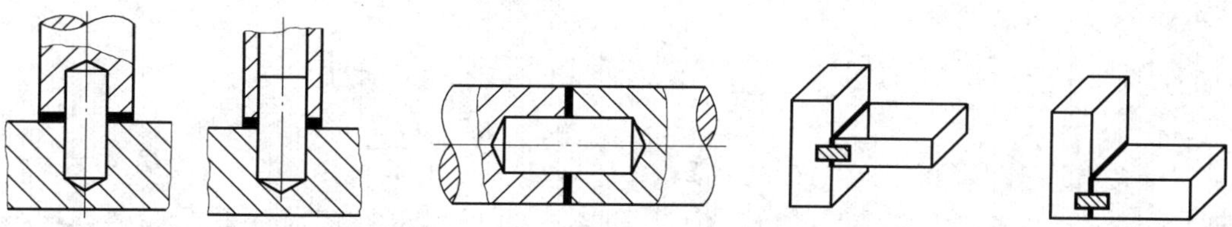

图 3.57　镶金属键与胶接的结合

3.4.4　胶接工艺

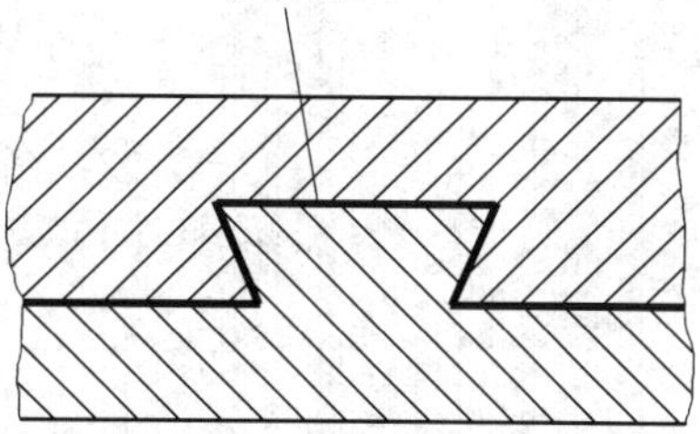

图 3.58　机械夹固与胶接的结合

胶接工艺主要包括表面处理、涂胶、固化、检查等，这些工艺环节的操作对胶接质量有显著影响。

1.胶接材料的表面处理

由于胶接主要借助于胶黏剂对胶接材料表面的黏附作用，因此胶接材料的表面处理就可能成为决定胶接接头的强度和耐久性的主要因素。

(1)表面清理

除去材料表面妨碍胶接的油污、锈迹、吸附物、灰尘和水分等，一般可用汽油，油污严重时可用碱溶液或有机溶剂。对于非金属材料，一般只进行溶剂清洗。

(2)表面处理

为了获得活性的易于胶接的特殊表面或造成特定的粗糙度，常采用打磨、喷砂、溶剂脱脂等处理。

(3)化学处理

对于接头强度要求较高的胶接件，应当再进行化学处理，进一步提高胶接面的浸润能力。

2.涂胶

根据胶黏剂的形态不同，涂胶的方法有涂刷、辊涂、刀刮、注入等。应力求使胶黏剂涂匀，胶层厚度要适中，当涂有胶黏剂的表面发黏时，应立即进行胶接，胶接时可施以适当的压力，直至两胶接面牢固结合，去除压力后也不会分离为止。还应注意排除在胶接前或胶接过程中释放出的挥发性气体，以防由于微小气泡存在于胶接层而降低强度。

3.固化

固化是在一定的温度和压力下进行的。温度是最重要的参数，每种胶黏剂都有其各自的固化温度，适当提高温度，固化时间可以缩短；温度过低不能实现固化，温度过高，胶层变脆。固化常用的加热方法为电烘箱和红外线加热，或采用高频、超声波、微波及射线辐射等方法；固化后要缓慢冷却，以减小内应力，防止胶接件变形。常用的加压方法有重锤、夹具、真空以及压机等。

3.5 连接成形新工艺及发展

连接技术自古至今已有近千年的历史，工业生产中的的很多产品，小到生活用品，大到航空、航天及核能工业中产品，都离不开连接技术。随着新兴工业的发展迫使连接技术也在不断地前进，如微电子工业的发展促进了微型连接工艺和设备的发展；陶瓷材料和复合材料的发展促进了真空钎焊、真空扩散焊、喷涂以及胶接工艺的发展；焊接过程自动化、机器人化以及智能化已经成为焊接行业的发展趋势，所有这些也给制造业带来巨大的变革。

3.5.1 结构钢焊接向纵深发展

随着奥运会在我国的召开，“鸟巢”成为万人注目的焦点，而在“鸟巢”的建设中，大量地采用了焊接新技术，从中也可以看出新钢种焊接性试验、厚板焊接、仰焊技术、低温焊接技术、铸钢及其异种钢焊接技术将在建筑钢结构焊接工程中得到推广，而复杂钢结构焊缝宽间隙焊接技术和钢结构体系初始应力的控制将成为焊接技术的主攻方向。

1.厚板焊接技术

随着钢板厚度的增加，焊接难度也会大大地增加。在我国现行标准 GB/T1591—1994《低合金高强度结构钢》和 YB4104－2000《高层建筑结构用钢板》规定钢板厚度最大仅为 100 mm，由此可看到厚板在焊接上的难度。而国家体育场“鸟巢”所采用的钢结构 Q460E－Z35厚度为 110 mm，基本代表了我国建筑钢结构焊接工程的用钢厚度。“鸟巢”钢结构焊接工程采用了与原建筑钢结构焊接工程不完全一致的组合工艺，提高了焊接效率，保证了焊接质量，为厚板焊接技术提供了有益的借鉴经验，使建筑钢结构厚板焊接技术得到了很大发展。

2.低温焊接技术

钢结构焊接工程能否在冬季施工？有没有临界施工焊接的最低温度？这些问题历来都是学术界、工程界致力解决的难题。国家体育场“鸟巢”钢结构焊接程中，有 1 万吨以上的钢结构需要在冬天完成焊接施工，通过很大规模的低温焊接试验，最终确定了 －150℃停止施焊的温度，实践证明，低温焊接试验是成功的。“鸟巢”的低温焊接技术、规程、经验，必然被积极地推广和应用。

3.仰焊技术

国家体育场“鸟巢”钢结构焊接以不争的事实证明：仰焊技术不仅可以大规模地应用，而且给工程带来较大的直接经济效益，从理论和实践上证实了仰焊技术的可行性、安全性，使仰焊技术得到了正确的定位，并丰富和发展了焊接应用技术。

3.5.2 计算机在焊接中的应用

计算机辅助焊接技术(CAW)是以计算机软件为主的焊接新技术重要组成。利用计算机可对焊接电流、电压、焊接速度、气体流量和压力等参数快速分析和控制；也可对各种焊接过程的数据进行统计分析，总结出焊接不同材料、不同板厚的最佳参数方程和图表。

1. **焊接专家系统**

专家系统（ES）就是一种特殊的计算机程序，它以人类专家的水平完成专门的任务。专家系统是由知识库、推理机、人机界面三部分组成。知识库用来存储和管理领域知识；推理机控制整个系统协调工作，根据知识库知识，按一定的推理策略解决相应的问题；人机界面负责系统与用户之间的信息交换。

2. **人工神经网络**

人工神经网络（ANN）是一种模拟生物神经系统的计算机系统。它由若干神经元和它们之间的相互连接形成一个网络拓扑，能较好地处理像焊接动态过程这样的高维数、非线性、强干扰、不确定、难建模的复杂过程的控制问题。在焊接质量控制中采用神经网络建立焊接过程模型可以解决线性控制方法所不能克服的问题。这样建立的模型不同于以往固定结构的数学模型，不对焊接过程作任何假设，因此所建模型能较真实地反映焊接动态特性。

3. **模糊控制**

模糊控制可以被认为是在总结采用人类自然语言概念操作经验的基础上升华而发展起来的模仿人类智能行为的一类控制方法。这类控制系统的核心是 Fuzzy 控制器，其作用是将控制误差等精确量“模糊化”为模糊量，然后根据基于语言控制规则或操作经验提取的模糊控制规则推理得到控制作用的模糊量，最后采用一定的“清晰化”算法将模糊控制量转换为精确控制量输入给执行机构，以完成系统的 Fuzzy 控制调节过程。例如：基于模糊控制的点焊工艺参数优化，就是通过不断地调整和组合诸如电极压力、焊接电流、焊接时间等参数，使最终高效率地获得期望的焊接接头。

3.5.3 焊接机器人与柔性生产

焊接机器人是机器人与焊接技术的结合，是自动化焊装生产线中的基本单元，常与其他设备一起组成机器人柔性作业系统，如弧焊机器人工作站等。

1. **焊接机器人**

我国第一台焊接机器人是 1985 年研制成功的 HRGH－1 型弧焊机器人，1987 年又研制出点焊机器人，1989 年以国产机器人为主的汽车装焊生产线投入生产，标志着国产机器人实用阶段的开始。弧焊机器人的应用范围很广，在通用机械、金属结构、航天航空、机车车辆及造船等行业都有应用，其发展尚处于第一代机器人向第二代机器人过渡转型阶段，即配有焊缝自动跟踪（如电弧传感器、激光视觉传感器等）和熔池形状控制系统等，可对环境的变化进行一定范围的适应性调整，如图 3.59 所示。随着国内制造业的发展，焊接机器人的性能也在不断提高，并逐步向智能化方向发展。

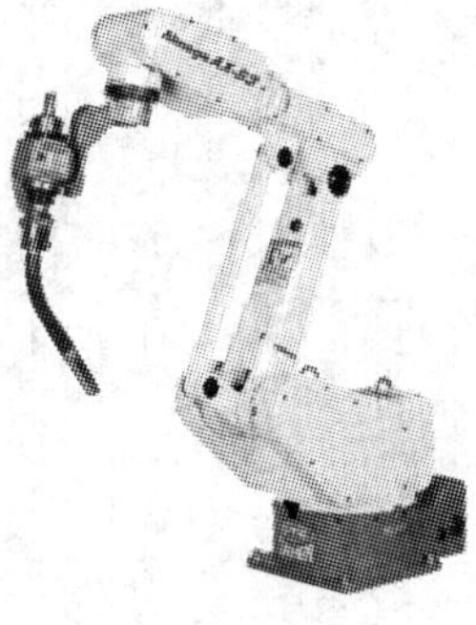

图 3.59　弧焊机器人

2.柔性生产系统(FMS)

焊接柔性生产系统(WFMS)是在成熟的焊接机器人技术的基础上发展起来的更为先进的自动化焊接加工设备。由多台焊接机器人加工单元组成,可以方便地实现对各种不同类型的工件进行高效率焊接加工。

典型的WFMS应由多个既相互独立又有一定联系的焊接机器人、运输系统、物料库、FMS控制器及安全装置组成。每个焊接机器人可以独立作业,也可以按一定的工艺流程进行流水作业,完成对整个工件的焊接。系统控制中心有各焊接单元的状态显示及运送小车、物料的状态信息显示。

思考题

1.低碳钢焊接热影响区中各区域组织和性能如何?从焊接方法和工艺上考虑,如何缩小和消除热影响区?

2.埋弧焊和电渣焊的焊接过程有何区别?各适用于什么场合?

3.焊接变形有哪些基本形式?消除和减小焊接应力和变形的措施有哪些?

4.钎焊与熔焊的过程实质有何差别?钎焊的主要适用范围是哪些?

5.下列制品该选用什么焊接方法?

① 自行车架;② 硬质合金刀具;③ 锅炉筒体;④ 电子线路板;⑤ 汽车覆盖件装配

6.分析图3.60中焊缝分布是否合理。若不合理,请加以改正。

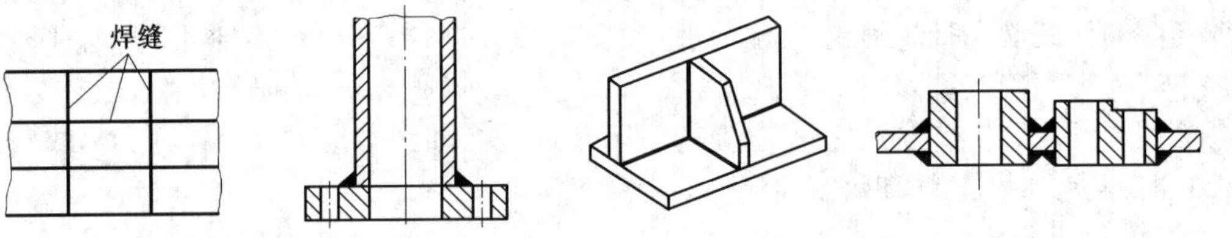

(a) (b) (c) (d)

图3.60

7.胶接接头设计与焊接接头设计有何不同之处?

8.简述胶接工艺过程。

第 4 章　粉末冶金成形

粉末冶金(Powder Metallurgy,简称 PM)是制取金属粉末并通过成形和烧结等工艺将金属粉末或与非金属粉末的混合物制成制品的加工方法,其既可制取用普通熔炼方法难以制取的特殊材料,又可制造各种精密的机械零件。粉末冶金材料及产品具有优越的性能和良好的经济性,在机械结构零件、减摩材料、摩擦材料、硬质合会、磁性材料、难熔金属及其合金等方面已形成具有较大规模的产业,为我国工业、交通、国防、科技等领域提供了越来越多的制品和新材料。

粉末冶金技术起源于远古时代,公元前 3000 年埃及人将用碳还原氧化铁得到的海绵铁,经高温铸造成致密铁,再锻打成器物,但是直到 1909 年美国工程师库利吉(W. D. Coolidge)用钨粉成形、烧结、旋锻、拉丝的方法,成功制造了电灯钨丝之后,才为粉末冶金工业迈出了第一步。采用粉末压制—烧结方法制备金属零件已有约 100 年的历史了,但在最近 20 年,粉末冶金已成为一种为重要领域制备高性能、高质量零件的先进技术,因此,粉末冶金工业又是一门较年轻的产业,一系列新技术、新工艺的不断问世,使粉末冶金新材料、新产品不断涌现。

4.1　粉末冶金特点及应用

与传统材料的制取,以及金属铸造、锻造等其他成形技术相比,粉末冶金技术具有如下特点。

①利用各种成形工艺,可以将粉末原料成形为少余量、无余量的毛坯或净形零件,有效地降低生产的资源和能源消耗。用粉末冶金方法制造产品时,金属的损耗只有 1% ~ 5%,图 4.1 为粉末冶金与其他金属成形工艺在材料利用率方面的比较。

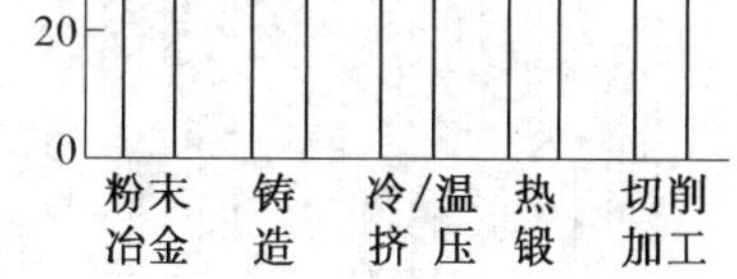

图 4.1　几种金属成形工艺在材料利用率方面的比较

②可实现多种材料的复合,并且能保证材料成分配比的正确性和均匀性,充分发挥各组元材料的特性。

③可制取高纯度的材料。因为粉末冶金工艺在材料生产过程中并不熔化材料,不会混入由坩埚和脱氧剂等带来的杂质,而且烧结一般在真空和还原气氛中进行,不会氧化,也不会给材料任何污染。

④能够制造目前使用其他工艺无法制造或难于制造的材料和制品,如多孔、减震、隔

音材料及制品、高性能结构陶瓷和功能陶瓷材料、钨钼钛等难熔金属材料和制品。

⑤减少合金成分偏聚,消除粗大、不均匀的铸造组织。

由于粉末冶金技术的优越性,世界粉末冶金工艺在过去的10年中高于其他零件制造业的发展速度。粉末冶金为我国航天、核能、兵器、电子、电器、石油、化工等工业发展提供了大量的关键材料,近年来汽车粉末冶金零件的用量发展迅猛。图4.2为一些粉末冶金零件实例,表4.1列出了粉末冶金材料的一些应用领域。

表4.1 粉末冶金材料的应用

应用领域	应用举例
机械制造与加工	硬质合金、陶瓷刀具、粉末高速钢
汽车制造	机械零件、多孔含油轴承、摩擦材料、过滤器
采矿	硬质合金、金刚石－金属组合钻头材料
造船	机械零件、多孔含油轴承
电气与电子	电触头材料、电真空电极材料
精密仪器	仪表零件、磁性材料
电机制造	多孔含油轴承、铜－石墨电刷
无线电和电视	磁性材料
计算机	记忆元件
化工	过滤器、防腐零件、催化剂
石油	过滤器
航空	摩擦片、过滤器、防冻用多孔材料、粉末超合金
航天	纤维强化材料、难熔金属及合金
原子能	核燃料元件、反应堆结构材料、控制材料
军事	穿甲弹头、炮弹箍、军械零件

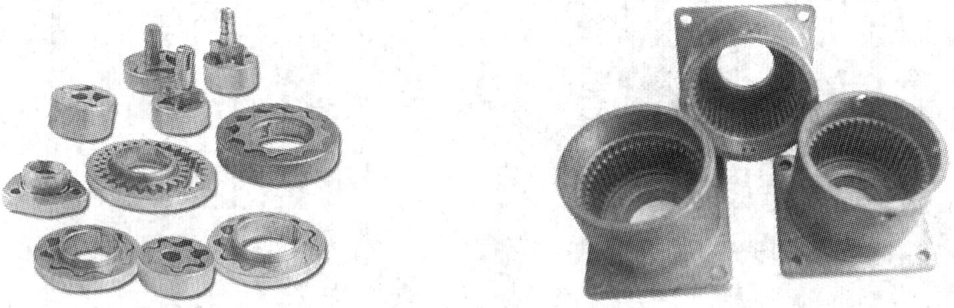

(a)汽车零件　　(b)齿轮

(c)含油轴承　　(d)发动机零件

图 4.2　粉末冶金零件

4.2　粉末冶金工艺过程

粉末冶金技术不仅是一种材料制造技术,而且其本身还包含着材料的加工、成形和处理,其工艺过程包括制备粉末原料、粉末的预处理、粉末成形、烧结和后处理等。图 4.3 为粉末冶金制品的制备工艺流程。

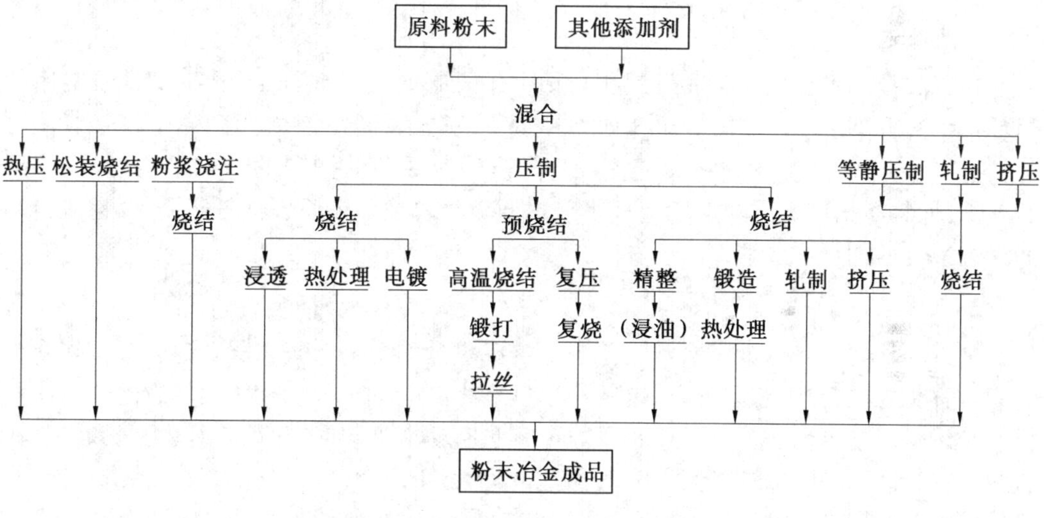

图 4.3　粉末冶金制品的制备工艺流程

4.2.1　制备粉末原料

金属粉末是粉末冶金生产的基本原料,随着粉末材料和制品的不断增多,要求提供的粉末的种类也越来越多。例如,从材质范围来看,不仅使用纯金属粉末,也要使用合金粉末、金属化合粉末等;从粉末形貌来看,要求使用各种形状的粉末,如生产过滤器时,就要求球形粉末;从粉末粒度来看,从 500～1 000 μm 的粗粉末到粒度小于 0.1 μm 的超细粉末。金属粉末的各种性能均与制粉方法有密切关系,制粉方法决定着粉末的颗粒大小、形状、松装密度、化学成分、压制性、烧结性等。为满足粉末冶金制品对金属粉末的各种性能要求,研究开发了各种各样的金属粉末制备方法,大体上可分为机械法和物理化学法两大类,见表4.2。

表4.2 粉末制备方法

物理化学法	还原法	碳还原、气体还原、金属热还原
	还原化合法	碳化或碳与金属氧化物作用、硼化或碳化硼法、硅化或硅与金属氧化物作用、氮化或氮与金属氧化物作用
	气相还原法	气相氢还原、气相金属热还原
	化学气相沉积	
	气相冷凝或离解	金属蒸汽冷凝、羰基物热离散
	液相沉淀法	置换、溶液氢还原、从熔盐中沉淀
	电解法	水溶液电解、熔盐电解
	电化腐蚀法	晶间腐蚀、电腐蚀
机械法	机械粉碎	机械研磨、漩涡研磨、冷气流粉碎、机械合金化
	雾化法	二流雾化、离心雾化、超声雾化

1.还原法

还原法是从固态氧化物或金属化合物中还原制取金属或合金的粉末,是最常用的金属粉末生产方法之一,工艺简单,生产费用低。例如,铁粉生产常用固体碳将其氧化物还原,钨粉生产常用高温氢气将其氧化物还原。通过还原法制得的粉末呈多面体,为海绵状,成形性和烧结性好。粉末的粒度可通过原料的粒度和还原条件任意调整,易制得均质的粉末。

2.电解法

常用的电解法是从金属盐水溶液中电解沉积金属粉末,如铜、镍、铁、铬等金属粉末是采用电解法生产,在一定条件下,电解法也可制得合金粉末,使用熔盐电解还可制取一些稀有难熔金属粉末,如钽、钛、锆、铀等。电解法制粉末工艺简单,粉末纯度高,颗粒呈树枝状或针状,其成形性和烧结性都很好,但耗电量大,生产率低,成本高,仅在特殊性能(高纯度、高密度、高压缩性)要求时使用。

3.机械粉碎法

机械粉碎法是靠压碎、击碎和磨削等作用,将块状金属或合金机械地粉碎成粉末的制粉方法,所有的金属和合金都可以被机械粉碎。机械研磨比较适用于脆性金属及合金;漩涡研磨和冷气流粉碎适用于塑性金属及合金。机械粉碎法不仅是一个独立的制粉方法,而且也常作为其他制粉方法不可缺少的补充工序,如研磨电解制得的硬脆阴极沉积物。

4.雾化法

雾化法是将熔融金属粉碎成液滴,而后凝固成金属粉末颗粒的粉末制备方法。从生产规模来看,雾化法是仅次于还原法的第二大粉末生产方法。

借助高压液流(通常是水或油)或高压气流(空气、惰性气体)的冲击破碎金属液流来制备金属粉末的方法，称为气雾化或水（油）雾化法，统称二流雾化法，如图 4.4 所示；用离心力破碎金属液流称为离心雾化，如图 4.5 所示；利用超声波能量来破碎金属液流称为超声雾化，如图 4.6 所示。

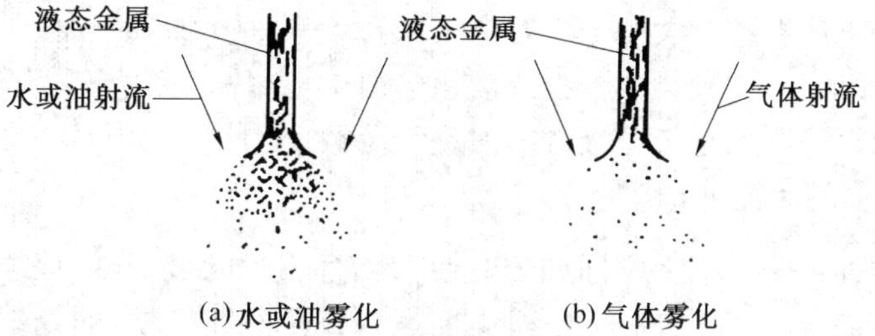

图 4.4　二流雾化制粉示意图

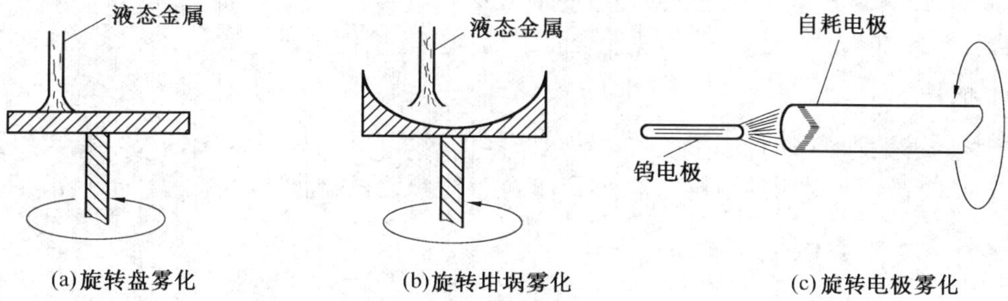

图 4.5　离心雾化制粉示意图

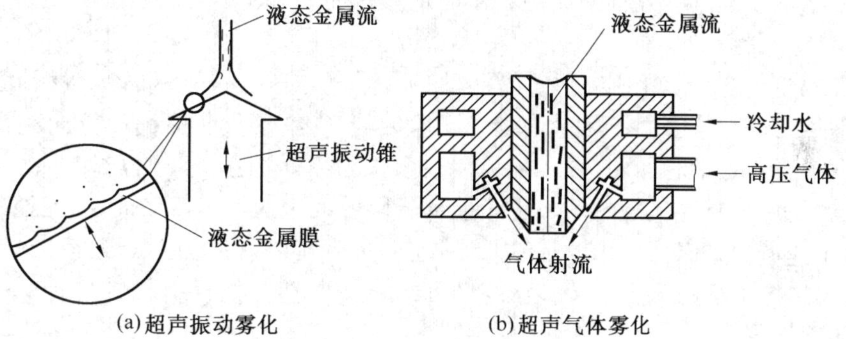

图 4.6　超声雾化制粉示意图

4.2.2　粉末的预处理

为了满足产品的最终性能和压制成形过程的要求，需要对粉末原料进行预处理，包括退火、分级、混合、制粒等。

1.退火

粉末的预先退火可以使氧化物还原，降低碳和其他杂质的含量，提高粉末的纯度；同时，还能消除粉末的加工硬化、稳定粉末的晶体结构，提高粉末压缩性。采用还原法、机械粉碎法、电解法、雾化法以及羰基法制备的粉末通常都要进行退火处理，退火温度一般为金属熔点绝对温度的50%~60%。退火时一般采用还原性气氛,有时也用真空或惰性气氛。

2.分级

分级是将粉末按颗粒度大小分成若干级的过程,使配料时易于控制粉末的粒度和粒度分布,以适应成形工艺要求。铁、铜等较粗的粉末常用标准筛网进行分级;而钨、钼等难熔金属细粉或超细粉则用空气分级的方法进行分级。

3.混合

混合是将两种或两种以上不同成分的粉末混合均匀的过程,一些添加剂也在此时加入混合料中一起混合均匀。混合方法基本上有机械法和化学法两种,机械法是将混合料机械地掺和均匀而不发生化学反应;化学法是将金属或化合物粉末与添加金属的盐溶液均匀混合,或者是各组元全部以某种盐的溶液形式混合,然后经沉淀、干燥和还原等处理而得到均匀分布的混合物。化学法混合粉末的均匀程度优于机械法。

4.制粒

制粒是将小颗粒的粉末制成大颗粒或团粒的过程,常用来改善粉末的流动性和稳定粉末的松装密度。常用的制粒设备有振动筛、滚筒制粒机、圆盘制粒机等。

4.2.3 粉末成形工艺

1.压制成形

粉末在钢制模具中经轴向压制获得一定形状成型体(压坯)的过程为压制成形。

(1)单向压制

这是最简单的粉末压制方法,如图4.7所示,通常是模具下端的承载板固定不动,只通过模冲从上部加压。由于压制过程中摩擦力的存在,压坯中沿高度方向和横断面方向压坯密度的分布是不均匀的,图4.8是圆柱形镍粉单向加压成形时压坯的密度分布。由于模壁的摩擦,与模冲接触的压坯边缘上部的颗粒产生的相对运动最大,此处的密度也最高;而由于模壁的摩擦力作用,压坯边缘从上向下受到的压制力不断减小,其密度也随之下降,压坯边缘下部的密度最小。压坯密度的不均匀性往往会引起烧结后材料密度及尺寸变化的不均匀性。

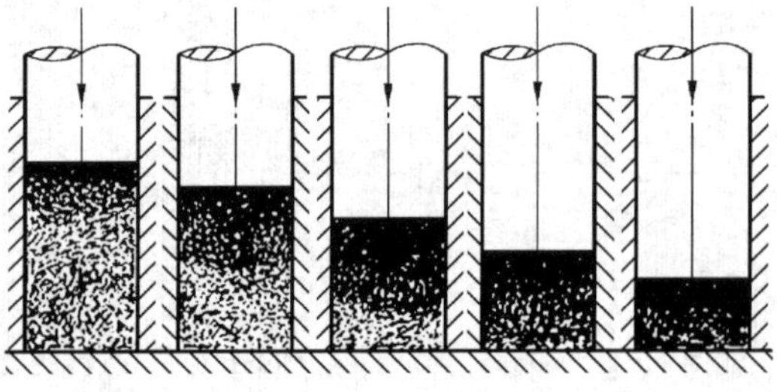

图4.7 单向压制成形

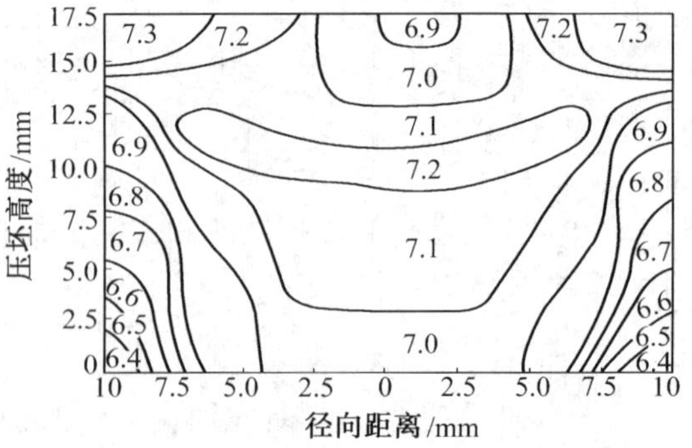

图4.8 单向压制圆柱形镍粉的压坯密度分布

(2)双向压制

为了改善压坯密度的不均匀性,可以采用双向压制成形方法,即上下两个模冲从两端同时加压,如图 4.9 所示。这种方法虽然不会减少成形时的摩擦阻力,但由于压力梯度的有效传递距离减少了一半,所以由于摩擦力作用导致的压制压力的减小仅为单向压制成形的一半,压坯的密度分布为上下两端密度大,中间部位密度小,密度不均匀状况得到明显改善,如图 4.10 所示。

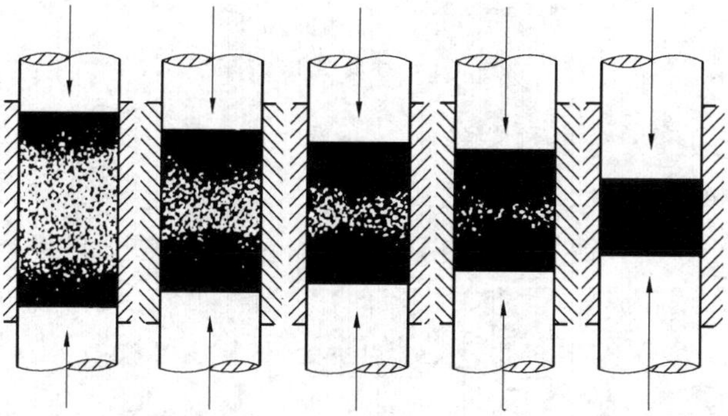

图 4.9　双向压制成形过程

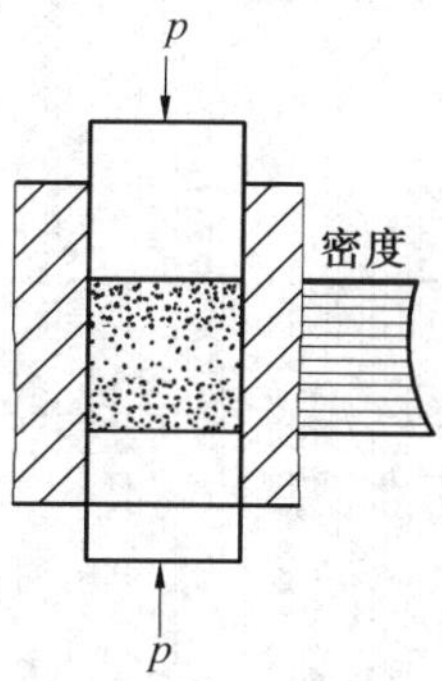

图 4.10　双向压制成形的压坯密度分布

除了双向压制成形外,也可以采用双向先后加压成形的方法,即分两次加压,一端先加压,另一端后加压。这种加压方法有利于压力的传递和气体的排出,作用时间也较长,得到的压坯密度的均匀性有了进一步的改善。图 4.11 是几种加压方式得到的压坯密度分布情况。

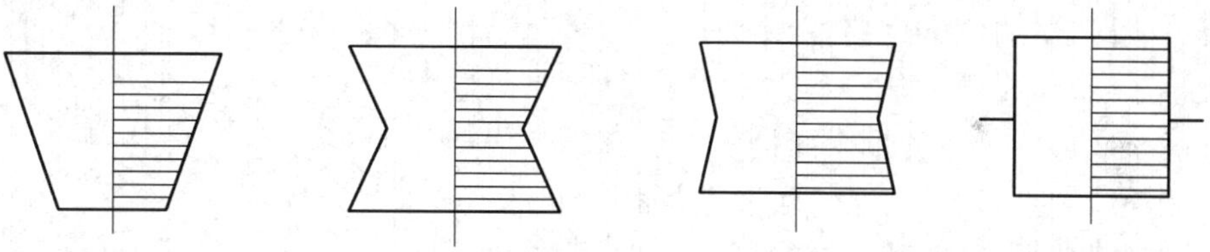

(a)单向加压　(b)双向同时加压　(c)双向先后加压　(d)四向加压

图 4.11　不同加压方式下的压坯密度

当零件在压制方向具有多个台面时,为得到较均匀的密度,每个台面需要使用单独的模冲成形,模冲的移动必须使各个台面的粉末高度与生坯高度之比(即压缩比)相同。图 4.12 比较了用一个下模冲与两个独立下模冲的压制密度。

压坯密度的均匀性是衡量压坯质量的重要指标,烧结后制品的强度、硬度及各部分性能的同一性,皆取决于密度分布的均匀程度;而且在烧结时,压坯密度分布不均匀将使制品产生很大的应力,从而导致收缩的不均匀、翘曲,甚至产生裂纹,因此,压制成形时应力求使压坯密度分布均匀。除了压制方式外,压坯的侧正面积比、摩擦系数对压坯密度也起决定性作用。

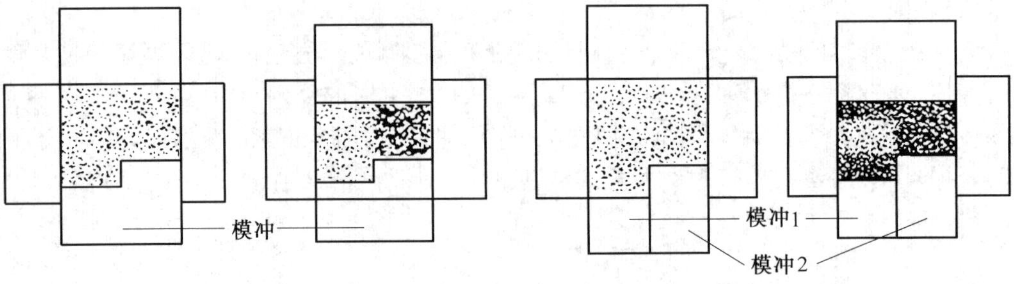

图 4.12　两个台面压坯的密度分布

2.等静压成形

等静压成形过程是借助于高压泵的作用把流体介质(气体或液体)压入耐高压的钢质密封容器内。高压流体的静压力直接作用在弹性模套内的粉末上,使粉末体在同一时间内在各个方向上均衡地受压而获得密度分布均匀和强度较高的压坯,如图 4.13 所示。

等静压制过程由加压、保压和卸压三个阶段组成。加压时要求平稳,加压速度应适当。对于硬度高、脆性大的粉料最高成形压力应高一些,而对于塑性好的粉料最高成形压力应适当低一些。在最高成形压力下,适当的保压可以增加粉体颗粒的塑性变形,提高坯体的密度。

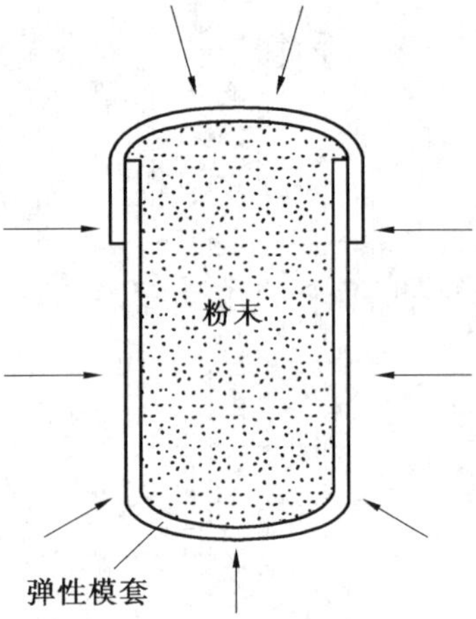

图 4.13　等静压成形

等静压成形按其特性分为冷等静压成形和热等静压成形。冷等静压成形是在室温下采用高压液体传递压力的成形方法,压制的压坯密度高,较均匀,力学性能较好,尺寸大且形状复杂,已用于棒材、管材和大型制品的生产。

等静压成形与一般的钢模压制法相比有下列优点。

①能够压制具有凹形、空心等复杂形状的制件。

②压制时的粉末体与弹性模具的相对移动很小,所以摩擦消耗也很小,单位压制压力较钢模压制成形时低。

③能够压制各种金属粉末和非金属粉末,压坯密度分布均匀,对难熔金属粉末及其化合物尤为有效。

④压坯致密,强度较高,便于加工和运输。

3.轧制成形

粉末冶金制品的轧制成形属于连续成形过程,如图 4.14 所示,具有一定流动性的、松装密度为 20% ~ 30% 的金属粉末从一特制的供料漏斗中流入转动方向相反且处于同一平面的两个轧辊之间的缝隙,当轧辊转动时依靠轧辊与粉末间的外摩擦力和粉末颗粒间的内摩擦力的作用,把粉末不断地咬入到轧辊间的变形区内,轧制压实成相对密度达 50% ~ 90% 的、且具有一定强度的带状或板状坯材,其截面形状由轧辊决定。坯材再经过烧结和后续轧制及热处理,可进一步提高密度并消除应力,从而获得足够的强度和塑性。轧制成形的粉末冶金制品通常是截面形状较为简单的带状或板状。

粉末轧制成形在机械、电工、电子、石油化工、核能和航空航天等工业部门获得日益广泛的应用，与常规的熔铸轧制法比较，粉末轧制的优点如下。

①能生产常规轧制法难以生产或无法生产的各种板、带材，如双金属、多层金属带材，难熔金属及其化合物板、带材，多孔过滤材料、电触头材料、磁性材料、摩擦和耐磨材料、粉末超导材料等的带材。

②粉末轧制的板、带材成分精确可控，可避免成分偏差和组织偏析，具有各向同性的性能。

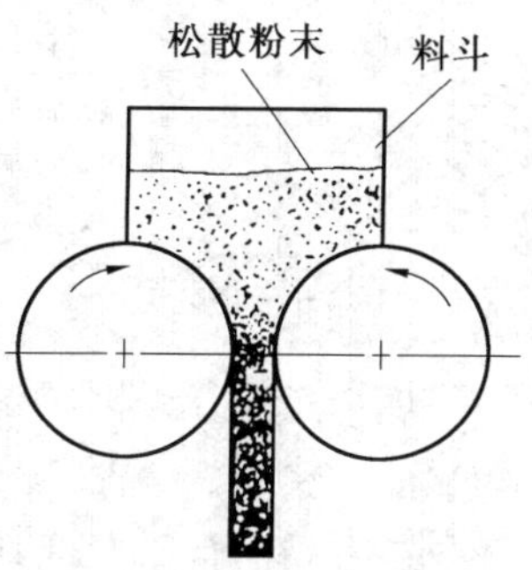

图 4.14　粉末轧制

③粉末轧制的工艺过程短，节约了能源、降低了成本，如轧制不锈钢带材，包括制粉仅有七道工序，而用熔铸轧制法则需十四道工序。

④粉末轧制的成材率高，一般为 80% ~ 90%，而熔铸轧制法一般为 60%，塑性差的金属及其合金仅为 30%。

⑤粉末轧制的设备投资较少，约为常规轧制的几分之一。

4.挤压成形

挤压成形是塑性成形方法的一种，粉末挤压成形是将具有塑性的粉末或坯料放入挤压机内，在外力的作用下，通过压模嘴挤成一定形状的坯体，如图 4.15 所示，压模嘴即为成形模具，通过更换压模嘴可以挤出不同形状的坯体。金属粉末具有良好的塑性，但用于挤压成形时仍需加入增塑剂。目前这项技术在工业中应用有限，主要用于生产硬质合金的薄壁管以及其他的长而薄的异型件，如可由不锈钢粉与增塑剂的混合物挤压成管材，管材的壁厚比用等静压生产的管材薄。

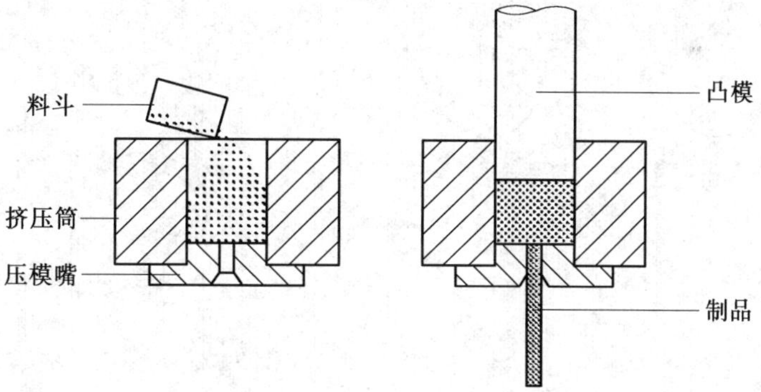

图 4.15　粉末挤压成形

5.粉末锻造

粉末锻造是指将压坯烧结成预成形件，然后在闭式模中锻造成零件的一种工艺方法。它是粉末冶金与精密模锻相互结合的工艺，能生产出高密度、高强度的制品，克服了普通粉末冶金零件抗冲击韧性差，不能承受高负荷的缺点。粉末锻造制品的性能指标比普通粉末冶金零件制品得到全面提高，而且粉末锻造的能源消耗低、材料利用率高，制品的内部组织无偏析且各向同性。

粉末锻造最先应用在汽车工业上，之后发展到越野车辆和军用零件上，使用范围不断扩大。它主要有铁基制品、铝制品、钛制品及特殊制品，如双金属制品、密度不一致制品、耐磨制品等。

4.2.4 烧结

烧结是使压坯或松装粉末体进一步结合起来，以提高强度及其他性能的一种高温处理工艺。烧结工艺是粉末冶金生产的一个重要环节，决定粉末压坯烧结致密化过程的主要因素有粉末体的化学组成、烧结温度、烧结时间及生坯密度等。

在烧结过程中粉末压坯发生许多重要的物理、化学变化。从本质上看，烧结是由于固态中的分子或原子相互吸引，通过加热体产生颗粒黏结，经过迁移使粉末体产生强度并导致致密化和再结晶的过程，一些材料还伴随着固相反应、相变和局部熔融。通过烧结，材料的强度、硬度等性能达到了设计的要求，再经过加工后即成为最终产品。

图4.16为球形铜粉粒烧结过程示意图。烧结的早期，随加热温度的升高，颗粒间直接接触的部分通过原子扩散黏结在一起，形成颈缩。随着烧结的继续，原子向颈缩部分大量迁移，使烧结颈长大，同时使颗粒间隙的通道光滑化，然后这些弯曲的通道和联结在一起的孔隙随原子的继续迁移而封闭，形成许多孤立的球形空洞。在下一阶段，比较小的空洞尺寸逐渐变小，甚至消失，使坯体随之逐渐收缩，气孔率下降，密度也相应提高，烧结过程中发生的这些变化随烧结温度的升高而逐渐推进。同时，粉末压块的性质也随着烧结过程的进行而出现强度增加、电阻率下降等变化。由于压制时在压坯内轴向与径向存在着不同的残余应力，因此烧结后压坯的长度与宽度的变化不同。

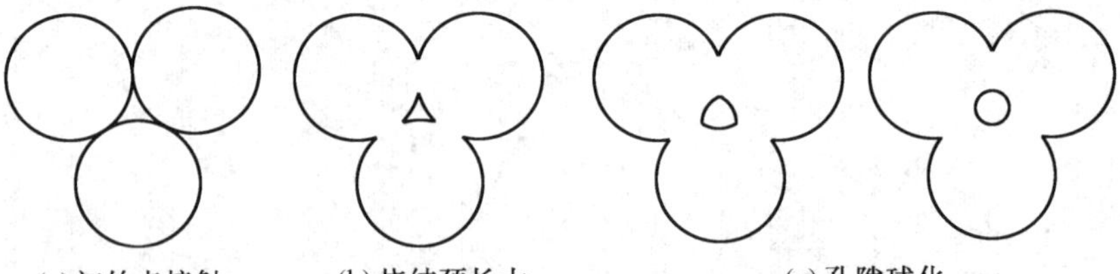

图4.16 球形铜粉粒烧结过程示意图

4.2.5 后处理

粉末后处理是指压坯烧结后的进一步处理。一般情况下，有些烧结好的制件能够达到所需性能，可直接使用，有些制件还需进行必要的后处理。常用的后处理方法有复压、浸渍、熔渗、热处理、表面处理和切削加工等。

1.复压

复压是为提高烧结体物理和力学性能而进行的施加压力处理，包括精整和整形等。精整是为达到所需尺寸而进行的复压，通过精整模对烧结体施压以提高精度；整形是为达到特定的表面形状而进行的复压，通过整形模对制品施压以校正变形且降低表面粗糙度值。复压适用于要求较高且塑性较好的制品，如铁基、铜基制品。

2.浸渍

用非金属物质(如油、石蜡和树脂等)填充烧结体孔隙的方法,包括浸油和浸塑料等。浸油是在烧结体内浸入润滑油,改善其自润滑性能并防锈,常用于铁、铜基含油轴承;浸塑料是在烧结体内浸入聚四氟乙烯分散液,经固化后,实现无油润滑,常用于金属塑料减摩零件。

3.熔渗

熔渗是将低熔点金属渗入粉末制件孔隙中去,可提高强度、硬度、可塑性、冲击韧性及耐磨性等,铁基材料常采用浸铜或铅。

4.热处理

热处理是对烧结体加热到一定温度,再通过冷却控制处理,以改善制品性能的方法。常用的热处理方法有淬火、正火、化学热处理等,其工艺一般与致密材料的热处理工艺相似。例如对于不受冲击而要求耐磨的铁基制件可采用整体淬火,由于孔隙的存在能减少内应力,一般可以不回火;而要求外硬内韧的铁基制件可采用淬火或渗碳淬火。

5.表面处理

常用的表面处理方法有蒸汽处理和电镀等。蒸汽处理是将工件放在500~560℃的热蒸汽中加热并保持一定时间,使其表面及孔隙形成一层致密氧化膜的表面工艺,用于要求防锈、耐磨或防高压渗透的铁基制件;电镀是应用电化学原理在制品表面沉积出覆盖层,其工艺方法与致密材料的电镀工艺相同,用于要求防锈、耐磨及装饰的制件。

4.3 粉末冶金制品结构的工艺性

粉末冶金零件最常用的成形方法是在刚性封闭模具中将金属粉末压制成形,在设计采用压制方法生产的粉末冶金制品时,应该在满足使用性能要求的前提下,尽量符合模具压制成形的要求。

(1)尽量采用简单、对称的形状,避免截面变化过大,以及窄槽、球面等,以利于制模和压实,如图4.17所示。修改后的结构易压制,容易顶出工件,模具也简单。

(2)壁厚不能过薄,一般不小于2 mm,并尽量使壁厚均匀,以利于装粉均匀、压实和防止出现裂纹,如图4.18所示。结构修改后的制品密度均匀,减少了烧结变形。

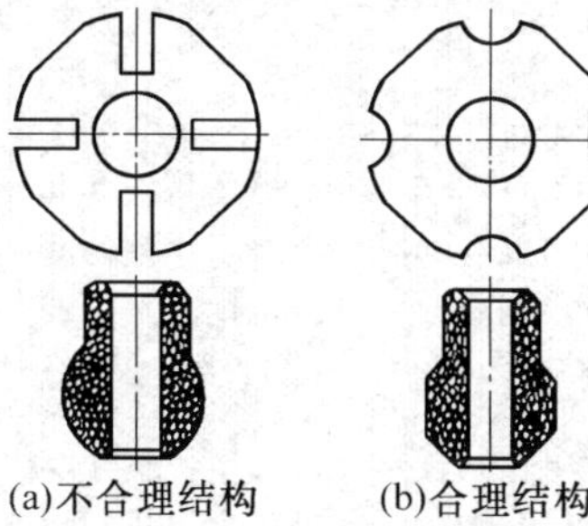

图4.17 简化外形

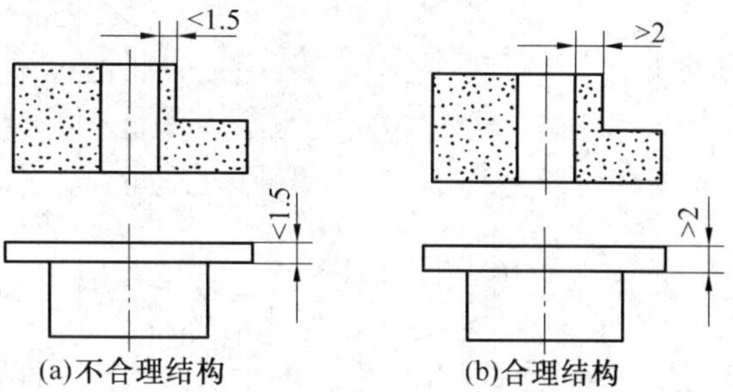

图4.18 避免局部薄壁

(3)避免侧壁上的径向孔和径向槽,以利于压实和减少余块,如图 4.19 所示。烧结后用机械加工的方法形成径向孔、径向槽。

(4)沿压制方向的截面积有变化时,只能沿压制方向逐渐缩小,而不能逐渐增大,以利于压实,如图 4.20 所示。当压制阶梯圆柱体时,每级直径之差不宜大于 3 mm,每级的长度与直径之比(L/D)应在 3 以下,否则不易压实,也不便取模,必要时,模具上要做出垫块,如图 4.21 所示。

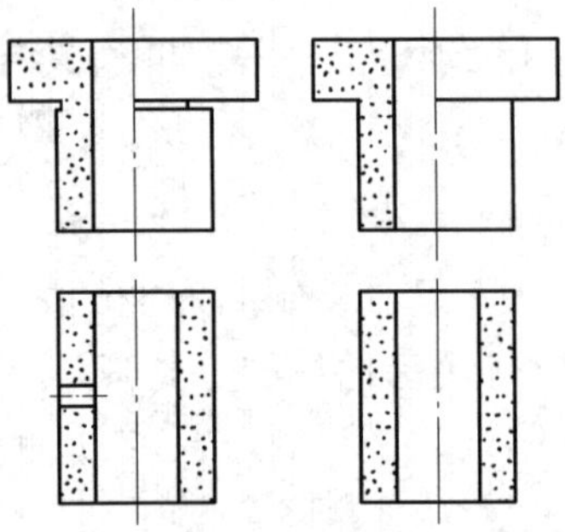

(a)不合理结构　(b)合理结构

图 4.19　避免侧壁上的径向孔槽

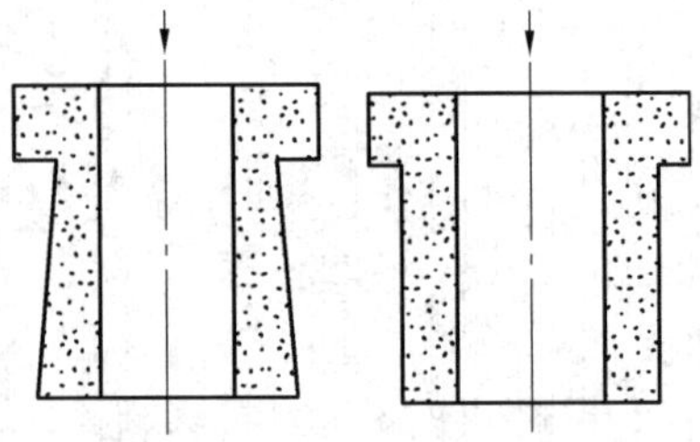

(a)不合理结构　(b)合理结构

图 4.20　避免沿压制方向截面增大

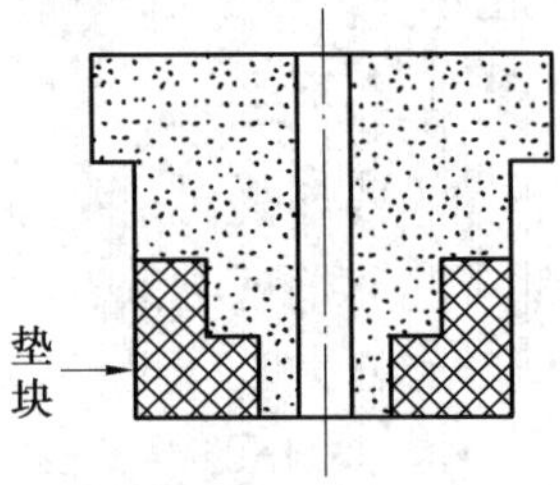

图 4.21　压制阶梯圆柱体

(5)各壁的交接处应采用圆角和倒角,圆角半径 R 不小于 0.5 mm,以利于粉末移动、压实,并防止模具或压坯产生裂纹,如图 4.22 所示。

(6)有锥面和斜面的部位需要一段平直带,避免模具出现易损现象,同时避免在冲模和凹模或芯杆之间陷入粉末,如图 4.23 所示。

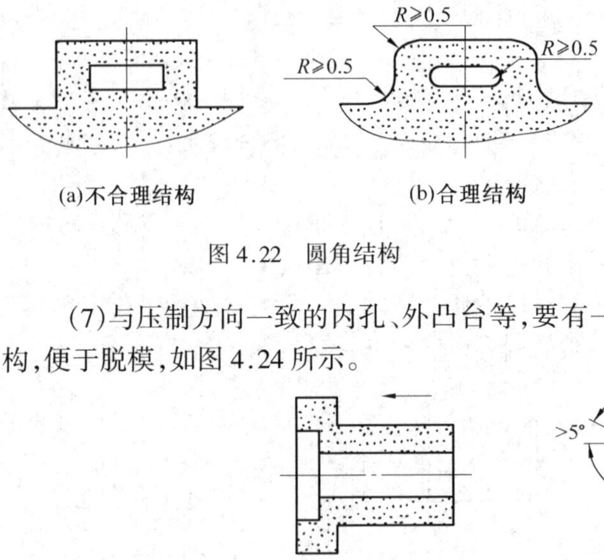

(a)不合理结构　(b)合理结构

图 4.22　圆角结构

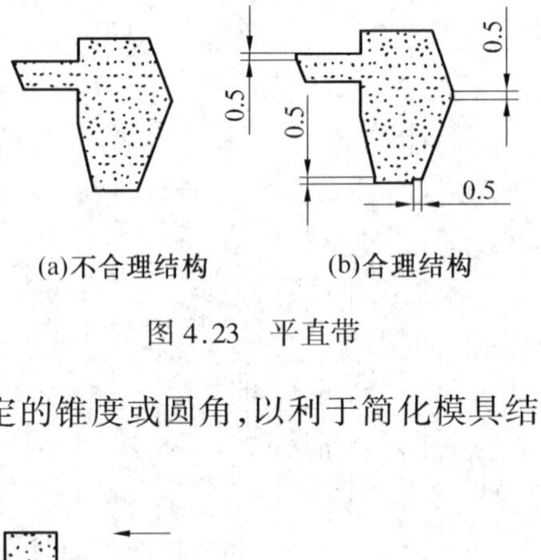

(a)不合理结构　(b)合理结构

图 4.23　平直带

(7)与压制方向一致的内孔、外凸台等,要有一定的锥度或圆角,以利于简化模具结构,便于脱模,如图 4.24 所示。

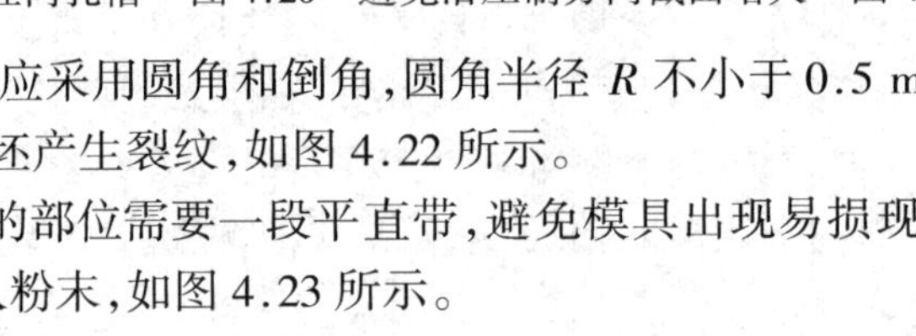

(a)不合理结构　(b)合理结构

图 4.24　锥度

4.4 粉末冶金新工艺及发展

粉末冶金是一项集材料制备与零件成形于一体,节能、节材、高效、少污染的先进制造技术,并逐渐形成了自身的材料制备工艺理论。近年来,粉末冶金有了很大的发展,应用范围不断扩大,一系列新技术、新工艺的不断问世,使得一批高性能和具有特殊性能的新材料和高质量的粉末制品相继产生。

4.4.1 制备粉末新技术

目前应用最广泛的制粉方法是还原法、电解法、机械粉碎法和雾化法。近年来在传统制粉技术的基础上进一步开发和应用了许多制粉新技术,如快速凝固雾化制粉技术、机械合金化等。

1.快速凝固雾化制粉技术

普通雾化制粉法的缺点是合金粉末易产生偏析。作为粉末制取新技术,快速凝固雾化制粉技术是采用直接击碎液体金属或合金并快速冷凝的方法制取粉末,其最大的优点是可以有效地减少合金成分的偏析,获得成分均匀的合金粉末。该法可以制取锡、铅、铜、铝、铁、合金钢、不锈钢、高温合金、稀土永磁合金等金属和合金粉末。

2.机械合金化

机械合金化是指利用机械能的作用使材料的组元在固态下实现合金化的材料制备技术。高能球磨是实现机械合金化的主要方法,其过程是将材料各组元放入高能球磨机中,各组元之间、各组元与磨球之间发生长时间的激烈碰撞、反复粉碎与冷焊,直至合金化。机械合金化是一种合成细晶合金粉末材料的有效方法,也是制备新型高性能材料的重要途径之一,它广泛用于制备弥散强化合金、金属间化合物、磁性材料、储氢合金、纳米晶合金、纳米晶陶瓷、纳米复合材料等。

4.4.2 粉末成形新技术

粉末注射成形、热等静压成形、温压成形等新工艺发展迅速,其在经济、高效地生产形状复杂的精密制品方面具有优越性,使传统的粉末冶金制品的性能得到根本的改善。

1.粉末注射成形

粉末注射成形是一种从塑料注射成形基础上发展起来的粉末冶金近净成形技术,其基本工艺流程如图4.25所示。目前,适用于注射成形的材料主要有铁合金、Fe – Ni不锈钢、钨合金、钛合金、Si – Fe合金、硬质合金、永磁合金等粉末冶金材料。

粉末注射成形技术提高了成形坯的精度和生坯密度,各部分的密度均匀,不需后续加工或只需微量加工,大大降低了生产成本,产品烧结密度可达95%~98%。制得的成形坯可进行渗碳、回火、淬火等处理。粉末注射成形技术在制造具有复杂形状和薄壁、均匀组织结构的小型产品方面显示了独特的优势,适用面广。

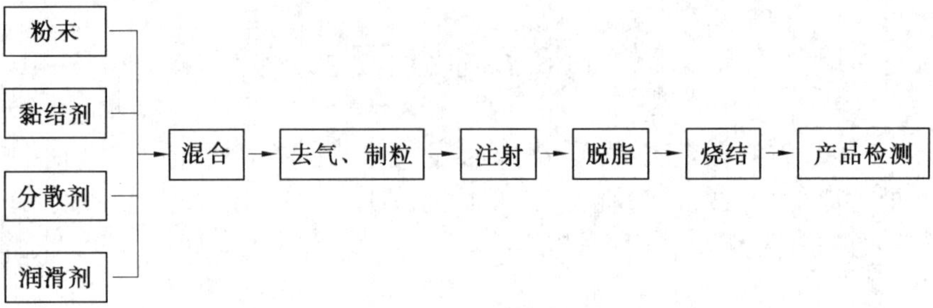

图 4.25 粉末注射成形的基本工艺流程

2.热等静压成形

热等静压成形是把粉末压坯或把装入特制容器(粉末包套)内的粉末体置入热等静压机的高压容器中,施以高温和高压,使这些粉末体被均匀压制和烧结成致密的零件或材料的工艺,其压制压力和烧结温度均低于冷等静压成形。粉末热等静压成形改善了制品的组织结构,消除材料内部颗粒间的缺陷和孔隙,提高了材料的致密度和强度。目前已采用热等静压成形工艺将粉末制造成接近理论密度值的制品和材料,国内外已采用热等静压技术制取了核燃料棒、粉末高温合金涡轮盘、钨喷嘴、陶瓷及金属基复合材料等。

3.温压成形

温压成形是将预热的混合粉料放入预热的封闭模具中进行压制,预热温度一般为100~150℃。此工艺提高了生坯密度,可以将铁基零件的生坯密度由室温压制的6~6.8 g/cm^3 提高到7.25~7.45 g/cm^3,因而提高了强度;而且所用的压制力和脱模力均比常规的压制成形低,从而提高了模具寿命,降低了成本。温压成形技术是粉末冶金领域近几年发展起来的一项新技术,可生产出高密度、高强度的粉末制品,具有非常广泛的应用前景。

4.4.3 烧结新技术

烧结作为粉末冶金生产过程中最重要的工序,一直以来是人们研究的重点,各种烧结新技术不断涌现,例如,放电等离子烧结、微波烧结、电火花烧结、激光烧结等,提高了粉末冶金制品的力学性能,降低物质与能源消耗。

1.放电等离子烧结

放电等离子烧结是利用外加脉冲强电流形成的电场清除粉末颗粒表面氧化物和吸附的气体,净化材料,活化粉末表面,提高粉末表面的扩散能力,再在较低机械压力下利用强电流短时加热粉体进行烧结致密。由于它是集粉末成形和烧结于一体的技术,不需要预先成形,也不需要任何添加剂和黏结剂,具有烧结时间短、温度控制准确、烧结样品颗粒均匀、致密度高等优点,仅在几分钟之内就使烧结产品的相对理论密度接近100%,而且能抑制颗粒的长大,获得晶粒细小的组织,提高材料的各种性能,因而在材料处理过程中充分显示了优越性。

目前,放电等离子烧结技术的研究对象主要集中于陶瓷、金属陶瓷、金属间化合物、复合材料、纳米材料以及功能材料等。在制备和成形非晶合金、形状记忆合金、金刚石等材料方面也做了不少尝试,并取得了较好的结果。

2. 微波烧结

微波烧结是利用材料吸收微波能转化为内部分子的动能和热能，使得材料整体均匀加热至一定温度而实现致密化烧结的方法，是快速制备高质量的新材料和制备具有新的性能的传统材料的重要技术。同常规烧结方法相比，微波烧结具有加热速度快、烧结温度低、细化材料组织、改进材料性能、安全无污染以及高效节能等优点，与传统烧结工艺生产的工件相比，用微波烧结制成的工件具有较高的密度、硬度和强韧性。

4.4.4 后处理新技术

电火花加工、电子束加工、激光加工等特种加工方法以及离子氮化、离子注入、气相沉积、热喷涂等表面工程技术用于粉末冶金制品的后处理，进一步提高了生产效率和制品质量。

思考题

1. 粉末冶金的工艺过程是什么？
2. 金属粉末的制备可分为几大类？
3. 还原法制备粉末的原理是什么？铁粉和钨粉是如何还原制备的？
4. 压制成形时，为什么沿压坯高度其密度分布不均？
5. 不同的压制方式对压坯密度有何影响？
6. 与常规的熔铸轧制法相比，粉末轧制有何优势？
7. 粉末挤压成形的应用范围如何？
8. 烧结的目的是什么？
9. 粉末后处理的方法有哪些？
10. 快速凝固雾化制粉技术的优点是什么？

第5章 高分子材料成形

高分子材料包括天然高分子材料(如棉、毛、丝、麻、胶、木材等)和合成高分子材料。合成高分子材料包括塑料、橡胶和纤维,通称为三大合成材料,另外还有涂料、胶黏剂、离子交换树脂等。本章主要侧重探讨高分子材料中塑料和橡胶的成形特点及工艺,以及高分子材料快速成形。

5.1 高分子材料的工艺性能

1.黏度

高分子材料在成形过程中绝大多数是处于黏流态的,这种状态便于其流动和成形,如果黏度过高,则制品的成形质量将受到影响,因此,要根据材料的种类及性能、成形方法及设备确定适当的黏度。

影响黏度的主要因素有聚合物的分子量、温度、压力、剪切速率等。增加温度和降低压力的作用相似,能降低聚合物熔体的黏度,提高其流动性;聚合物的分子量越大,缠结程度越严重,流动性越差;聚合物熔体的黏度会随剪切速率的增加而降低。

2.收缩性

收缩性指从成形的制品从模具中取出,冷却至室温若干小时后尺寸收缩的现象。产生收缩的原因主要有聚合物的热胀冷缩、聚合物的可压缩性及弹性回复、聚合物熔体的结晶、聚合物熔体的分子取向等。成形收缩率可表示为

$$\text{成形收缩率}=\frac{\text{模具尺寸}-\text{制品尺寸}}{\text{模具尺寸}}\times 100\%$$

影响收缩的主要因素有制品本身(材料的种类、结构形状等)、成形条件(成形压力、成形温度、成形时间等)、模具变量(模具结构、模具温度、浇口设计等)。形状复杂、尺寸较小、薄壁、多孔等制品,其收缩较小;成形压力越大、制品弹性回复能力越强,其收缩越小;成形温度高、则热胀冷缩大,收缩越大;成形时间越长,冷却时间越长,收缩较小,但过长的冷却时间会影响生产效率。

3.吸湿性

吸湿性是指聚合物中各种添加剂对水的敏感程度。材料的吸湿性越大,其在成形过程中越容易发生水解作用,从而导致制品中气泡或表面粗糙等缺陷,同时也影响其电气性能。因此,成形前应将聚合物和添加剂进行干燥处理。

4.取向作用

取向作用是指材料中的纤维状填料(如短玻璃纤维、木粉等)和聚合物在成形时会顺

着流动方向平行的排列。若制品中存在取向作用，则制品就会出现各向异性。在成形厚大制品时，应积极消除取向作用，以避免制件变形或开裂。

5.可焊性

热塑性塑料可在一定温度下软化直至黏滞流动，冷却又重新硬化。在这个可以反复多次的可逆变化过程中，大分子的化学性质不变，因此，热塑性塑料具有较好的焊接性，可进行焊接成形。

5.2 塑料成形工艺

塑料的成形方法很多，分一次成形、二次成形和修饰成形等，如注射成形、挤出成形、焊接成形、压制成形、吹塑成形、压延成形、发泡成形、浇铸成形、滚塑成形和机械加工等。不同种类的塑料、不同结构的制品适应不同的成形方法，见表5.1。其中注射成形和挤出成形占塑料成形方法的60%以上。

表5.1 部分塑料对成形方法的适应性

塑料种类	成形方法						
	注射	挤出	压制	吹塑	压延	发泡	焊接
聚乙烯	好	好	中	好	差	好	中
聚丙烯	好	好	差	好	差	中	中
聚氯乙烯	中	好	中	好	好	好	好
聚苯乙烯	好	好	差	好	差	好	好
ABS	好	好	差	中	中	好	好
聚酰胺(尼龙)	好	好	中	中	差	差	好
环氧树脂	中	差	好	差	差	差	差
聚四氟乙烯	差	中	好	差	差	差	差
聚氨酯	好	中	中	中	差	好	好
酚醛	差	差	好	差	差	中	差

5.2.1 注射成形

注射成形又称注塑模塑或注塑法，属于塑料的一次成形方法，是热塑性塑料的重要成形方法之一，几乎所有的热塑性塑料都可用此法成形，注射成形制品约占塑料制品总质量的30%以上。

1.注射成形工艺过程

注射成形过程可分为加料、塑化、注射入模、保压、冷却和脱模六个步骤。如图5.1所示，将粒状或粉状塑料通过注射机的料斗送入料筒，经加热至黏流态后，由柱塞推动使其通过料筒端部的喷嘴,并以较快的速度注入温度较低的闭合模具中,熔料在压力作用下充满模腔,经过一段时间的保压固化柱塞回程,待定型冷却后松开模具顶出制品。

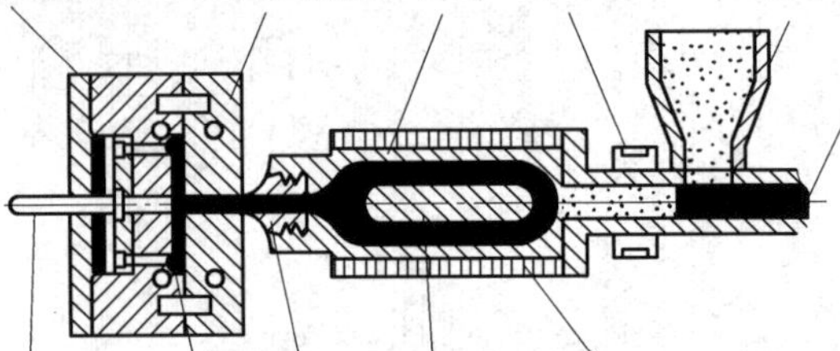

图 5.1　注射成形示意图

注射成形的设备为注射机,分柱塞式和螺杆式两种形式,柱塞或螺杆的功能主要是塑化和施压。柱塞式注射机结构简单,但控制温度和压力较为困难,现已逐步被螺杆式注射机取代。螺杆式注射机加热均匀,塑料可以在料筒中得到较好的混合和塑化,另外注射量大,可以成形大、中型塑料制品。

注射成形周期从几秒钟到几分钟不等。周期的长短取决于制品的壁厚、大小、形状、注射成形机的类型以及所采用的塑料品种和工艺条件等。

2.注射成形工艺参数

(1)温度

注射成形过程需要控制的温度有料筒温度、喷嘴温度和模具温度。料筒温度和喷嘴温度主要影响塑料在料筒内塑化和流动,模具温度主要影响塑料在模腔内的流动和冷却。

料筒温度与塑料的种类、注射机类型及模具结构等有关。通常料筒温度应控制在塑料的流动温度(或结晶温度)与分解温度之间。采用螺杆式注射机,因螺杆转动产生摩擦,传热较快,料筒温度可适当降低。薄壁制件、形状复杂或带有嵌件的制件,为了顺利充模,料筒温度可选高一些。

喷嘴温度通常略低于料筒的最高温度,以防止熔料在喷嘴处可能发生的“流涎现象”,但温度也不可过低,否则会造成熔料过早凝固,将喷嘴堵死。

模具温度取决于塑料种类、熔料温度、注射速度与压力、模塑周期等。对于熔体黏度较低或中等的无定形塑料,如聚苯乙烯等,模具温度可以偏低,以缩短冷却时间,提高生产率;反之,对于熔融黏度较高的,如聚碳酸酯,则采用较高的模温,既可以顺利充模,又可以减少温差,避免制品产生内应力、凹痕和裂纹等缺陷。

(2)压力

注射成形过程中的压力直接影响塑料的塑化和制品质量,包括塑化压力和注射压力两种。

塑化压力是指螺杆顶部的熔料在螺杆转动后退时所受到的压力。塑化压力与塑料种类有关,通常塑化压力的确定应在保证制品质优的条件下越低越好。

注射压力是以柱塞或螺杆顶部对塑料所施加的压力为准。其作用是克服塑料从料筒流向模腔的流动阻力,使熔料有一定的充模速率,并对熔料进行压实。

(3)模塑周期

模塑周期指完成一次注射成形过程所需要的时间,包括充模时间、保压时间、冷却时间和开模、脱模时间。其中充模时间和冷却时间最重要。

生产中,充模时间约为 3 ~ 5 s;保压时间约为 20 ~ 120 s(特厚制件达 5 ~ 10 min);冷却时间主要取决于制品厚度、塑料的热性能和结晶性能,以及模具温度等,一般以保证制品脱模时不引起变形为原则,一般在 30 ~ 120 s 左右。

3.注射成形模具结构

注射成形模具是由成形零部件、导向机构、浇注系统、顶出脱模机构、侧向分型与侧向抽芯机构、排气结构、温度调节系统和支承零部件等组成,如图 5.2 所示。与金属成形模具相比,浇注系统、温度调节系统、侧向分型与侧向抽芯机构等三部分为注射成形模具所特有。

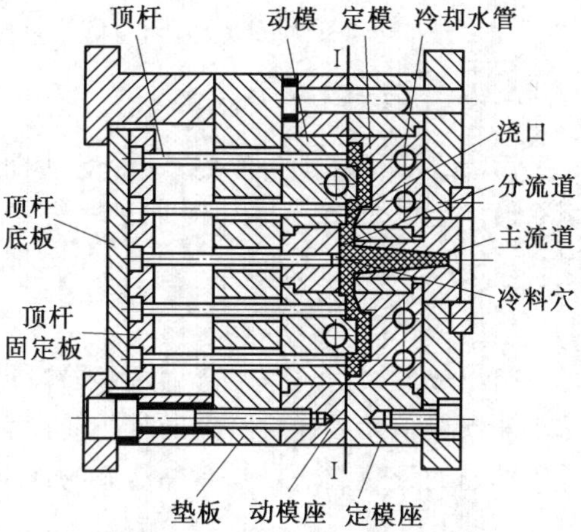

图 5.2　典型注射模具结构图

(1)浇注系统

浇注系统是指塑化了的塑料从注射机喷嘴进入闭合模腔的通道,包括主流道、分流道、浇口和冷料穴等。其中冷料穴是设在主流道后方的一个空穴,其作用是聚集塑料熔体前锋的冷料。

(2)温度调节系统

它是为了满足注塑成形工艺对模具温度的要求,保证塑料熔体的充模和制品固化定型而设置的冷却或加热系统。

(3)侧向分型与侧向抽芯机构

它是实现在开模顶出制品之前把成形侧凹或侧孔的瓣合模块或侧向型芯从制品中脱出的侧向运动机构。

注射成形时模具的运动规律是:装在注射机定模座上的定模与装在动模座上的动模闭合,塑料熔体从注射机的喷嘴经浇注系统进入模腔,经冷却成形后开模,顶出塑料制品,从而完成一个动作周期。

4.注射成形的后处理

(1)退火处理

退火是将塑料制品放在一定温度的液体介质(如热水、热油等)或热空气烘箱中,停留一段时间,以消除制品中的内应力。退火温度要严格掌握,温度过高会使塑料制品发生形状变化,温度过低则达不到退火目的,通常塑料的退火温度要低于塑料的热变性温度 10 ~ 20℃。退火时间要视制品的壁厚来决定。退火后要缓慢冷却,因为冷却太快可能又会引起内应力而失去退火的目的。

(2)调湿处理

尼龙类的塑料制品在高温下与空气接触会氧化变色,同时,在空气中使用或存放时容易吸收水分而产生膨胀,造成尺寸的变化。所以需要将此类塑料制品进行调湿处理,使其达到吸湿平衡的尺寸,从而使尺寸稳定。调湿处理是将刚脱模的尼龙类塑料制品放入热水中,这样不但可以隔绝空气,防止高温氧化,还有利于加速达到吸湿平衡。

注射成形生产周期短,生产率高,能一次成形空间几何形状复杂、尺寸精度高、带有金属或非金属嵌件的塑料制品,制品的质量从几克到几十千克不等,并适用多品种塑料的成形,是一种比较先进的成形工艺。

5.2.2 挤出成形

挤出成形又称挤塑成形,属于塑料的一次成形方法,是热塑性塑料成形中变化最多、用途最广、占比重最大的一种加工方法,主要用于生产棒(管)材、板材、线材、薄膜、涂覆电线、电缆等连续的塑料型材。

1.挤出成形工艺过程

挤出成形过程总体可分为两个阶段:第一阶段是使固态塑料塑化(即变成黏流态),并在加压情况下使其通过特殊形状的模口而成为截面与模口形状相似的连续体;第二阶段是用适当的处理方法使具有黏流态的连续体转变为玻璃态的连续体,即得到所需型材或制品,如图5.3所示。

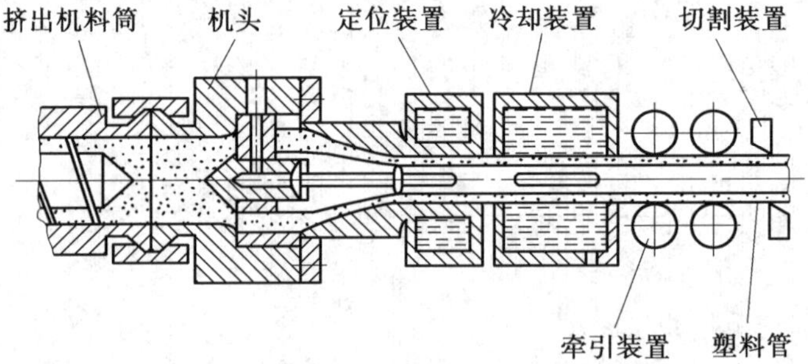

图5.3 挤出成形原理图

从塑料原料进入料斗开始,再进入料筒加热塑化,流动到机头前为止,这段工艺过程与注射模塑工艺过程一样,当塑料熔体被压入挤出机头就与注射模塑不同了。挤出机挤出熔融塑料进入机头,通过定位装置定型,进入冷却装置进行冷却。

挤出成型工艺过程包括:物料的干燥、挤出成形、制品的定型与冷却、制品的牵引和切割(或卷取),有时还包括制品的后处理等。

(1)物料的干燥

由于原料中的水分会使制品出现气泡、表面晦暗等缺陷,还会降低制品的物理和力学性能等,因此使用前应对原料进行干燥处理。通常,原料中的水分含量应控制在0.5%以下。

(2)挤出成形

当挤出机加热达到预定温度后即可加料。初期挤出的制品外观和质量均较差,应及时调整工艺条件，当制品质量达到要求后即可正常生产。

(3)制品的定型与冷却

在挤出管材和各种异型材时需要定型工艺，挤出薄膜、单丝、线缆包覆物等时，则不需定型。冷却往往与定型同时进行。

(4)牵引和后处理

常用的牵引装置有滚轮式和履带式两种。牵引时，要求牵引速度均匀，同时牵引速度与挤出速度应很好地配合，一般应使牵引速度大于挤出速度，以消除制品离模膨胀引起的尺寸变化，并对制品进行适当拉伸。有些制品在挤出成形后还需要进行后处理。

2.挤出成形的设备

挤出成形是在挤出机上完成的，挤出机分螺杆式和柱塞式两种。螺杆式挤出机的挤出过程是连续的。装入料斗中的粉状或粒状的塑料，借助旋转的螺杆连续不断地进入料筒中，由于料筒具有一定的温度，加上塑料在沿螺旋槽流动过程中与设备之间的摩擦，使塑料塑化变成黏流态，最后在螺杆的推动下被挤出机头形成黏流态的连续体，经冷却凝固获得连续的型材或制品。

柱塞式挤出机的挤出过程是断续式的，它是将已塑化好的塑料放入料筒内，然后借助柱塞的压力将塑料熔体挤出机头，然后柱塞回程继续下一个生产周期。柱塞式挤出机的优点是能给予塑料熔体较大的压力，但操作不连续，物料要预先塑化，因而应用较少，只有在挤压大型管材方面有应用。

3.挤出成形工艺参数

(1)料筒温度

挤出机料筒中的加热温度一般分为三段，均化段(计量段)温度最高，压缩段(熔融段)次之，加料段(固体输送段)最低。若加料段温度过高，则塑料在螺杆和料筒之间熔融，而影响将料送到螺杆前端。各种塑料都有其适宜的挤出温度，操作前应查询有关资料。

(2)模具温度

挤出模具的温度一般比均化段的温度略高。口模温度较高、塑料离模膨胀较小，容易得到表面光洁的塑料制品。过高的模具温度会引起塑料的降解甚至烧焦。

(3)挤出和牵引速度

挤出速度由挤出机螺杆转速决定，一般希望有较高的生产效率，即有较高的挤出速度和牵引速度，但过高的挤出速度容易引起塑料熔体表面破碎。提高挤出速度的关键是挤出模具内腔应呈流线型，有合适的压缩比，以及适当的温度控制范围。

与其他成形方法相比较，挤出成形的特点是：生产过程是连续的，生产效率高，应用范围广。挤出制品广泛应用于建筑、石油化工、轻工、机械制造以及农业、国防工业等部门。

5.2.3 压制成形

压制成形也称压缩成形，属于塑料一次成形方法，是塑料成形加工技术中历史最久，也是最重要的方法之一。通常用于热固性塑料的成形。压制成形的方法有模压法和层压法。

1.**模压法**

模压法也称模压成形。它是将一定量的粉状、粒状碎屑状或纤维状的塑料放入具有成形温度的模具模腔中,然后闭模加压,在温度和压力作用下,塑料转变为黏流状并充满模腔,保温一定时间使塑料硬化定型,脱模取出制品,如图5.4所示。

模压模具按其结构特征可分为溢式、不溢式和半溢式三种,其中以半溢式模具用的最多。溢式模具结构上具有溢料缝,可承受盈余的塑料,脱模后的制品上有毛边,这种模具适于加料量不准确的场合。不溢式模具的特点是不让塑料从型腔中外流,所加压力完全作用在塑料上,这种模具用于流动性较差或压缩率较大的塑料,但加料要求准确。半溢式模具兼有以上两类模具的特点。

2.**层压法**

层压法是用片状骨架填料在树脂溶液中浸渍,然后通过在层压机上加热、加压固化而成形的方法。它是生产各种增强塑料板、棒、管的主要方法,也可以用此法生产复合材料,如图5.5所示。

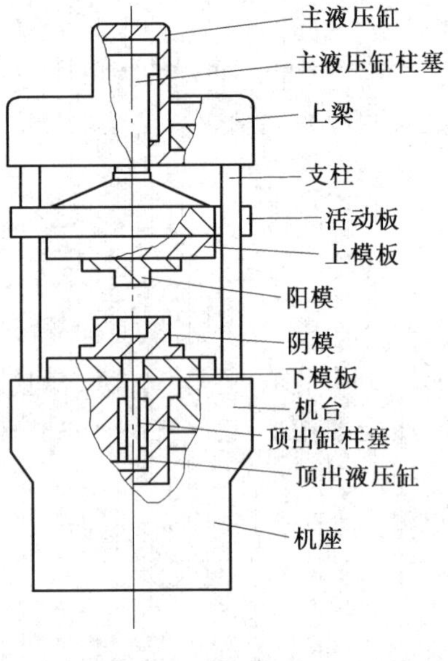

图5.4　模压机结构简图

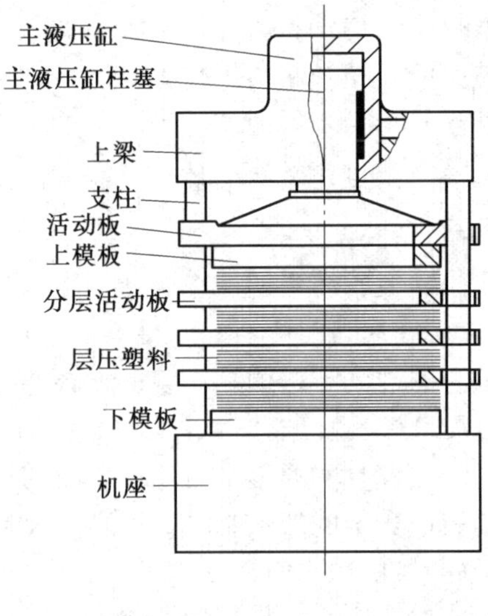

图5.5　层压示意图

层压成形的工艺过程是:叠合—进模—热压—冷却—脱模—加工—热处理。将浸渍了的片状骨架与塑料按一定顺序叠合在一起,推入层压机的分层活动板间进行升温加压,当达到保温时间后立即关闭电源,并维持原有的压力,通冷水或冷风进行冷却,当温度冷至60~70℃时降压,取出制品。

3.**压制成形工艺参数**

压制成形主要控制的工艺参数有压制压力、温度和时间等。

(1)压力

压力是压制成形中重要的工艺参数,它是压机对塑料所施加的、迫使塑料充满模腔并硬化的压力。压力的大小与塑料的温度、模具的温度、制品的高度、制品的密度等有关，通常预热的塑料的压力比不预热的要小；提高模具温度可以减小压制压力；制品的高度越大，模具的深度就越大，所需的压力也就越大；制品的密度要求越大，则要求的压力也越大。

(2)温度和时间

温度一般指压制成形所规定的模具温度，温度越高，成形周期越短。预热的塑料由于内外温度较均匀，塑料的流动性较好，因此压制温度比不预热的塑料高些；厚度较大的制品，由于热传导性差，可适当提高压制温度。压制时间与压制温度、压制压力、制品结构形状等有关，一般为30秒到几分钟。

压制成形主要用于压制形状简单、尺寸精度要求不高的制件。与注射成形相比，压制成形生产过程容易控制，使用的设备和模具简单，较易成形大件制品。但它的生产周期长，效率低，较难实现自动化，不易成形形状复杂的零件。

5.2.4　其他塑料成形方法

1.吹塑成形

吹塑成形也称为中空成形，属于塑料的二次成形方法，它是生产空心塑料制品的常用方法。

吹塑成形是利用挤出、注射等方法制成的管状型坯，将其放入对开的阴模模膛中，保持适当温度，再借助压缩空气将其吹胀，处于高弹性或黏流状的塑料将紧紧贴于阴模内壁，形成所需要的中空制品的外廓形状。吹塑成形生产过程如图5.6所示。

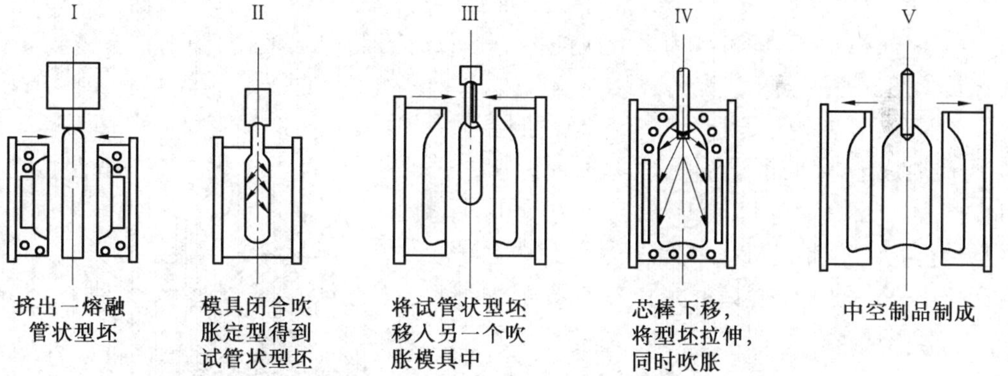

图5.6　吹塑成形的生产过程

吹塑成形可以生产口径不同、容量不同的瓶、壶、桶等各种塑料包装容器，其生产效率高，产品经过定向拉伸变形，抗拉强度高。

2.压延成形

压延成形是利用一对或数对相对旋转的加热辊筒，使物料在辊筒间隙中受压而连续形成一定厚度和宽度的片状塑料制品的一次成形生产方法。压延成形主要生产薄膜和片材，它既可用于塑料的成形，也可用于橡胶成形。

压延成形的主要设备为压延机,压延机的主体是一组加热的辊筒,按辊筒数目可分为两辊、三辊或更多,辊筒排列方式如图 5.7 所示。

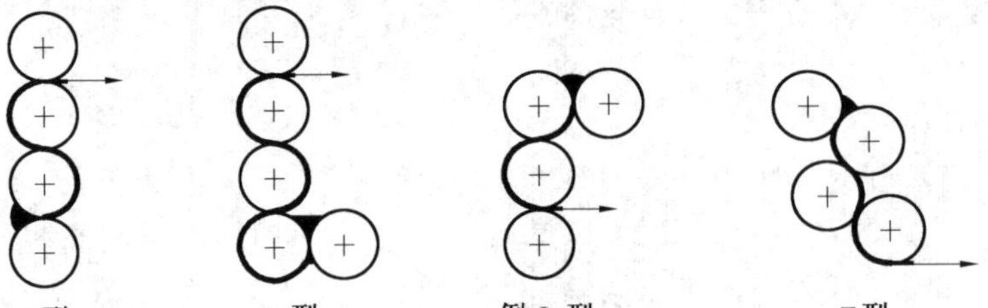

图 5.7　压延机辊筒排列方式

压延成形时,需用挤出机或辊压机向压延机供料,即把加热、塑化的物料加入到压延机中,压延机各辊筒也要加热到所需温度,物料顺次通过辊隙,并被逐渐压薄,最后一对辊的辊间距决定了制品厚度。

压延成形具有加工能力大,生产速度快,产品质量好,生产连续,可以实现自动化等优点。其主要缺点是设备庞大,前期投资高,维修复杂,制品宽度受压延机辊筒长度的限制。目前,压延制品广泛地用作农业薄膜、工业包装薄膜、室内装饰品、地板及热成形片材等。

3.浇铸成形

浇铸成形又称铸塑成形,是将处于流动状态的高分子材料或能生成高分子成形物的液态单体材料注入特定的模具中,在一定的条件下使之固化,从而得到与模具型腔相一致的塑料制品的一次成形方法。浇铸成形既可用于塑料制品的生产,也可用于橡胶制品的生产。

按照模具结构不同可分为敞开式浇铸、水平浇铸、侧立式浇铸、倾斜式浇铸等。敞开式浇铸如图 5.8 所示。该浇铸成形装置结构简单,一般只有阴模,排气容易,所得制品内部缺陷较少,通常用于制造外形较简单的制品。

浇铸成形生产设备简单,成形过程无需加压,可生产小批量的大型制品,制品内应力较小,质量优良。但其生产周期较长,制品尺寸准确性较差,生产率不高。常用于浇铸尼龙和有机玻璃等材料。

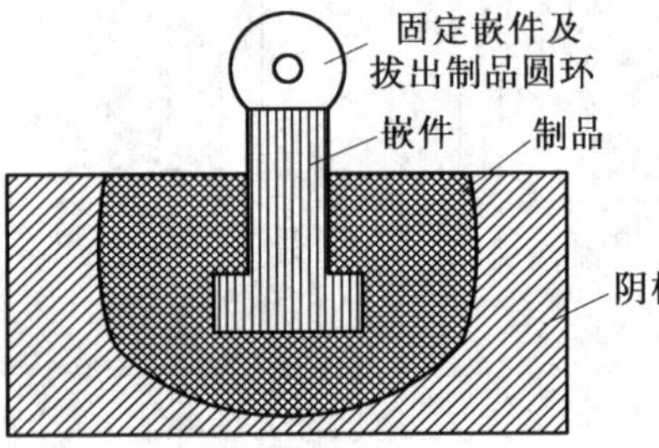

图 5.8　敞开式浇铸

4.发泡成形

发泡成形主要用来生产泡沫塑料(多孔塑料),即以树脂为基础而内部具有许多微小气孔的塑料制品。几乎所有热塑性与热固性聚合物都能制成泡沫塑料。采用不同的树脂与发泡方法可制成性能各异(软质、半硬质和硬质)的泡沫塑料。

发泡成形的方法有物理发泡、化学发泡和机械发泡三种。物理发泡法是先将挥发性的液体均匀地混合于树脂中,然后加热使其在树脂中汽化发泡;或者是加压将惰性气体溶解于熔融状树脂或糊状复合成形物料中,然后再减压使被溶解的气体膨胀逸出而发泡。

化学发泡法是利用化学发泡剂在加热时分解并释放出气体而发泡;或者利用在原料组分的聚合反应中释放出气体而发泡。机械发泡法是借助机械搅拌作用,往液态聚合物或复合物中混入空气而发泡,然后再经过物理变化或化学反应使之稳定,成为泡沫塑料制品。

泡沫塑料具有许多优良物理性能,用途日益广泛,主要用于生产隔音材料、绝热及绝缘材料、减震材料、气垫、包装、室内装饰材料等。

5.真空成形

真空成形是使塑料板在真空负压的作用下,沿模具形状而成形的方法,它属于塑料的二次成形方法,主要用于成形杯、盘、箱壳、盒、罩、盖等薄壁敞口制品。

如图 5.9 所示,将塑性塑料板置于模具中压紧,借助加热器将塑料板加热至软化,然后将模具型腔抽真空,真空产生的负压将软化的塑料板吸入模内并使之紧贴模具,冷却后即得所需的塑料制品。

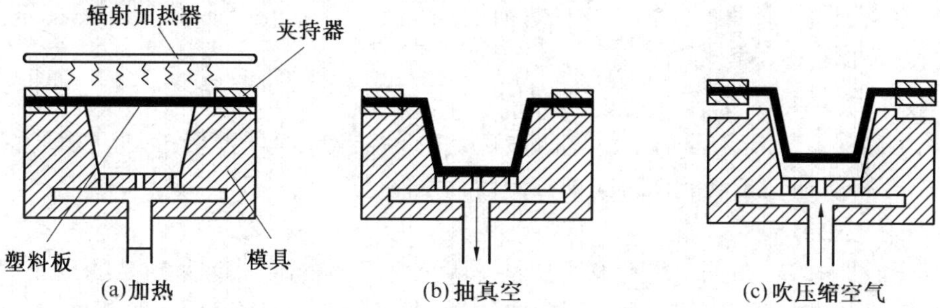

图 5.9 真空成形示意图

真空成形法是热塑性塑料最简单的成形方法之一，其对模具材料和加工的要求较低,少量生产时可使用硬木、高强度石膏和塑料制模,大量生产时常采用有色金属或钢制模。

5.3 橡胶成形工艺

橡胶的成形方法与塑料的成形方法有很多类似之处。一般说来,橡胶制品的成形首先要经过生胶的塑炼和胶体的混炼,然后再经过模压、注射、挤出、传递等成形方法获得制品。其中,模压成形方法由于成形模具和设备比较简单,通用性强,应用最广。

5.3.1 模压成形

模压成形就是将橡胶半成品置于模具中,在加热、加压的条件下,使胶料呈现塑性流动而充满型腔,经一定的时间后完成硫化,再经脱模后获得制品的成形方法。

1.模压成形的工艺过程

模压成形主要包括加料、闭模、硫化、脱模及清理等。首先将混炼过的胶料切割为具有与制品形状相似的半成品胶料,然后根据模具型腔的形状、尺寸大小对半成品胶料进行称重并将定量的半成品胶料置于模具型腔中,使模具在平板硫化机或液压机中受热受压

(或直接注射进模具型腔),保压一段时间后,橡胶分子经过硫化(交联反应)而定型,获得所需的橡胶制品。

2.模压成形工艺参数

模压成形过程中最重要的是硫化。硫化过程的实质是橡胶线型分子链之间的化学交联,随着交联度的增大,橡胶的抗拉强度升高,但过大的交联度,又会使橡胶分子活动受限,弹性降低,因此,要想获得最佳的综合性能,必须控制交联程度(即硫化程度)。影响硫化过程的主要参数如下。

(1)硫化温度

硫化温度是橡胶硫化交联的基本条件,没有适当的温度,胶料不能呈现塑性流动,不易充满型腔。当温度升高时,硫化速度加快,硫化时间缩短,能提高生产效率。但由于硫化所需的热量是由硫化机的热板传给模具,再经模具传给所需硫化的胶料,因此硫化温度的提高会受到很多条件的制约。另外,即便模具温度较高,由于胶料的导热性差,也会使制品内外硫化程度不均匀。

(2)硫化时间

硫化过程需要一定的时间才能完成,硫化时间与硫化温度密切相关,当其他条件不变的情况下,可以通过控制硫化时间来控制硫化程度。

(3)硫化压力

模压成形时施加的压力,能迫使胶料排除空气、充满型腔,确保制品的致密性。成形所需的压力与胶料的可塑性、制品形状、模具结构及硫化温度有关,一般为 5 ~ 8 MPa。

3.模压成形设备及模具

模压成形设备多为平板硫化压力机、液压机、注射机等。平板硫化压力机有单层式和多层式两种,其中平板结构内部有蒸气加热的互通管道,被加热的平板将热量传递给模具。液压机多为油压机,采用外加电热元件加热平板,并装有自动控制时间的继电器。注射机有专用橡胶注射机,也有用塑料注射机改制成的。

橡胶模具的材料一般为碳钢(常用 45 钢、T8A、T10A、65Mn)和不锈钢, 碳钢模具经调质处理和表面镀铬处理后再抛光,使型腔表面粗糙度小于 $Ra1.6\ \mu m$。

模压成形通用性强,操作方便,模具结构简单,在生产中应用广泛。

5.3.2 注射成形

注射成形与塑料注射成形相似,是一种将胶料直接从机筒注入模腔,完成成形和硫化的生产方法。通常是在专用的橡胶注射机上完成的,六模注射机如图 5.10 所示。

1.注射成形的工艺过程

橡胶注射成形过程主要包括喂料塑化、注射保压、硫化和出模等。

(1)喂料塑化

先将混炼好的胶料(通常加工成带状或粒状)从料斗喂入机筒,在螺杆的作用下,胶料沿螺旋槽向机筒前端推进,同时受到激烈的搅拌和变形,加上机筒外部的加热,胶料的可塑性增加。

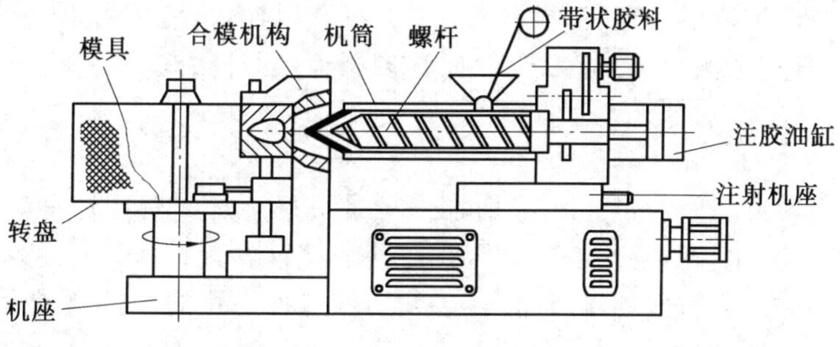

图 5.10　六模注射机结构示意图

(2)注射保压

当胶料被推到机筒前端时,将在螺杆前端产生一定的压力,迫使螺杆后退,当螺杆后退到一定的位置,螺杆前端储存了足以注射的胶量。这时,在注射油缸的推动下,螺杆前移进行注射,继续保压一段时间,以保证胶料的密实和均匀。

(3)硫化出模

在保压过程中,胶料在高温作用下进行硫化处理。此时注射座后移,螺杆又开始旋转进料,开始新一轮塑化,而转盘转动一个工位,将已注满胶料的模具移出,继续硫化,直至出模。

橡胶注射的设备和模具与塑料注射十分相似,但工艺上却有很大的不同,橡胶注射时首先考虑的不是加温流动,而是防止胶料温度过高,发生烧焦的问题。

2.注射成形工艺参数

橡胶注射成形中重要的工艺参数有料筒温度、注射温度、模具温度、注射压力、螺杆转数和背压等,另外,还应合理掌握硫化时间,以得到高质量的硫化橡胶制品。

(1)料筒温度

料筒温度在橡胶注射成形中十分重要。胶料在料筒内受热、塑化具有流动性,注射过程才易进行。在一定温度范围内提高料筒温度,可以使注射温度提高,缩短注射时间和硫化时间,但过高的温度会使胶料硫化速度加快并烧焦,烧焦的胶料黏度会增大,容易堵塞注射喷嘴。所以,应该在不致烧焦的前提下,尽可能提高料筒温度。

料筒温度的确定与橡胶种类、塑炼效果、软化剂和填充剂等有关。橡胶种类的不同,其流动性不同;同一配方的橡胶,因塑炼效果不同,流动性也不同;加入软化剂能大大改善胶料的流动性能;填充剂的加入则会使胶料流动性变差等。

(2)注射温度

注射温度是指胶料通过注射机喷嘴后的温度。影响注射温度的因素主要有料筒加热及传递温度、胶料通过喷嘴的摩擦生热及模具温度等。

(3)注射压力

注射压力是指注射时螺杆或柱塞施加于胶料单位面积上的力。注射压力大,有利于胶料克服流动阻力,充满模具型腔。注射压力大,还使胶料通过喷嘴时的速度提高,剪切摩擦所生的热量也大,这对填充和加快硫化都有好处。采用螺杆式注射机,注射压力一般取 80 ~ 110 MPa。

橡胶注射成形把成形和硫化过程合为一体，硫化周期短，工序简单，废料少，提高了生产效率。另外，有利于实现机械化、自动化，减轻了劳动强度，提高了制品的质量。

5.3.3 挤出成形

橡胶的挤出成形与塑料的挤出成形在设备及成形原理上都很相似。它是利用挤出机，使胶料被加热塑化，在螺杆或柱塞推动下连续不断地向前运动，然后借助安装于出口处的口型挤出各种所需截面的半成品，以达到初步造型的目的。挤出成形广泛用来制造胎面、内胎、胶管、电线电缆等。

1.挤出成形工艺过程

橡胶的挤出工艺过程主要有热炼、供胶、调节口型、挤出、温度及速度控制等。

(1)热炼和供胶

除冷喂料挤出机外，挤出前必须对混炼和停放而冷却的胶料进行预热，这一过程称热炼，热炼的目的是使胶料获得一定的温度和稳定均匀的可塑性。

热炼的方法分一次热炼法和两次热炼法。一次热炼法是把胶料在热炼机上一次完成，热炼温度大约为60～70℃，时间5～10 min。两次热炼法即第一次是粗炼，温度在45℃左右，第二次是细炼。把粗炼好的胶料送到另一台热炼机上，进一步提高胶料温度。胶料温度及可塑性可根据配方及工艺要求有所不同。

供料方法一般多采用带式运输机，从开炼机上割取一定宽度和厚度的胶条，再由带式运输机向挤出机连续供胶。供胶方式可以借助喂料辊，使胶条沿着转动的螺杆从螺杆底部进入，也可以将胶条卷成一卷后，再通过喂料辊向挤出机供胶，或者将胶条切成一定长度堆放在存放架上，按先后顺序由人工加料。

(2)调节口型

开始供胶后，就要调节口型位置，并测定和检查挤出物的尺寸、厚薄、均匀度、表面状态和有无气泡等，直到符合要求。

(3)挤出

在挤出操作之前，需要预热挤出机的机筒、机头、口型等，使之达到要求的温度，保证胶料在挤出机中处于良好的流动性。预热的方法可选择蒸汽加热，时间为10～15 s。

(4)温度控制

挤出机不同部位应采用不同温度。通常是机筒处温度较低，机头处温度较高，口型处最高，这样一方面可以降低压出物的膨胀率，另一方面可以降低机头的压力。

机筒也可以分成一个或多个温度控制区段，其中加料段温度一般较低，这样有利于加料和改善挤出的均匀性。对大部分胶料来说，温度设定在40～60℃之间即可，对较硬的胶料，可考虑适当提高温度。

(5)速度控制

挤出速度快，流量大，但半成品膨胀率和收缩较大，表面粗糙，胶温高，容易发生焦烧。挤出速度与胶料黏度有关，挤出流量随胶料黏度降低而增大，即挤出速度应随胶料黏度增大而降低。另外，胶料黏度随温度而变化，挤出温度升高，会引起黏度降低，因而也能使挤出速度增大和流量增加。

2. 挤出成形的设备

挤出成形常用螺杆挤出机，由机筒、螺杆、机头(包括口型)、加热装置、冷却装置及传动装置等组成。

(1)机筒

机筒为一夹套圆筒，里面可以通入蒸汽或冷水，以便根据工艺要求来调节。

(2)螺杆

螺杆是挤出机重要工作部件，螺杆直径应与口型直径大小或宽度相适应。在口型孔径给定的条件下，配用挤出机螺杆规格过小，会导致机头处压力不足，影响挤出和胶料的致密度；挤出机规格过大，则会导致机头内压力升高，容易引起焦烧。

(3)机头

机头前安装有口型，口型是决定挤出半成品形状和规格的模具。口型结构一般有两种：一种是挤出中空半成品用的，由外口型、芯型及支架组成。另一种是压出实心半成品或片状半成品用的，为具有一定形状的孔板。

挤出机一般要求将胶料预热后，再供给挤出机进行挤出成形，所以又称为热喂料造型挤出机。近年来国内外已开发了冷喂料挤出机，即不需把胶料预先热炼，便可直接进行冷喂料，这样不但简化了工序，降低了成本，而且挤出温度容易调节控制，不易焦烧，挤出半成品质量好。目前，冷喂料挤出工艺在电线电缆、胶管等小规格挤出制品上得到应用。

5.3.4 传递成形

橡胶的传递成形也称压铸成形，它是将混炼过的、形状简单而且限量的胶条或胶块半成品置于压铸模的型腔中，通过压铸塞的压力挤压胶料，并使胶料通过浇注系统进入模具型腔中硫化定型的方法。

压铸成形过程中，可以增强橡胶与金属嵌件的结合黏附力，模具在工作过程中由于先合模后加料，不易损坏模具。因此，该方法在橡胶制品生产中逐渐被广泛应用。压铸成形适用于制作普通压制成形不易压制的薄壁、细长的制品以及形状复杂难于加料的橡胶制品，而且制品致密性好，质量优越。

5.4 高分子材料快速成型

5.4.1 快速成型概述

工程零件制造方法按体积变化方式可分为三类：体积减小、体积不变和体积增大制造方法。前两种制造方法经过人类几千年的积累完善，今天已经发展成为了非常成熟的零件制造方法，并在工业生产中大量应用。体积减小制造方法是指把尺寸较大毛坯多余的材料去除，最后加工成较小尺寸的零件制造方法，如车削、铣削、刨削、磨削、钻削及电火花等加工方法；体积不变制造方法是指采用压力把熔化或固态的材料形状改变，但体积基本保持不变的方法，如锻造、冲压、铸造等加工方法。体积增大制造方法是在上世纪 80 年代，随着计算机技术在工业上的普及应用而诞生的一种快速成型技术，该制造方法又被称为材料累加法,它是采用把零件由小到大逐渐增加尺寸而制造成型的一种加工方法。

早在1892年,美国人J. E. Blanther首先提出了材料分层叠加制造地形图的设想,其基本原理是:将地形图的轮廓线压印在一系列的蜡片上,然后按轮廓切割蜡片,将各个蜡片黏接在一起并熨平表面,最后就得到了一个三维地形图。

1902年,美国人Carlo Baese提出了用光敏聚合物制造塑料件的设想,这是现代“立体平板印刷术”的基本思想。

1940年,Perera提出了在硬纸板上切割轮廓线,然后将这些硬纸板黏接成三维形状的方法。这是现代“物体分层制造方法”的基本思想。

上世纪80年代初,美国3D System公司制造出了第一台基于体积增大(材料累加)原理的快速成型机,标志着零件快速成型技术的诞生。

上世纪90年代初,我国也开始了零件快速成型技术的研究开发工作。国内以清华大学为代表的多家科研机构开展了研发与普及应用工作,并已取得明显成效。

快速成型技术是集计算机技术、激光技术、自动控制技术、信息技术和材料科学于一身的先进制造技术,是一种全新概念的制造加工方法。与传统制造方法相比,快速成型技术极大地缩短了产品开发时间;制造成本低;产品造价与批量、复杂程度无关;可实现零件的少、无切削加工;整个零件制造过程都是数字化控制,零件可大可小;可完成各种组合件的一次成型;可预先模拟成型,零件的缺陷可以暴露和消除在设计阶段;可以快速优化设计,使误差降到最低;能提高产品的内在质量。由于快速成型技术具有这些独特的优点,因此该方法在短短几年内就得到了迅速普及和发展,高分子材料快速成型也不例外。

高分子材料一般包括塑料、橡胶、纤维、聚合物基复合材料、黏结剂及涂料等,我们这里所讲的高分子材料快速成型技术目前主要涉及塑料、橡胶及复合材料等领域。

5.4.2 快速成型前后处理技术

1. 快速成型前处理技术

工业上成熟的快速成型机都是接受计算机构建的三维数字模型,然后在此基础上进行分层切片处理。因此,快速成型前处理技术的关键是三维数字模型的建立。目前计算机三维数字模型的建模方法主要有三种:

①应用三维计算机辅助设计软件,根据产品形状要求直接建模。

②应用专用计算机辅助设计软件,将已有产品的二维工程图纸转换成三维数字模型。

③如果已有产品实物,应用反求工程和反求软件,建立三维数字模型。

目前市场上应用比较广泛的计算机辅助设计软件有Pro/ENGINEER、Auto CAD、I-DEAS、UG、CATIA、Solidworks等,其中Pro/ENGINEER软件的市场占有率最高。Pro/ENGINEER具有的主要功能包括:能生成包括凸台、凹槽、孔、倒角、圆角、壳体、法兰、棱等结构实体,能生成点、线、面、曲线、坐标系等参考基准,能修改、删除、压缩、重定义及重新排列三维实体要素,可在实体模型上定义工件密度、材料特性及表面粗糙度等物理特性。UG及CATIA是另外两种应用比较广泛的计算机辅助设计软件,尤其适合于飞机机翼、汽车外壳等复杂曲面的三维数字模型的建立。

在实际工业生产中,很多情况下产品不是从零开始设计,而是在已有产品实物的情况下进行仿制，或在已有产品的基础上进行少量改进而形成新产品，这时就需要对实物进行三维数字处理。三维实体数字化的方法包括传统的测绘及各种先进测量方法，这种模式被称为反求工程或逆向工程，反求工程技术被广泛应用于汽车、飞机、模具制造等工业领域。反求工程的实现必须依赖于物体三维形状测量仪器，目前比较成熟且应用较广的测量仪器有：非接触式的激光扫描机（Laser Scanner）、零件断层扫描机（Cross Section Scanner）、CT 扫描机（Computer Tomography）及接触式的三坐标测量机（Coordinate Measurement Machine）等。

2.快速成型后处理技术

零件经过快速成型机制造成型后，经常会出现制件表面不够光滑、曲面因分层制造出现小台阶、零件薄壁部分强度刚度不足、外形轮廓不够精确、零件外表面颜色不符合要求等问题。因此，零件在快速成型后一般都需要进行剥离、固化、修补、打磨、抛光及表面强化等处理工艺，使这些零件达到质量要求成为合格产品，这些工序统称为后处理。

剥离是将快速成型过程中产生的废料、支撑结构与工件分离的一种工序，常用手工剥离、化学剥离及加热剥离等三种方法。

手工剥离操作简便，操作者使用手和简单的工具使废料及支撑结构与工件分离，该方法是最常见的一种剥离方法；化学剥离效率较高，工件表面也较为光洁，主要应用于以蜡为支撑结构和基底的快速成型零件的剥离，用化学溶液溶解蜡，使蜡与工件快速分离；对于熔点比蜡高材料的快速成型，加热剥离是一种比较好的方法，用热水或热蒸汽使蜡做的支撑结构和基底熔化并与工件分离，这种方法剥离效率高、工件表面质量好。

修补、打磨及抛光主要适用于快速成型零件表面明显缺陷的修补工序。例如塑料等高分子材料快速成型零件表面出现明显的微小缺陷时，可以用腻子（热熔性塑料、乳胶与细粉料调和而成）或石膏修补，然后用砂纸和气动打磨机等对外表面进行打磨、抛光；对于纸基材料快速成型零件，也可以用增强剂（强力胶、环氧树脂漆混合）来代替腻子。

表面强化是通过向快速成型零件表面增加一层强度较高的材料来实现的，常用喷刷涂料、电镀等方法实现。如图 5.11 所示为马桶快速成型件，可以看出，经过表面处理后的制件表面质量和强度都有明显提高。

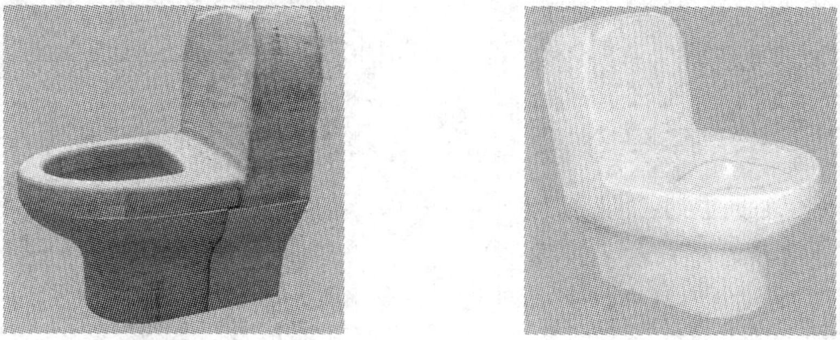

没有表面处理　　　　表面处理过的

图 5.11　马桶快速成型件

喷刷涂料是快速成型零件表面强化应用最广的一种方法，常用涂料包括油漆、液态金属及反应型液态塑料等。油漆涂料使用方便、价格低廉，与基体材料附着力强，并具有防潮功效;液态金属是一种铝粉与环氧树脂的混合物,在室温下通常呈液态或半液态,但加入固化剂后能在几个小时后固化,并形成抗压强度为 7 ~ 80 MPa 的外表面;反应型液态塑料能在一分钟内迅速变成凝胶状,然后固化成一层光亮的塑料硬壳,能显著提高快速成型制件的强度、刚度和防潮能力。

电镀是采用电化学方法,在快速成型件表面涂覆镍、铜、锡、铅、金、银、铂等金属薄层,厚度一般为 20 ~ 50 μm,形成一层强度较高的外表面。

5.4.3 快速成型工艺

1.立体平版印刷法(SLA 法)

立体平版印刷法成型原理如图 5.12 所示,其制造工序如下:

①用 CAD 系统在计算机上进行零件的三维实体造型,建立实体模型。

②选择合适的摆放位置,必要时设计支撑。

③将三维实体模型数据文件转换成标准格式并传送给快速成型机的计算机控制系统;利用分层软件选择参数,将模型分层,得到每一薄层的平面图形及相关数据。

④快速成型机的三维数控机构根据分层参数控制紫外激光束扫描液池中的光敏树脂液体;激光照射到的液面立即硬化,并黏附在已固化的下面一层树脂层上面。

⑤升降台下降一个层厚,容器中的光敏树脂液均匀覆盖已固化的层面;按照下一层平面形状数据所给定的轨迹,控制激光束照射液池中的光敏树脂液,使其硬化并堆积在下一层固化的树脂上。如此反复,直到完成整体造型。

⑥升降台升出液面,取下并检验模样;造型结束后,用强紫外线照射模样,使之完全硬化;去除模样层与层间的台阶,必要时可进行喷砂处理。

立体平版印刷法工艺稳定,尺寸精度较高(达 ± 2%),模样制造时间在 5 ~ 30 h 之间。用此方法制造出的快速成型零件如图 5.13 所示。

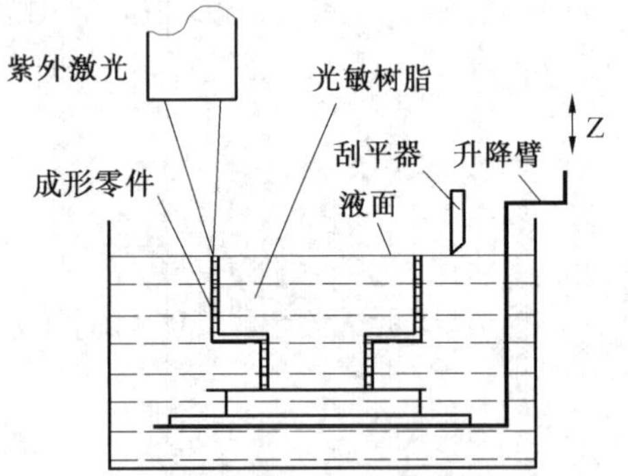

图 5.12 立体平版印刷法

图 5.13 立体平版印刷法快速成型件

2.分层激光烧结法(SLS 法)

分层激光烧结法基本原理如图 5.14 所示,其工艺过程和装置几乎与立体平版印刷法(SLA 法)相同,区别在于 SLA 法中的液态光敏树脂被换成在激光照射下可烧结成型的粉末烧结材料。

基本工艺过程为：用激光束将粉末烧结材料加热至恰好低于烧结点的温度；然后用计算机控制激光束，按零件截面形状扫描平台上的粉末烧结材料，使其受热熔化烧结；平台下降一个层厚，如此反复，逐层烧结成型。

SLS 法当粉末粒度为 0.1 mm 以下时，成型后的模型精度可达 ±1% 。HRPS－Ⅲ型 SLS 分层激光烧结快速成型机如图 5.15 所示。

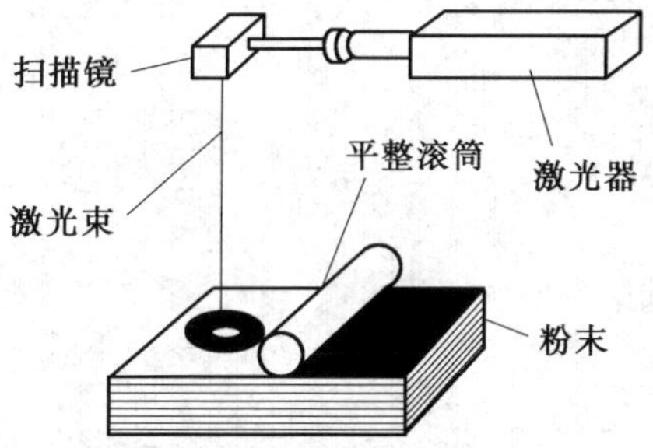

图 5.14　分层激光烧结法

图 5.15　HRPS－Ⅲ型 SLS 分层激光烧结快速成型机

3.逐层轮廓成型法（LOM 法）

逐层轮廓成型法原理如图 5.16 所示，逐层轮廓成型法使用薄片材料，如纸、金属箔、塑料薄膜等，由计算机控制激光束按模样每层的内外轮廓线切割薄片材料，得到该层的平面形状；逐层叠放薄片材料，层与层间用黏接剂黏牢，就得到零件原型。LOM 法制模，激光不必照射整个断面，所以成型速度快。

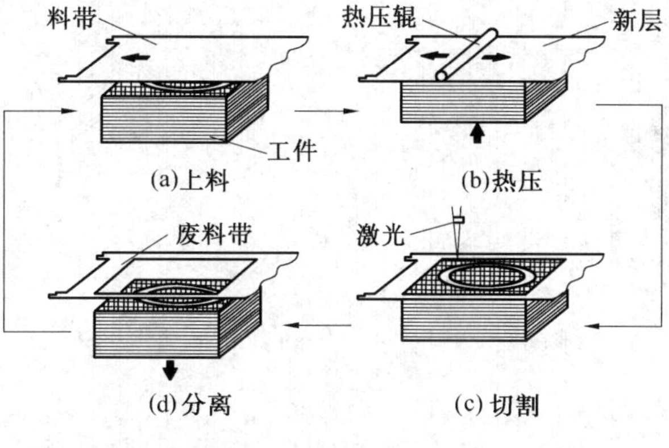

图 5.16　逐层轮廓成型法

逐层轮廓成型法（LOM 法）成型精度可达 ±0.1%；且模样不需支撑，制造成本低。用逐层轮廓快速成型法制造出的样件如图 5.17 所示。

4.光掩膜法（SGC 法）

光掩膜法是 SLA 法的变形，如图 5.18 所示，让激光束通过一个可编程的光掩膜，照在光硬化树脂液体上。光掩膜上的图形可以用掩膜机改变形状，每个图形的参数都是来自计算机的实体模型分层参数。通过光掩膜上的图形改变取代 SLA 法中的激光头的移动。SGC 法模样精度可达 ±0.1%，成型速度快，且可省去支撑结构。

图 5.17　LOM 逐层轮廓成型制造的典型零件

5.**熔化沉积法**(FDM 法)

熔化沉积法是用一个加热头将塑性材料细丝加热成液态,并根据片层参数控制加热头沿模样断层扫描,同时控制细小液体流量,使液体均匀地铺撒在断面层上。由于液流非常细小,固化十分迅速,液体不会发生流淌现象,如图 5.19 所示。FDM 法成型速度快,制得石蜡模样可直接用作精铸蜡模,但精度较低。

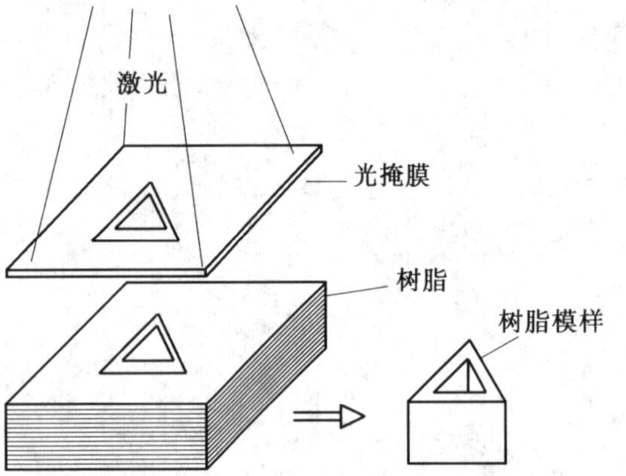

图 5.18　SGC 光掩膜法

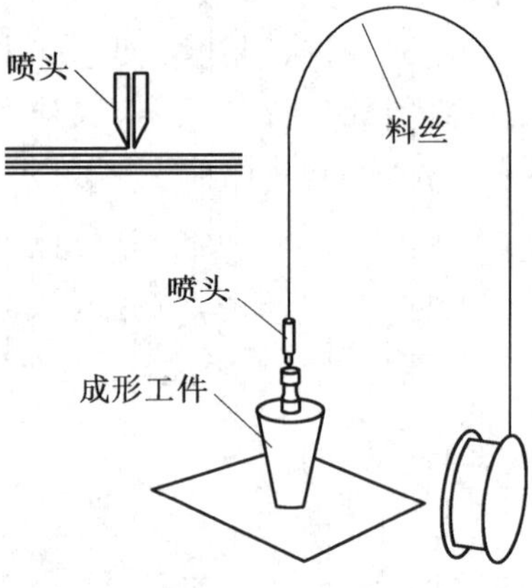

图 5.19　FDM 熔化沉积

6.**陶瓷壳法**(DSPC 法)

陶瓷壳法与 SLS 法相近,是采用粉末陶瓷材料,用黏结剂喷头代替激光头沿模型断面扫描;同时均匀地喷撒黏结剂,使粉末材料黏在一起,得到陶瓷壳;烧结后可用于浇注。

快速成型工艺在工程上的应用前景十分广阔。表 5.2 列出了几种常用的快速成型方法适用的高分子材料、制造精度及生产成本等信息。

表 5.2 常用快速成型法的特点

成型方法	零件材料	尺寸精度/mm	成本	粗糙度 $Ra/\mu m$
SL	聚合物、树脂	±0.13	较高	0.6
SLS	树脂、尼龙、聚酯纤维、蜡、金属粉、陶瓷粉	±0.13~	较高	5.6
LOM	纸、塑料、复合材料	±0.25	低	1.5
SGC	树脂、蜡	±0.254	较高	6.3
FDM	蜡、塑料、树脂	0.1%	较高	14.5
DSPC	陶瓷粉黏结剂	±0.05	高	<0.2

快速成型技术的广泛应用必将大大促进产品制造技术的发展，对产品质量的提高、新产品开发及生产成本的降低都有重要意义。

思考题

1. 塑料成形主要方法有哪些？其成形特点是什么？
2. 橡胶成形有哪些方法？其主要成形设备是什么？
3. 高分子材料具有哪些工艺性能？
4. 为什么快速成型零件要进行后处理？
5. 简述立体平版印刷法(SL 法)的基本原理。

第6章　陶瓷及复合材料成形

随着高新科学技术的发展,使用材料的领域越来越广,所提出的要求也越来越高。对于要求密度小、耐腐蚀、电绝缘、减震消声和耐高温等性能的工程构件,传统的金属材料已难以胜任,而陶瓷及复合材料在这些性能方面却有着各自优势。

陶瓷材料是非金属元素与金属元素或非金属元素结合形成的固态化合物材料,是各种无机非金属材料的通称,是现代工业中很有发展前途的一类材料,它与高分子材料和金属材料构成了固体材料的三大支柱。另外,单一金属或非金属材料无法实现的性能,可通过复合材料得以实现。

复合材料是两种或两种以上不同物理、化学性质或不同组织结构(力学性能)的材料通过人工的方法使其均匀地结合而成的新材料,这种材料不仅保留了组成材料各自的优点,而且使组成材料之间取长补短,共同协作,形成优于原组成材料的综合性能。

近几十年来,由于航空、运输和建筑等工业的迅速发展,特别是宇航等尖端技术的迅猛发展,对材料的性能提出了越来越高、越来越多的要求,传统的材料已无法满足要求,因而促进了陶瓷及复合材料的飞速发展。当前,陶瓷及复合材料已经广泛应用于航天、航空、轻工、家电、建材、机电等各行各业中。

6.1　陶瓷成形特点及工艺

6.1.1　陶瓷分类及性能

1.陶瓷材料的分类

陶瓷材料按原料和组成不同分为传统陶瓷(也称普通陶瓷)和新型陶瓷(也称特种陶瓷)。

传统陶瓷是以黏土等天然的硅酸盐矿物为原料制造而成,主要应用于日常生活和工业生产,如陶器、瓷品、耐火材料、磨料、搪瓷、水泥和玻璃等。

新型陶瓷材料是以离子键及共价键为主要结合力的无机非金属材料,如非金属磁性材料、铁电体、人造单晶、玻璃-陶瓷、氧化物及非氧化物陶瓷等。新型陶瓷是以高纯度化工原料和合成矿物为原料制造的,按性能和用途不同,可以分为结构陶瓷和功能陶瓷。结构陶瓷作为结构材料用来制造结构零部件,主要利用其热、力学和化学性能等,有磨损材料、高强度材料、耐热材料、硬质材料、低膨胀材料、隔热材料等,应用在化工机械、交通等行业;功能陶瓷则是利用其电、磁、声、光、催化、生物化学等性能,用来制造功能器件,主要有绝缘材料、电介质材料、压电材料、磁性材料、半导体和透光性陶瓷,以及具有生物化学功能的生物医用材料、抗菌陶瓷材料等。

虽然传统陶瓷与新型陶瓷都是经过高温烧结而合成的无机非金属材料，但其在所用粉体、成形方法和烧结制度及加工要求等方面却有着很大区别，两者的主要区别如表 6.1 所示。

表 6.1　新型陶瓷与传统陶瓷的主要区别

区别	传统陶瓷	新型陶瓷
原料	天然矿物原料	人工精制合成原料（氧化物和非氧化物两大类）
成形	注浆、可塑成形为主	注浆、压制、热压注、注射、轧膜、流延、等静压成形为主
烧结	温度一般在 1 350℃以下，燃料以煤、油、气为主	结构陶瓷常需 1 600℃左右高温烧结，功能陶瓷需精确控制烧结温度，燃料以电、气、油为主
加工	一般不需加工	常需切割、打孔、研磨和抛光
性能	以外观效果为主	以内在质量为主，常呈现耐温、耐磨、耐腐蚀和各种敏感特性
用途	炊具、餐具、陈设品等	主要用于宇航、能源、冶金、交通、电子、家电等行业

2.陶瓷材料的性能

(1)力学性能

陶瓷材料具有很高的硬度和弹性模量，为各类材料中最高，比金属高若干倍，比有机高聚物高 2～4 个数量级，这是由于陶瓷材料具有强大的化学键所致。陶瓷材料的塑性变形能力很低，在室温下几乎没有塑性，呈现出很明显的脆性特征，韧性极低。陶瓷材料的抗拉强度很低，抗弯强度较高，抗压强度非常高，这是由于陶瓷内有气孔、杂质和各种缺陷存在，在拉应力作用下气孔会迅速扩展，引起脆断。减少杂质和气孔，细化晶粒，则可提高致密度和均匀性，从而提高陶瓷的强度。

(2)热性能

陶瓷材料熔点较高，具有较高的高温强度和化学稳定性，广泛作为高温材料使用。陶瓷的导热性比金属小，是热的不良导体，多为较好的绝热材料。陶瓷的热膨胀系数比高聚物、金属的都小得多。

(3)电性能

陶瓷材料的导电性变化范围很广，由于离子晶体无自由电子，所以大多数陶瓷材料都是良好的绝缘体。但少数陶瓷既是离子导体，又有一定的电子导电性，是重要的半导体材料。此外，最近几年出现的超导材料大多数也是陶瓷材料。

(4)化学性能

陶瓷材料的组织结构很稳定，具有良好的抗氧化性和不可燃烧性，即使在 1 000℃的高温也不会被氧化。此外，陶瓷对酸、碱、盐等腐蚀性很强的介质均具有较强的抗蚀性，与许多金属（如银、铜等）的熔体也不发生作用，因而是极好的耐蚀材料和坩埚材料。

(5)光学性能

近代陶瓷材料的光学性能得到了广泛地应用，如制造固体激光器材料、光导纤维材料、光存储材料等。如氧化铝透明陶瓷 1 mm 厚的试片透光率可达 80% 以上。这些材料的研究和应用对通信、摄影、计算机等行业具有重要的实际意义。

6.1.2 陶瓷成形工艺

典型的陶瓷生产工艺流程包括配料、坯料制备、成形、烧结、后续加工等几大步骤。其中,特种陶瓷在所用粉体、成形方法和烧结工艺,以及加工要求等方面与普通陶瓷有着较大的区别,其原料要高度精选,材料组成的调配要更加精确,生产过程的控制更加严格。

1.配料

配料是按陶瓷材料的组成,将所需各种原料进行称量配制。在此过程中称料应准确,因为配料中某些组分加入量的微小误差也会影响到陶瓷材料的结构和性能。

陶瓷工业用原料有天然原料和化工原料两类。天然原料杂质较多,价格便宜,生产中为使产品性能符合相应标准和使用要求,往往挑选和使用纯度尽可能高的天然原料,为去掉有害杂质,使用前应加工处理。化工原料多为金属和非金属氧化物、碳酸盐等,其纯度和物理特性可以控制,是新型陶瓷生产中常用的原料。随着高技术的发展,对新型陶瓷的性能要求越来越高,因此,越来越多地使用高纯度、高细度的化学试剂,有的是纳米级试剂。

陶瓷材料根据在陶瓷中的作用不同,分为主要原料和辅助原料。主要原料有黏土、膨润土、滑石、菱镁矿、方解石、长石(碱金属和碱土金属的长石)、石英、工业氧化铝、二氧化钛、二氧化锆、碱土金属碳酸盐、稀有及稀土金属氧化物及复合氧化物等,它们决定着陶瓷的性能。辅助原料主要是用来改善坯料的性能,满足陶瓷的成形等生产工艺要求。常用的辅助原料:黏结剂原料有甲基纤维素、聚乙醇、聚苯乙烯等;塑化剂原料有石蜡、甘油、酞酸二丁酯等;悬浮剂原料有水玻璃、碳酸钠等。

2.坯料制备

坯料制备是配料后根据不同的成形方法,混合制备成不同形式的坯料。如用于注浆成形的水悬浮液;用于热压注成形的热塑性料浆;用于挤压、注射、轧膜和流延成形的含有机塑化剂的塑性泥料;用于干压或等静压成形的造粒粉料等。

3.成形

成形是将坯料制成具有一定形状和规格的坯体。成形技术与方法对陶瓷制品的性能具有重要意义,由于陶瓷制品品种繁多,性能要求、形状规格不一,产量不同,所用坯料性能各异,因此采用的成形方法各种各样,应经综合分析后确定。

(1)可塑成形

它是对具有一定塑性变形能力的泥料进行加工成形的方法,即使坯料在外力作用下发生可塑变形而制成坯体。可塑成形方法主要有旋压成形、滚压成形、轧膜成形等。

旋压成形主要利用作旋转运动的石膏模与上下运动的样板刀配合来成形。旋压成形制品的形状靠石膏模与样板刀的形状保证。在成形操作过程中,首先将塑性泥料适量放在石膏模中,随着石膏模的转动,压下样板刀接触泥料。旋压成形示意图如图 6.1 所示。

滚压成形是由旋压成形法演变过来的，它与旋压成形的不同的是把扁平的样板刀改为回转型的滚压头。成形时，盛放泥料的模型和滚头分别绕自己轴线以一定速度同方向旋转。滚头一边旋转一边逐渐靠近盛放泥料的模型，并对坯泥进行“滚”和“压”。滚压成形坯体致密均匀、强度较高。滚压机可以和其他设备配合组成流水线，生产率高。滚压成形可分为阳模滚压和阴模滚压，如图 6.2 所示。阳模滚压又称为外滚压，由滚压头决定坯体的外形和大小，适合成形扁平、宽口器皿。阴模滚压又称内滚压，滚压头形成坯体的内表面，适合成形口径较小而深的制品。

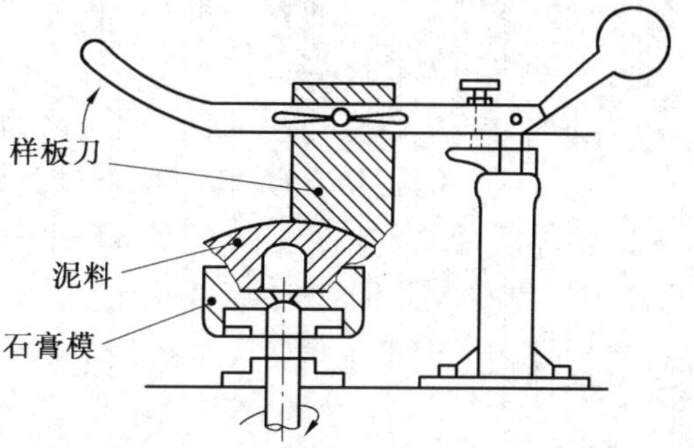

图 6.1　旋压成形

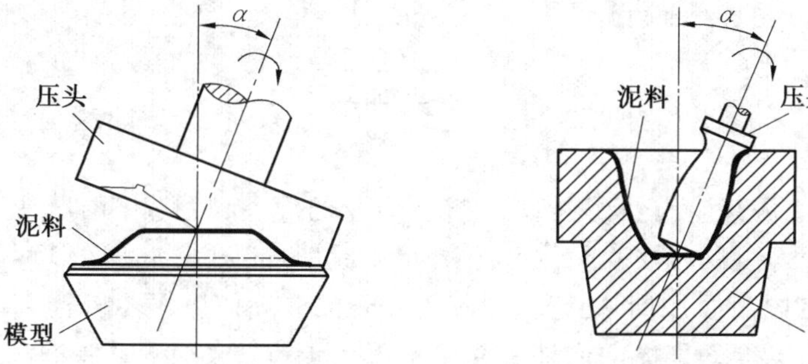

(a)阳模滚压成形　　(b)阴模滚压成形

图 6.2　滚压成形

α——滚压头倾斜角

轧膜成形方法与金属板料轧制相似，是生产薄片瓷坯的主要成形工艺之一，如图 6.3 所示。这种成形方法可轧制 1 mm 以下的坯片，常见的是 0.15 mm左右的坯片，主要应用在电子陶瓷工业中的瓷片电容、电路基片等坯体的轧制。轧膜用的坯料由陶瓷粉料和塑化剂组成。制坯过程是将预烧过的陶瓷粉料磨细过筛，掺入塑化剂并搅拌均匀，然后倒在轧膜机上进行混炼(使粉料与塑化剂充分混合)；在混炼过程中需不断吹风，使塑化剂中的溶剂逐渐挥发，形成较厚的膜片，这个过程也称粗轧。粗轧后的厚膜片再经过反复的轧炼，直至达到所要求的厚度为止。轧好的坯片应存放在一定湿度的环境中，这样既可以防止坯片干燥脆化，也便于冲切。

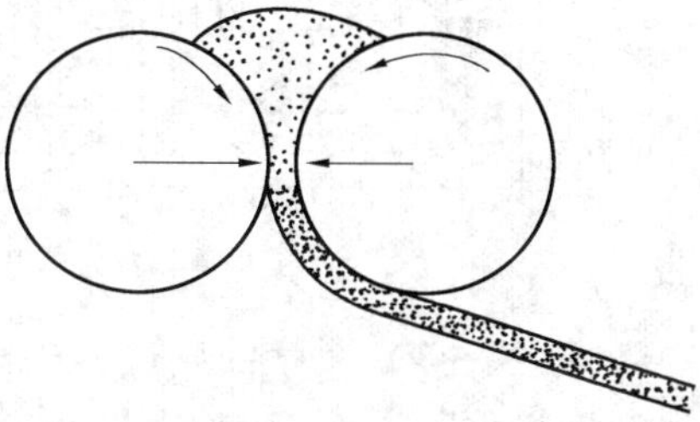
图 6.3　轧膜成形

(2)注浆成形

这种成形方法是具有悠久历史的陶瓷成形方法，它是将具有流动性的液态泥浆注入多孔模型内(模型为石膏模、多孔树脂模等)，借助于模型的毛细吸水能力，泥浆脱水、硬化，经脱模获得一定形状的坯体的过程。注浆成形的适应性强，能得到各种结构、形状的坯体。根据成形压力的大小和方式的不同,注浆成形可分为基本注浆法、强化注浆法、热压铸成形法和流延法等。

基本注浆法有空心注浆(单面注浆)和实心注浆(双面注浆)两种。

空心注浆的石膏模没有型芯,泥浆注满模腔后放置一段时间,待模腔内壁黏附一定厚度的坯体后,倒出多余的泥浆,形成空心注件,然后带模干燥,待注件干燥收缩脱离模型后取出,如图6.4所示。模腔内表面的形状决定坯体的外形,坯体厚度取决于吸浆时间。这种成形方法适合于小型件和薄壁制品的成形。

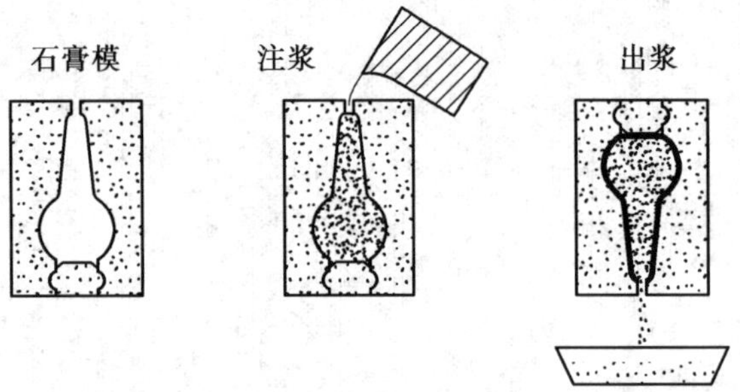

图6.4　空心注浆

实心注浆是将泥浆注入外模和型芯之间,石膏的外模和型芯同时吸水。注浆过程中泥浆不断减少,需要不断补充,直至泥浆全部硬化成坯,如图6.5所示。实心注浆的坯体外形取决于外模的内表面,内形决定于型芯的外表面。坯体厚度由外模与型芯之间的空腔决定。实心注浆适合于坯体的内外表面形状、花纹不同,大型而壁厚的制品。

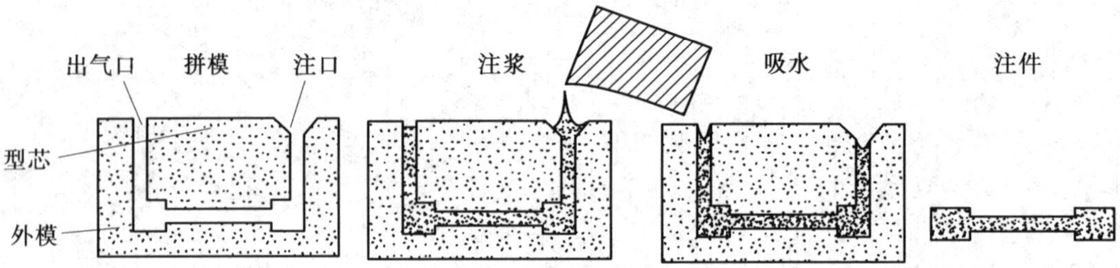

图6.5　实心注浆

强化注浆法是在注浆过程中施加外力,加速注浆过程的进行,使得吸浆速度和坯体强度得到明显改善,如常用的离心注浆如图6.6所示。

热压注成形是利用蜡类材料热熔冷固的特点,将配料混合后的陶瓷细粉与熔化的蜡料黏合剂加热搅拌成具有流动性与热塑性的蜡浆,在热压注机中用压缩空气将热熔蜡浆注满金属模腔,蜡浆在模腔内冷凝形成坯体,再行脱模取件,如图6.7所示。热压注成形适用于批量生产外形复杂、表面质量好、尺寸精度高的中小型制品,且设备较简单,操作方便,模具磨损小,生产效率高。但坯体密度较低,烧结收缩较大,易变形,不宜制造壁薄、大而长的制品,且工序较繁杂,耗能大,生产周期长。

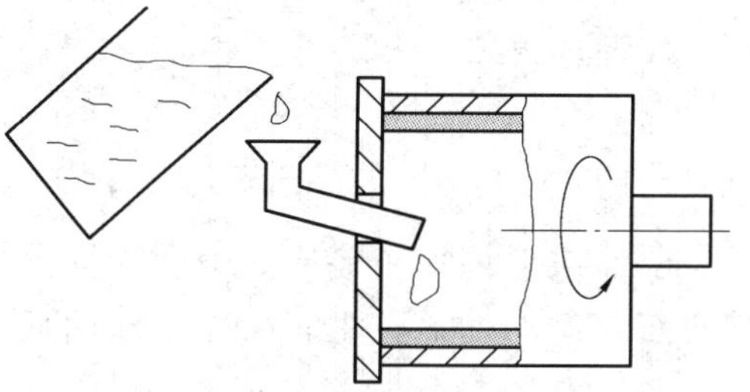

图 6.6　离心注浆

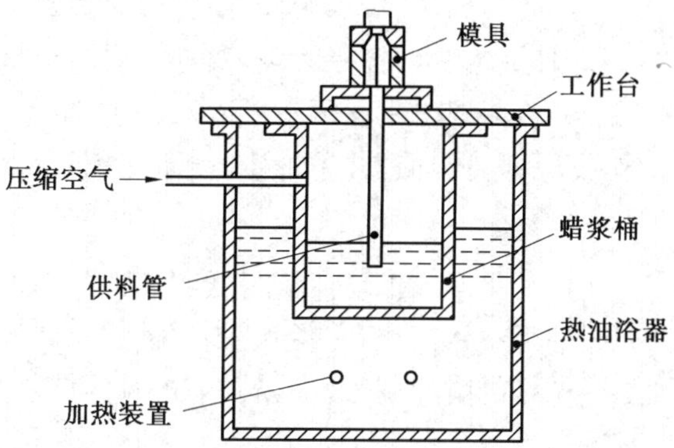

图 6.7　热压注成形

(3)压制成形

这种成形方法与可塑成形一样属于受力塑性成形,即坯料在外力作用下发生可塑变形而制成坯体。不同的是压制成形所需粉料中只加入少量水分或塑化剂。如干压成形是将粉料填充在某一特制的模具中,施加压力,使之压制成具有一定形状和强度的坯体,不经干燥可以直接焙烧。压制成形的优点是工艺、装置简单,操作方便,成形周期短,生产效率高、成本低,便于自动化生产。此外,压制成形件具有坯体密度大、尺寸精确、收缩小、强度高等优点。根据成形时施压的特点,压制成形分为模压成形和等静压成形。

模压成形是在粉料中加入有机黏合剂,填入金属模型,加压后制成具有一定强度的成形体的方法。主要应用在耐火材料、陶瓷面砖、电子陶瓷、核燃料颗粒等形状较为简单的制品的生产中,其优点是价格便宜,成形体的尺寸误差小。

等静压成形是利用液体或气体介质均匀传递压力的性能,把陶瓷粒状粉料置于有弹性的软模中,使其受到液体或气体介质传递的均衡压力而被压实成形的一种新型压制成形方法。这种成形坯体密度高且均匀,烧结收缩小,不易变形,制品强度高、质量好,适于形状复杂、较大且细长制品的制造,但等静压成形设备成本较高。

等静压成形可分为冷等静压成形与热等静压成形两种。冷等静压成形是在室温下,采用高压液体传递压力的成形方法,根据使用模具不同又分为湿式等静压成形和干式等静压成形两种。

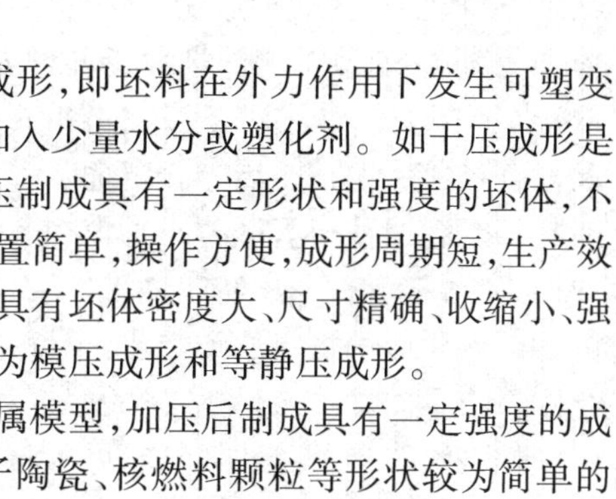

图 6.8　湿式等静压成形

湿式等静压成形如图 6.8 所示,将配好的粒状粉料装入塑料或橡胶做成的弹性模具内,密封后置于高压容器内,注入高压液体介质(压力通常在 100 MPa 以上),此时模具与高压液体直接接触,压力传递至弹性模具对坯料加压成形,然后释放压力取出模具,并从模具中取出成形好的坯体。湿式等静压容器内可同时放入几个模具,压制不同形状坯体,该法生产效率低,主要适用于成形形状较复杂、产量小和大型制品。

干式等静压成形是在高压容器内封紧一个加压橡皮袋,加料后的模具送入橡皮袋中加压,压成后又从橡皮袋中退出脱模;也可将模具直接固定在容器橡皮袋中。此法的坯料添加和坯件取出都在干态下进行,模具也不与高压液体直接接触。干式等静压成形模具的两头(垂直方向)并不加压,适于压制长型、薄壁、管状制品。

4.烧结

烧结是对成形坯体进行低于熔点的高温加热,使其内的粉体间产生颗粒黏结,经过物质迁移导致致密化和高强度的过程。只有经过烧结,成形坯体才能成为坚硬的具有某种显微结构的陶瓷制品(多晶烧结体),因此烧结对陶瓷制品的显微组织结构及性能有着直接的影响。

烧结的方法很多,按烧结时是否由外界加压可以将烧结方法分为常压烧结和压力烧结。压力烧结又可分为热压烧结和热等静压烧结。热压烧结是在烧结过程中同时对坯料施加压力,加速致密化的过程,所以热压烧结的温度更低,烧结时间更短。热压烧结技术已有70年历史,最早用于碳化钨和钨粉致密件的制备,现在已广泛应用于陶瓷、粉末冶金和复合材料的生产。热等静压烧结是将粉末压坯或装入包套的粉料装入高压容器中,使粉料经受高温和均衡压力同时作用,而被烧结成致密件。其工艺原理是:以气体作为压力介质,使材料(粉料、坯体或烧结体)在加热过程中经受各向均衡的压力,借助高温和高压的共同作用促进材料的致密化。目前,热等静压技术的主要应用包括金属和陶瓷的固结、金刚石刀具的烧结、铸件质量的修复和改善、高性能磁性材料及靶材的致密化等。

按烧结时是否有外加气氛可以将烧结方法分为普通烧结和气氛烧结,普通烧结是指在通常大气条件下进行烧结的方法。对于在空气中很难烧结的制品,如非氧化物陶瓷或透光陶瓷等,为保证制品的成分、结构及性能,必须使坯件在特殊的气氛下烧结,称为气氛烧结。

5.后续加工

陶瓷制品经成形、烧结后,根据需要对其进行后续加工,使之符合表面粗糙度、形状、尺寸等精度要求,后续加工包括磨削加工、研磨与抛光、超声波加工、激光加工等切削加工方法,以及表面金属化等表面改性处理工艺。

陶瓷材料是由粉末成型后经高温烧结而成,由于烧结收缩率大,无法保证烧结后瓷体尺寸的精确度,同时,传统陶瓷以及作为工程部件的特种陶瓷都有尺寸和表面精度要求,一般需烧结后再加工,但由于包括工程陶瓷在内的所有陶瓷,晶体结构几乎都是离子键和共价键组成,这类材料具有高硬度、高强度、脆性大的特性,属于难加工材料。因此,对于陶瓷制品的后续加工已成为一个新兴的工艺技术,涉及许多相关的先进理论与方法。

随着高性能陶瓷材料的不断涌现,现代高科技产业对陶瓷材料的加工效率和加工质量提出了更高的要求,特别是在航空航天、化工机械、陶瓷发动机、生物陶瓷、微波介质、超大规模集成电路等领域,对工程陶瓷及其加工提出了越来越高的要求,如超高的机械强度,平整光洁的表面,精确的几何尺寸等。由于受其自身化学键和微观结构的影响,陶瓷的脆硬性导致了其加工效率低、成本高,反过来也对机械加工技术提出了新的要求。因此,一些先进的特种加工技术应运而生,如电火花加工、电子束加工、激光加工、超声波加工、等离子体加工等。

随着材料科学和工艺的发展,现代陶瓷材料已从传统的硅酸盐材料,发展到涉及力、热、电、声、光等诸方面以及它们的组合。将陶瓷材料表面金属化,使它成为既具有陶瓷的特性又具有金属性质的一种复合材料,主要用于制造电子元器件、电磁屏蔽、装饰美术陶瓷等。同时,陶瓷的表面金属化还可以应用于陶瓷－金属封接方面。目前,对其应用与研究越来越引起人们的重视。

陶瓷材料的表面改性也是目前材料科学最活跃的领域之一。陶瓷材料不仅具有高硬度、高强度、良好的耐磨性能,而且还具有优异的化学稳定性及高温力学性能。但是,陶瓷材料脆性大、延展性小,在使用过程中容易发生脆性断裂,且有些如氮化硅等非氧化物陶瓷在高温时容易氧化,使制品表面出现熔洞、裂纹等缺陷,造成材料晶界强度下降、磨损速度增加等,从而影响其可靠性,限制了它的广泛应用。利用表面改性技术不但可以克服陶瓷材料的这些缺陷,还可以用极少量材料起到大量、昂贵的整体材料难以达到的效果,以最经济、最有效的方法改善材料表面及近表面区的形态、化学组成、组织结构,赋予材料新的性能并提高材料的综合性能。传统的陶瓷表面改性技术有渗氮、阳极氧化、化学气相沉积、物理气相沉积、离子束溅射沉积等。随着人们对材料表面重要性认识的提高,在传统的表面改性技术和方法的基础上,研究了许多用于改善材料表面性能的技术,诸如离子注入技术、等离子体技术、激光技术等。

6.2 复合材料成形特点及工艺

6.2.1 复合材料性能及分类

1.复合材料的性能

复合材料是指两种或两种以上不同物理、化学性质或不同组织结构(力学性能)的材料用人工的方法使其均匀地结合而成的新材料。这种材料不仅保留了组成材料各自的优点,而且使组成材料之间取长补短,共同协作,形成优于原组成材料的综合性能。复合材料一般由增强材料(如玻璃纤维等)和基体材料(如树脂等)组成。日常所见的人工复合材料很多,如钢筋混凝土就是用钢筋与石子、沙子、水泥等制成的复合材料,轮胎是由人造纤维与橡胶复合而成的材料。

复合材料的最大特点是性能具有可设计性,它的性能主要取决于增强材料和基体材料的性能、分布和含量,以及它们之间的结合情况。复合材料的性能特点如下。

(1)比强度和比模量高

复合材料的比强度(抗拉强度/密度)和比模量(弹性模量/密度)比其他材料高很多,是其主要特点。例如碳纤维增强环氧树脂复合材料的比强度为钢的8倍,比模量为钢的3.5倍。这对需要减轻自重而保持高强度和高刚度的结构件尤为重要。

(2)抗疲劳性能和抗断裂性能好

多数金属的疲劳极限是抗拉强度的40%～50%,而碳纤维聚酯复合材料则可达70%～80%。纤维复合材料在受载后即使有少量纤维断裂,载荷会重新分布由未断裂纤维承担,表明抗断裂性能强。

(3)高温性能好

由于增强纤维一般在高温下仍保持高的强度和弹性模量,所以用它们增强的复合材料的高温强度和弹性模量均较高,特别是金属基复合材料,通常具有好的高温性能。例如,一般铝合金,其强度在400℃时降至室温的1/10以下,而用石英玻璃增强铝基复合材料,在500℃下能保持室温强度的40%。

(4)减震、减摩、耐磨性能好

复合材料的纤维与基体的界面具有吸震能力,又由于复合材料的自振频率高,可以避免共振;碳纤维增强高分子材料的摩擦系数比高分子材料本身低得多,在热塑性塑料中加入少量的短切纤维,能大大地提高其耐磨性。

此外,复合材料还具有高韧性、抗热冲击性、耐烧蚀性、绝缘、导电、导热、特殊的光电磁性能等。

复合材料除具有上述性能外,另外一个非常重要的特点就是其性能具有可设计性,可以根据对材料的性能要求,在基体、增强材料的类型和含量上进行选择,并进行适当的制备与加工。在制品制造方面,复合材料还适合一次整体成形,具有良好的加工性能。

2.复合材料的分类

复合材料为人工合成的多相体系,其全部相可分为两类,一类相为基体材料,能形成一定的形状,并起黏结作用,另一类相为增强材料,起着提高强度或韧性的作用。这两类相可以是高聚物、陶瓷或金属。

(1)按基体材料分

可分为高聚物复合材料(如轮胎、纤维增强塑料等);金属基复合材料(如纤维增强金属等);陶瓷基复合材料(如钢筋混凝土等)。

(2)按增强材料的形态和种类分

增强相的形态通常为层叠状、连续纤维状、短纤维状、细粒状和纤维编织物状等几种。对于每一形态增强相,还可以按增强相的种类分类,如玻璃纤维、碳纤维、硼纤维等。

(3)按照复合材料的使用性能分

可分为结构复合材料和功能复合材料。结构复合材料是作为承载结构用的复合材料;功能复合材料是具有某种特殊的物理或化学性能的复合材料。功能复合材料按其功能可分为导电、换能、磁性、阻尼、屏蔽等复合材料。

6.2.2 复合材料成形工艺

复合材料成形方法众多,从原材料到形成制品一般包括准备工序、成形工序、后续加工及检验等基本步骤。

准备工序包括基体材料和增强材料的预处理或预成形等。成形工序所采用的工艺方法取决于基体和增强材料的类型。以颗粒或短纤维为增强材料的复合材料,一般可以用其基体材料的成形方法来进行成形加工。如可将基体材料熔化为液体,再采用搅拌等方法均匀混入颗粒或短纤维增强材料,或将基体材料制成粉末与此类增强材料均匀混合,然后用铸造、挤压、喷射、粉末热压、注射、模压等方法使之成形;也可以将短纤维或晶须等先做成预制件，再通过挤压铸造、粉末冶金等方法将其与基体材料复合成形。以长纤维为增强材料的复合材料的成形，通常不同于基体材料的固有成形方法，而有它自身的特点。如长纤维增强材料往往在浸渍基体材料后，采用缠绕、堆积或编织等方法成形；也可将长纤维材料预成形后再与基体材料复合成形。夹层复合材料的成形方法则是先制出泡沫芯料或蜂窝芯料，然后通过胶黏等方法使其与面板或蒙皮复合在一起。复合材料成形后，根据装配或使用等需要，有时还需进行机械加工、连接、修整、表面防护处理等后续加工。

下面分别介绍树脂基、金属基和陶瓷基等三类复合材料的主要成形方法。

1.树脂基复合材料的成形

树脂基复合材料是目前应用最广、用量最大的一类复合材料，此类复合材料大多是以树脂为基体、纤维为增强体复合而成的，按其基体的性质，可分为热塑性树脂基和热固性树脂基复合材料，其中又以热固性树脂基复合材料更为常用。其主要成形方法有手糊法、喷射法、缠绕法和模压法等。

(1)手糊法

这是树脂基复合材料制造中最早采用和最简单的方法。其主要工艺过程如下：先在模具上涂刷含有固化剂的树脂混合物，再在其上铺贴一层按要求剪裁好的纤维织物，用刷子、压辊或刮刀压挤织物，使其均匀浸渍并排除气泡后，再涂刷树脂混合物和铺贴第二层纤维织物，反复上述过程直至达到所需厚度为止。然后，在一定压力作用下加热固化成形(热压成形)，或者利用树脂本身固化时放出的热量固化成形(冷压成形)，最后脱模得到复合材料制品。其工艺流程如图 6.9 所示，简单手糊操作过程如图 6.10 所示。

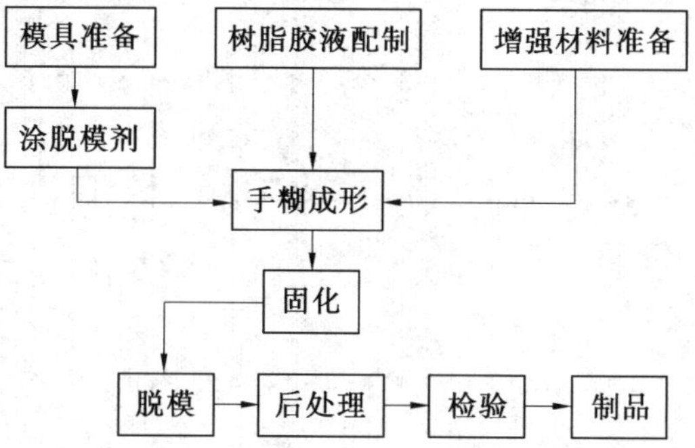

图 6.9　手糊成形工艺流程

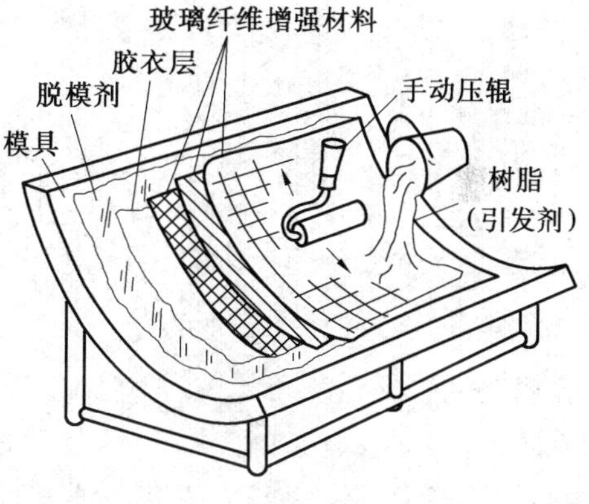

图 6.10　手糊成形示意图

手糊成形操作简单，不受制品尺寸和形状的限制，适于多品种、小批量生产，可以根据设计要求手糊成形不同厚度、不同形状的制品。但这种成形方法生产效率低，劳动条件差且劳动强度大；制品的质量、尺寸精度不易控制，性能稳定性差，强度较其他成形方法低。手糊成形可用于制造船体、储罐、储槽、大口径管道、风机叶片、汽车壳体、飞机蒙皮、机翼、火箭外壳等大中型制件。

喷射法即将手糊成形操作中的糊制工序改由喷枪完成，将纤维和树脂液同时喷到模具上，再经压实、固化得到制品。

(2)缠绕法

指将浸过树脂胶液的连续纤维或布带,按照一定规律缠绕在芯模上,经固化脱模成型为增强塑料制品的工艺过程。图6.11是长纤维缠绕成形示意图。

缠绕成形的优点是:比强度高,是铁合金的3倍、钢的4倍;制品呈各向异性,强度的方向性比较明显;可以按照承载要求确定纤维排布、方向、层次,实现制品的强度及结构设计;纤维按照规定方向排列,精度高、质量好,易于生产自动化。其缺点是:缠绕机、高质量心轴和专用固化炉等缠绕设备投资大。缠绕成形主要用于缠绕圆柱体、球体及某些回转体制品。

(3)模压法

它是将一定量的模料放入金属对模中,在一定温度和压力下固化成形,如图6.12所示,它与热固性塑料(酚醛塑料)成形有类似之处。

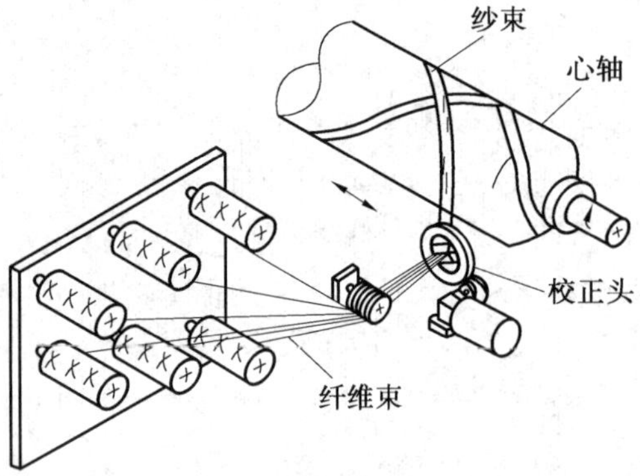

图6.11 长纤维缠绕成形

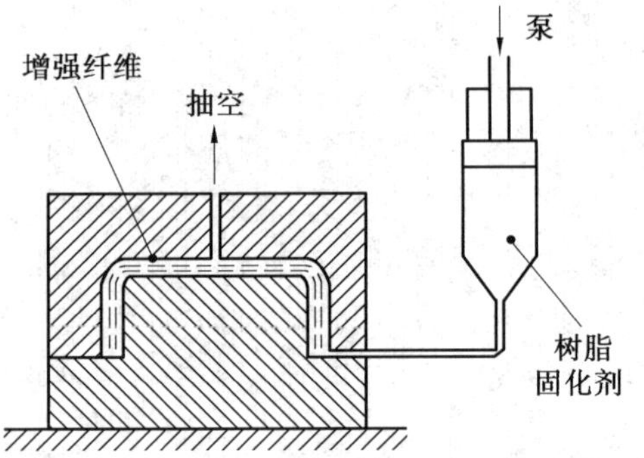

图6.12 模压成形

模压成形生产率较高,制品尺寸准确、精度高,可以一次成形较复杂的结构,且重复性好,易于实现机械化、自动化。模压成形的主要缺点是模具设计、制造复杂,压机和模具投资大,制品尺寸受到模具限制,只适宜于大批量生产中、小型制品。

2.金属基复合材料的成形方法

金属基复合材料制备的关键在于获得基体与增强材料之间良好的结合界面,结合不好的界面不但起不到增强作用,反而会导致复合失效。为此,必须满足以下三个基本条件:一是相互晶界扩散只能形成固溶体;二是增强材料与基体表面不发生有害化学反应;三是各组分间界面完全接触(即相互润湿),不能有任何污染。一般通过在增强材料表面涂覆一层不与基体发生化学反应的中间介质来改善界面润湿性,同时保护增强材料不受化学损伤,或通过控制工艺参数来降低界面反应程度。

金属基复合材料加工较为困难,这也是金属基复合材料品种较少、价格较贵的主要原因。综合目前的加工方法,工业生产上应用的金属基复合材料成形工艺主要有粉末冶金法、熔铸法以及热压扩散结合法等。

(1)粉末冶金法

粉末冶金法广泛用于各种颗粒及短纤维增强的金属基复合材料。其工艺与金属材料的粉末冶金工艺基本相同，首先将金属粉末和增强体混合，制得复合坯料，再压制烧结成锭，然后可通过挤压、轧制和锻造等二次加工制成型材和零件。这种方法是制备金属基复合材料，尤其是非连续纤维增强复合材料的主要工艺方法。

(2)熔铸法

也称液态法，其基本原理是将基体金属熔化成液态，并使金属液体与增强材料均匀混合或浸渗进入到增强材料的缝隙中，通过在铸型中凝固成形，二者形成紧密牢固的结合。图 6.13 为液态搅拌复合铸造法的示意图，在生产过程中，一边搅拌金属或合金熔融体，一边向熔融体逐步投入增强体，使其分散混合，形成均匀的液态金属基复合材料，然后采用压力铸造、离心铸造和熔模精密铸造等方法形成金属基复合材料。

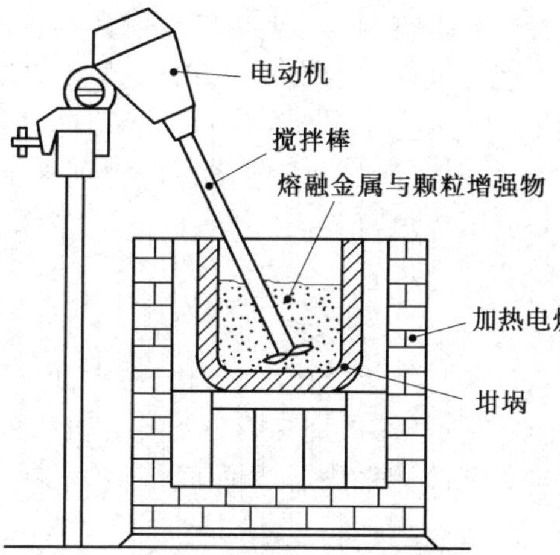

图 6.13　液态搅拌复合示意图

(3)热压扩散法

它是金属基复合材料成形的一种常用方法。按照制品的形状、纤维体积密度及性能要求，将金属基体与增强材料按一定顺序和方式组装成形，然后加热到某一低于金属基体熔点的温度，同时加压保持一定时间，使基体金属产生蠕变和扩散，与纤维之间形成良好的界面结合，得到复合材料制品。这种成形方法多用于制作形状简单的板材和型材，以及叶片等产品，易精确控制制品的形状。

3.陶瓷基复合材料的成形方法

陶瓷基复合材料主要以高性能陶瓷为基体，通过加入颗粒、晶须、连续纤维和层状材料等增强体而形成的复合材料。针对不同的增强材料，目前已经开发了多种加工技术。对颗粒、晶须及短纤维增强的陶瓷基复合材料可以采用热压烧结、化学气相沉积、自蔓燃高温合成等方法制造；对连续纤维增强的陶瓷基复合材料，还需要一些特殊的工序，如粉浆浸渍热压成形等。

(1)热压烧结

首先制备预浸片，纤维预浸用的料浆由基体粉末、水和酒精以及有机黏接剂组成。然后将制好的纤维预浸片切成所需要的尺寸，在片间铺一层基体粉末，再根据需要同方向或交叉地垂直堆积预浸片，并在高温下通过外压使其致密化。也可用松散的或预成形的陶瓷基复合材料混合物为原料来制备制品。

(2)化学气相沉积

将纤维做成所需形状的预成形体，在预成形体的骨架上开有气孔，在一定温度下，让气体通过并发生热分解或化学反应沉积出所需的陶瓷基质，直至预成形体中各孔穴被完全填满，获得高致密、高强度、高韧性的复合材料制品。该方法最大优点是加工温度一般在 900 ~ 1 100℃，不会造成陶瓷纤维的分解，因而制备的材料具有较好的力学性能。这种方法是制造连续纤维陶瓷基复合材料的主要方法之一，且适合于制备接近实际形状的大部件或形状复杂的构件。

(3)自蔓燃高温合成

简称SHS,是利用化合物合成时的反应热(最高反应温度达4 000℃),使反应继续下去的一种合成工艺方法。该技术具有合成时间短、能耗少、可良好地控制化学成分,可制备各种形状的制品。此方法可制备不连续增强陶瓷复合材料,特别是用于一些其他方法不可能合成的化合物。将SHS过程与各种加压手段,如挤压、轧制、热压、等静压、冲击波等相结合可生产出高致密产品。目前,用于制造大规格耐磨陶瓷内衬钢管的离心自蔓燃高温合成技术,是把自蔓燃反应得到的熔融陶瓷,在离心力场中高温与钢管产生复合,从而得到陶瓷内衬钢管,此管用于火力发电系统中的输灰管道,矿山中的溢流管道、尾矿输送管道和充填管道等。

(4)粉浆浸渍热压

它是将纤维置于陶瓷粉浆料中,使纤维黏附一层浆料,然后将纤维布成一定结构,经干燥、排胶和热压烧结成为制品。粉浆浸渍热压成形法是制取连续纤维增强玻璃陶瓷基复合材料广泛采用的一种工艺方法。

4.复合材料的二次加工

大部分复合材料在材料制造时就已直接完成制品制造,但仍有少部分复合材料是先制成半成品,再经过二次加工才能获得成品。另外,由于树脂基复合材料的自身特性、模具和制品设计因素,以及成形条件的局限等,复合材料制品加工成型后,还需要进行烘干、飞边、毛刺的清除、制品表面抛光等后处理。对于一些已成形好的复合材料板材、长条型材、管材、棒材等仍需要按设计要求,经过机械加工、连接、表面涂装等二次加工制成构件。

复合材料制品的二次加工包括机械加工、连接以及表面涂装等。通常的机械加工可采用机械砂磨、钻削加工、锯削加工、拉削加工、冲压加工、挖削加工等。连接方法有螺栓连接、铆钉连接或销钉连接等机械连接方法,以及用胶黏剂将复合材料制件连接起来的胶接方法;对于热塑性复合材料可采用电阻焊、激光焊、超声波焊、摩擦焊等焊接方法;对于金属基复合材料采用不用焊料的熔焊和低温钎焊等焊接方法;也可采用如胶－铆、胶－螺钉、机械连接与焊接相结合、紧固件加热焊接等混合的连接方式。表面涂装是指制品在成形过程中或成形后,使用各种不同的、具有高性能的或某种功能性的涂料,对其表面进行修饰或赋予新的功能。主要方法有:空气喷涂、高压无空气喷涂、静电喷涂、电泳喷涂及粉末喷涂等。

思 考 题

1. 陶瓷制品的生产过程包括哪几部分?
2. 陶瓷注浆成形对浆料有何要求?其坯体是如何形成的?该法适于制作何类制品?
3. 复合材料成形工艺有什么特点?
4. 简述复合材料的手糊成形工艺过程。
5. 复合材料的原材料、成形工艺和制品性能之间存在什么关系?

第7章　成形工艺的选择

铸造、锻造、冲压、轧制、焊接和粉末冶金等是生产机械零件的常用成形工艺，大多数机械零件需要先通过这些成形工艺制造毛坯，然后再经过切削加工工艺制造成品。成形工艺选择的合理与否直接影响到零件的质量、使用性能、成本和生产效率，因而选择正确的成形工艺是生产过程的关键。各种常用成形工艺的特点和应用范围有所不同，因此在选择成形工艺时要考虑多方面的因素。

7.1　常用成形工艺比较分析

目前，常用的毛坯成形工艺主要有铸造、锻造、冲压、轧制、焊接和粉末冶金等，下面对这几种成形工艺的特点和应用范围作简要分析。

①铸造是液态金属充填铸型后冷却凝固成形的方法，要求熔融金属流动性好、收缩小，铸造材料利用率较高，适用于制造各种尺寸、形状复杂尤其具有复杂内腔的零件，如支座、壳体、箱体、机床床身等。

②锻造是固态金属在外力作用下通过塑性变形而成形的方法，要求金属的塑性好、变形抗力小，适用于制造受力较大、组织致密、质量均匀的锻件，如转轴、齿轮、曲轴和叉杆等。自由锻造生产的产品形状简单，是生产单件和大型锻件的唯一锻造方法；模锻可以生产形状较复杂的锻件，其材料利用率和生产率远高于自由锻，但只能生产批量较大的中小型锻件。

③冲压是利用冲模使板料产生分离或变形的成形方法，要求金属板料的塑性好、变形抗力小。冲压能够制造各种尺寸且形状较为复杂的零件，材料利用率和生产率高，广泛应用于汽车、仪表行业，是大批量制造质量轻、刚度好的零件的首选成形方法。

④轧制是固态金属通过旋转轧辊的间隙受压发生塑性变形的成形方法，要求金属的塑性好、变形抗力小，既可以生产板材、管材、线材等原材料，也可以生产形状各异的零件，如车轮箍、轴承钢球、叶片、扳手等，产品的力学性能好，生产效率高，适用于大批量的生产。

⑤焊接是通过加热或加压的方式使被焊材料产生原子扩散而实现连接的成形方法，要求材料在焊接时的淬硬倾向以及产生裂纹和气孔等缺陷的倾向较小。焊接工艺的材料利用率高，采用自动化焊接可达到很高的生产率，适用于形状复杂或大型构件的连接成形，也可用于异种材料的连接和零件的修补。

(6)粉末冶金是通过成形、烧结等工序，使金属粉末(或金属粉末与非金属粉末)间发生原子扩散、机械楔合、再结晶等获得零件或毛坯的，要求粉料的流动性好，压缩性大。粉末冶金的材料利用率和生产率高，制品精度高，适合于制造有特殊性能要求的材料和形状较复杂的中、小型零件,如多孔含油轴承、齿轮、耐磨刀具等。

常用的毛坯成形方法比较见表7.1。

表7.1 常用的毛坯成形方法比较

成形工艺	成形特点	对原材料的工艺性要求	常用材料	产品的力学性能	制件特征		生产率	主要应用
					尺寸	结构		
铸造	液态金属填充型腔	流动性好、收缩小	铸铁、铸钢、非铁合金	灰铸铁件力学性能差,球墨铸铁和铸钢件较好	各种	可复杂	低~高	型腔较复杂尤其是内腔复杂的制件,如箱体、壳体、床身、支座等
自由锻	固态金属塑性变形	塑性好、变形抗力小	低、中碳钢、合金结构钢	力学性能好	各种	简单	低	传动轴、齿轮坯、炮筒等
模锻					中小件	可较复杂	高	受力较大且形状较复杂的制件,如齿轮、阀体、叉杆、曲轴等
冲压			低碳钢板、非铁合金板	强度和刚度高	各种	可较复杂	高	汽车车身覆盖件、仪器仪表与电器的外壳及零件、油箱、水箱等各种用板成形的零件
轧制			低、中碳钢、合金结构钢	力学性能好	各种	可较复杂	高	板材、管材、线材等原材料、车轮箍、轴承钢球、叶片、扳手等各类零件
焊接	原子扩散而实现连接	淬硬、裂纹、气孔等倾向较小	低碳钢、低合金结构钢、不锈钢、非铁合金	接头的力学性能达到或接近母材	各种	可复杂	较高	形状复杂或大型构件的连接成形,异种材料间的连接,零件的修补等
粉末冶金	粉末间发生原子扩散、机械楔合、再结晶	粉末流动性较好,压缩性较大	铁、铜、铝等及其合金的粉末	特殊性能	中小件	可较复杂	低~高	精密零件或特殊性能的制品,如多孔含油轴承、金刚石工具,硬质合金,活塞环、齿轮等

7.2 成形工艺的选择原则

具有不同的结构与材料的零件需采用不同的成形工艺,不同的成形工艺对材料的性能与零件的质量也会产生不同的影响，而且与零件的生产周期与成本、生产条件与批量等也有着密切关系，因此选择合理的成形工艺需考虑以下的原则。

1.适用性原则

适用性原则是指要满足零件的使用要求及对成形加工工艺性的适应。

①零件的使用要求包括几何精度、表面质量和性能。不同零件的功能不同，其使用要求也不同，因此即使是同一类零件，选用的材料与成形方法也会有很大差异。例如，机床的主轴和手柄都属于杆类零件，但使用要求不同，主轴是机床的关键零件，尺寸、形状和加工精度要求很高，而且受力复杂，在长期使用中不允许发生过量变形，所以应选用45钢或40Cr钢等具有良好综合力学性能的材料，经过锻造成形及后续处理制成；而机床手柄则可以采用低碳钢圆棒料或普通灰铸铁件为毛坯，经简单的切削加工即可制成。燃气轮机叶片与风扇叶片，虽然同样具有空间几何曲面形状，但燃气轮机叶片需采用优质合金钢精密锻造成形，风扇叶片则可以采用低碳钢薄板冲压成形。

②各种成形方法都有一定的局限性，对所加工零件的结构和材料都有一定的要求，而且成形加工工艺性的好坏对零件加工的难易程度、生产效率、生产成本等起着十分重要的作用。例如，当零件形状比较复杂、尺寸较大时，用锻造成形往往难以实现，因此可以采用铸造或焊接成形，要求使用的材料必须具有良好的铸造性能或焊接性能，在零件结构上也要适应铸造或焊接的要求。

2.经济性原则

在保证产品使用要求和质量的前提下，应充分考虑成形工艺的经济性，对几个可供选择的工艺方案进行分析比较，从中选择成本低廉的成形方法。在考虑成形工艺经济性的同时，还要兼顾所用材料价格、零件成品率、整个制造过程加工费、材料利用率与回收率、零件寿命成本、废弃物处理费用等方面因素，降低零件的总成本。例如，在单件小批量生产一种小齿轮时，可以用圆棒料切削加工而成，但是如果大批量制造时，则采用模锻制坯后切削加工的工艺，可以减少加工费用，降低总成本，而且提高力学性能和生产率。汽车、拖拉机发动机曲轴形状复杂，具有空间弯曲轴线，而且承受交变、弯曲与冲击载荷，考虑到强度和韧度的要求，过去常选用调质钢（如40、45、40Cr、35CrMo钢等）模锻成形，现在普遍改用疲劳强度与耐磨性较高的球墨铸铁（如QT600－3、QT700－2等）砂型铸造成形，不仅满足了使用要求，而且成本降低了50%～80%，加工工时减少了30%～50%，还提高了耐磨性。

3.适应环境保护和节能要求原则

由于地球温暖化，臭氧层破坏，酸雨，固体垃圾，资源、能源的枯竭等对环境的破坏，环境保护和节能已成为全球关注的大问题。环境恶化不仅阻碍生产发展，甚至危及人类的生存。因此，在发展工业生产的同时，必须考虑环境保护和节能问题。

①生产系统中的能耗由加工工艺流程确定，所以应选择能耗少的成形加工方法，并选择适用于低能耗成形加工方法的材料，尽量采用少、无切削加工的新工艺。

②二氧化碳气体会导致地球温度升高，因此尽量减少使用以煤、石油等化工燃料为主的能源，避免产生大量的二氧化碳气体。

③尽量减少使用贵重资源，在满足使用要求和质量的前提下，采用普通的、储量大的原材料。

④采用加工废弃物少、再生处理容易、能够实现回收再利用的材料及相应的成形工艺。

7.3 常用毛坯的成形工艺

机械零件的种类繁多，按零件的形状特征和用途不同，常用的机械零件可分为轴杆类、盘套类和机架箱座类等类型。由于各类零件的结构形状、工作条件、生产批量和用途不同，其材料和毛坯成形方法也不同，下面分别介绍几类零件的毛坯成形工艺。

7.3.1 轴杆类零件

轴杆类零件的结构特点是其轴向（或纵向）尺寸远大于径向（或横向）尺寸，一般用来支持机器中的旋转零件，如各种传动轴、机床主轴、丝杠、光杠、曲轴、偏心轴、凸轮轴、齿轮轴、连杆、拨叉、锤杆、摇臂等，如图 7.1 所示。

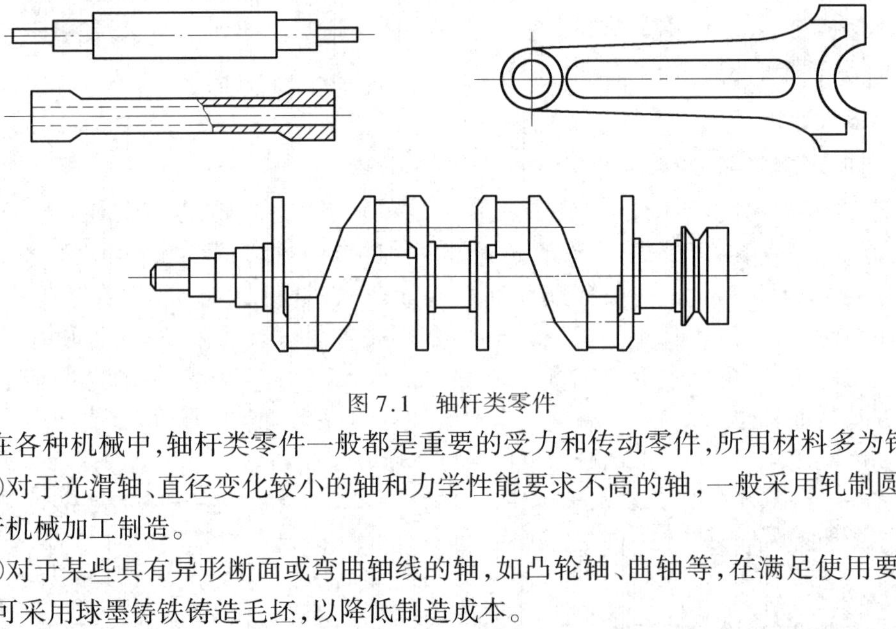

图 7.1　轴杆类零件

在各种机械中，轴杆类零件一般都是重要的受力和传动零件，所用材料多为钢。

①对于光滑轴、直径变化较小的轴和力学性能要求不高的轴，一般采用轧制圆钢为毛坯进行机械加工制造。

②对于某些具有异形断面或弯曲轴线的轴，如凸轮轴、曲轴等，在满足使用要求的前提下，可采用球墨铸铁铸造毛坯，以降低制造成本。

③对于力学性能要求较高、直径变化较大的轴几乎都采用锻造工艺成形毛坯。

④对于具有特殊性能要求的、或大型的轴杆类零件，还可以采用锻 - 焊或铸 - 焊结合的方法来制造毛坯。如图 7.2 所示的汽车排气阀，将锻造的耐热合金钢阀帽与轧制的碳素结构钢阀杆焊成一体，节约了合金钢材料。如图 7.3 所示的 12 000 t 水压机立柱，长 18 m，净重 80 t，采用 ZG270 - 500 分成 6 段铸造，经粗加工后再采用电渣焊焊成整体毛坯。

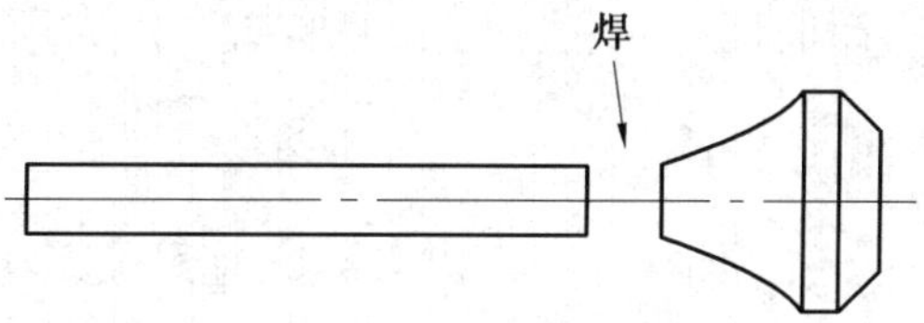

图 7.2　汽车排气阀锻 – 焊结构

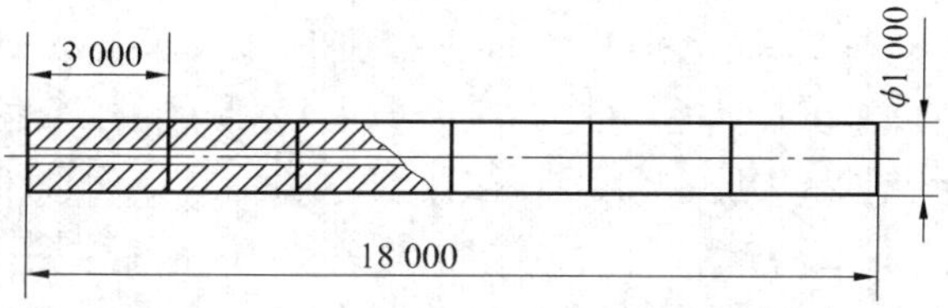

图 7.3　水压机立柱铸 – 焊结构

7.3.2　盘套类零件

盘套类零件的轴向尺寸一般均小于径向尺寸或横向尺寸。如图 7.4 所示，盘套类零件的种类很多，齿轮、带轮、飞轮、模具、法兰盘、联轴节、套环、轴承环以及螺母、垫圈等都属于这一类零件。

齿轮是各类机械中的重要传动零件，工作时齿面承受接触应力和摩擦力，齿根要承受交变弯曲应力和冲击力，因此要求齿轮具有良好的综合力学性能。齿轮毛坯的加工方法可根据力学性能要求以及具体的条件进行选择。

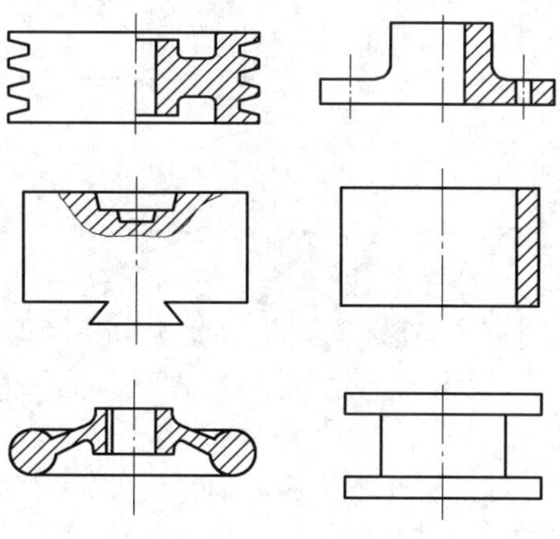

图 7.4　盘套类零件

①大部分齿轮毛坯采用锻造方法生产，锻造毛坯具有流线状分布的纤维组织，有良好的承载能力，力学性能好。

②大批量生产形状简单、尺寸不大的齿轮，可采用热轧制工艺生产毛坯。

③对于直径大于 400 ~ 500 mm 的大型齿轮，由于锻造比较困难，可用铸钢或球墨铸铁铸造成形毛坯；在单件生产的条件下，也可采用焊接方式制造大型齿轮的毛坯。

④对于低速运转且受力不大、无冲击条件下工作的齿轮，也可用灰铸铁铸造成形毛坯。

⑤大批量生产受力小的仪器仪表齿轮时，可采用板材冲压或非铁合金压力铸造。

对于带轮、飞轮、手轮和垫块等零件，由于工作时受力不大或以承受压力为主且结构复杂，因此通常采用灰铸铁铸造成形毛坯，单件生产时也可采用低碳钢焊接成形。

对于法兰、垫圈、套环、联轴节等零件，根据受力情况及形状、尺寸等不同，可分别采用铸造、锻造工艺成形毛坯，或用圆钢棒为毛坯；厚度较小、单件或小批量生产时，也可用钢板为坯料；垫圈一般采用板材冲压成形。

模具要求高硬度、高耐磨性、高强度、高韧性，因此一般采用合金钢锻造成形毛坯。

7.3.3 机架、箱座类零件

机架、箱座类零件一般作为结构件，其特点是结构通常比较复杂，有不规则的外形和内腔，重量从几千克至几十吨，包括各种机身、底座、支架、横梁、工作台、齿轮箱、轴承座、缸体、阀体、泵体、导轨等，如图 7.5 所示。这类零件的整体性能要求强韧性较好，但具体受力情况有很大差异。机身、底座等一般的基础零件，主要起支承和连接机械各部件的作用，而非运动的零件，以承受压力和静弯曲应力为主，为保证工作的稳定性，要求有较好的刚度和减振性；但有些机械的机身、支架还往往同时承受压、拉和弯曲应力的联合作用，或者还有冲击载荷，要求有较高的综合力学性能；工作台和导轨等零件，则要求有较好的耐磨性；箱体零件一般受力不大，但要求有良好的刚度和密封性。

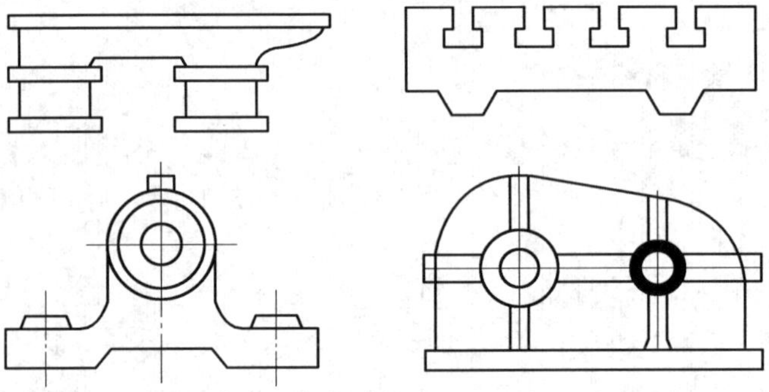

图 7.5 机架箱座类零件

(1)根据零件的结构特点和使用要求，通常都通过铸造成形毛坯，材料是以铸造性良好，价格便宜，并具有良好耐压、减磨和减振性能的灰铸铁为主；少数受力复杂或受较大冲击载荷的机架类零件，如轧钢机、大型锻压机等重型机械的机架，可选用铸钢为材料；航空发动机中的箱体零件，要求重量轻、良好的导热性和一定的耐蚀性，通常选用铝合金为材料。

(2)不易整体成形的特大型机架可采用连接成形结构；在单件生产或工期要求短的情况下，也可采用型钢－焊接结构。

齿轮减速器的主要零件包括箱体、箱盖、齿轮、齿轮轴等，分别属于机架箱座类、盘套类、轴杆类零件，根据上述几类零件的成形工艺，确定了减速器中主要零件的毛坯成形方法，见表 7.2。

表 7.2　减速器主要零件的毛坯成形方法

零件名称	类型	承载情况	材料	成形方法	
				小批量	大批量
箱体	机架、箱座类	承受压力	HT150、Q235 等	砂型铸造(手工造型)或焊接	砂型铸造(机器造型)
箱盖	机架、箱座类	受力很小			
齿轮	盘套类	轮齿:齿面承受接触应力和摩擦力,齿根要承受交变弯曲应力以及冲击力	45 钢	自由锻或胎膜锻	模锻或轧制
轴	轴杆类				
齿轮轴	轴杆类	轴:较大的弯矩和扭矩			

思 考 题

1. 常用的毛坯成形工艺有哪些?各自有何特点及应用?
2. 选择毛坯成形工艺应遵循哪些原则?
3. 轴杆类零件的毛坯选择何种成形工艺?
4. 盘套类零件的毛坯选择何种成形工艺?
5. 机架、箱座类零件的毛坯选择何种成形工艺?
6. 下列齿轮零件应选择何种成形方法?

(1) ϕ40 mm 的小齿轮,小批量生产

(2) ϕ600 mm 的大齿轮,单件生产

(3) ϕ12 mm 的钟表齿轮,大批量生产

参考文献

[1] 柳秉毅. 材料成形工艺基础[M]. 北京:高等教育出版社,2005.

[2] 施江澜. 材料成形技术基础[M]. 北京:机械工业出版社,2007.

[3] 杜丽娟. 工程材料成形技术基础[M]. 北京:电子工业出版社, 2003.

[4] 张俊,刘洪军,马颖. SLA 快速成型技术在 RTV 硅橡胶密封件制造中的应用[J]. 橡胶工业,2007,(54):234~236.

[5] 杨占尧,李彦善.基于快速成型与硅胶模技术的塑件敏捷制造[J].模具制造技术,2004,4:66~69.

[6] 汪艳,史玉生,黄树槐.热塑性塑料的快速成型[J].现代塑料加工应用,2003,2(15):58~61.

[7] http://www.ipionline.com.cn/productinfo.jsp

[8] http://cn.made - in - china.com/showroom/kevinzhangpros/product - detail

[9] http://www.vertinfo.com/motoronline/productdetail

[10] http://www.rpyinhua.com/

[11] 沈其文. 快速成型及应用[R]. 会议报告,2004.11.

[12] 延永年. 快速成型技术及应用[R]. 会议报告,2005.12.

[13] 国家自然科学基金委员会工程与材料科学部.冶金与材料制备工程科学[M].北京:科学出版社,2006.

[14] 谢建新等.材料加工新技术与新工艺[M].北京:冶金工业出版社,2006.

[15] 方亮,程羽,王雅生.材料成形技术基础[M].北京:高等教育出版社,2004.

[16] 韩凤麟.粉末冶金基础教程[M].广州:华南理工大学出版社,2006.

[17] 刘军,佘正国.粉末冶金与陶瓷成型技术[M].北京:化学工业出版社,2005.

[18] 张长春.材料成形工艺学[M].长春:吉林大学出版社,2005.

[19] 任正义.材料成形工艺基础[M].哈尔滨:哈尔滨工程大学出版社,2004.

[20] 沈其文.材料成形工艺基础[M].3 版.武汉:华中科技大学出版社,2003.

[21] 张彦华.工程材料与成型技术[M].北京:北京航空航天大学出版社,2005.

[22] 陶治.材料成形技术基础[M].北京:机械工业出版社,2003.

[23] 崔令江,郝滨海.材料成形技术基础[M].北京:机械工业出版社,2003.

[24] 王英杰.金属工艺学[M].北京:高等教育出版社,2001.

[25] 任福东.热加工工艺基础[M].北京:机械工业出版社,2001.

[26] 王纪安.工程材料与材料成形工艺[M].第 2 版.北京:高等教育出版社,2004.

[27] 何红媛.材料成形技术基础[M].南京:东南大学出版社,2003.

[28] 中国机械工程学会焊接学会.焊接手册[M].北京:机械工业出版社,2002.

[29] 贾宝华,邓鹏明,张建芳.我国钢结构焊接技术现状及发展趋势[J].现代焊接,2008,6:1~3.

[30] 邓文英. 金属工艺学(上册)[M].5 版. 北京:高等教育出版社,2008.

[31] 邢忠文. 金属工艺学[M]. 3 版.哈尔滨:哈尔滨工业大学出版社,2008.

[32] 李义增. 金属工艺学[M]. 北京:机械工业出版社,1998.

[33] 陈兰芬. 机械工程材料与热加工工艺[M]. 北京:机械工业出版社,1985.

[34] 毛萍莉. 材料成形技术[M]. 北京:机械工业出版社,2007.

[35] 中国机械工程学会锻压分会. 锻压手册[M]. 北京:机械工业出版社,2005.

[36] 崔令江,韩飞. 塑性加工工艺学[M]. 北京:机械工业出版社,2007.

[37] 郑家贤. 冲压工艺与模具设计实用技术[M]. 北京:机械工业出版社,2005.